北京市教委科研计划项目，项目编号：KM201610020006
国家青年科学基金项目，项目编号：31401371

基因工程实验指南

李玮瑜　李　姗　张洪映　主编

中国农业科学技术出版社

图书在版编目（CIP）数据

基因工程实验指南 / 李玮瑜，李姗，张洪映主编 .—北京：中国农业科学技术出版社，2017.2

ISBN 978-7-5116-2972-2

Ⅰ . ①基⋯ Ⅱ . ①李⋯ ②李⋯ ③张⋯ Ⅲ . ①基因工程—实验—高等学校—教材 Ⅳ . ① Q78-33

中国版本图书馆 CIP 数据核字（2017）第 025371 号

责任编辑 张孝安 崔改泵
责任校对 贾海霞

出 版 者 中国农业科学技术出版社
北京市中关村南大街 12 号 邮编：100081
电 话 （010）82109708（编辑室）（010）82109704（发行部）
（010）82109703（读者服务部）
传 真 （010）82106650
网 址 http://www.castp.cn
经 销 者 各地新华书店
印 刷 者 北京富泰印刷有限责任公司
开 本 710 mm × 1000 mm 1 /16
印 张 14
字 数 400 千字
版 次 2017 年 2 月第 1 版 2017 年 2 月第 1 次印刷
定 价 40.00 元

《基因工程实验指南》

主　编　李玮瑜　李　姗　张洪映

副主编　李高峰　李云乐

前　言

PREFACE

《基因工程实验指南》是由具有丰富实验教学及科研经验的人员编写，主要介绍植物分子生物学实验中基本技术的原理和操作流程，按照实验进程的顺序，由浅入深，由简至繁，向初学者逐步介绍各种实验操作技术。本书的设计围绕着综合两字展开，它不是由彼此孤立的、相互间缺乏内在联系的一个个实验组成的，而是把生物学研究中最常用的那些实验技术，按照逻辑顺序有机地揉合在一起，构成了一个前后连贯、相互呼应的整体，从而体现了实验的综合性。

《基因工程实验指南》共分七个章节：第一章系统介绍了关于仪器设备的工作原理和使用规范；第二章主要介绍了核酸提取、分离和纯化实验方法，并对实验相关的理论进行了比较系统的阐述；第三章详细介绍了不同物种中蛋白质的提取、分离和纯化的技术手段；第四章主要介绍了载体构建所需的程序及原理；第五章列举了常用的探究蛋白质之间互作的手段和技术；第六章详细介绍了如何利用不同的技术手段转化作物；第七章概括介绍了常用试剂的配制方法。

《基因工程实验指南》是一本既具有一定的理论体系，又具有通用性和指导性作用的实验教学用书。主要面向高等本科院校生命科学、作物学及分子生物学初级研究者。

编　者

2016 年 12 月

目 录
CONTENTS

第一章　仪器设备

分子生物学实验室常用仪器设备简介

一、实验原理

1. 恒温气浴摇床

用于对温度和振荡频率有较高要求的细菌培养、发酵、杂交、生化反应及酶和组织研究等。

2. 超净工作台

用于分子生物学无菌操作。

3. 低温台式高速离心机

用于分离纯化 DNA 和蛋白质等，如基因片段的分离，蛋白酶的沉淀和回收等。

4. 微量移液管

该仪器是连续可调的，计量和转移液体的专用仪器，其装有直接读数容量计。有多种规格：① 0.5~10ml；② 10~100ml；③ 20~200ml；④ 100~1 000ml。

5. 电泳仪

用于确定大分子物质的分子量以及鉴定物种亲缘关系的仪器。

6. PCR 仪

用于目的基因的扩增，是一对寡糖核苷酸引物结合到正负 DNA 链上的靶序列两侧，从而酶促合成拷贝数为百万倍的靶序列 DNA 片段。主要用于基础研究和应用研究等领域。

7. 灭菌锅

用于细菌和细胞培养及核酸等有关实验使用的试剂，器皿及实验用具的严格灭菌。

8. 冷冻离心机

低温分离技术是分子生物学研究中必不可少的手段。基因片段的分离、酶蛋白的沉淀和回收以及其他生物样品的分离制备实验中，都离不开低温离心技术，因此低温冷冻离心机已成为分子生物学研究中必需的重要工具。

9. 数字式酸度计

数字式酸度计设计精良，使用非常方便。能自动地补偿测量中由于温度变化产生的误差。

仪器测得的 pH 值、MV 或温度值，可由仪器的液晶显示屏上读出，显示屏并具有背光功能。仪器还能内置式充电，使用人员可携带到户外经行操作测量。底电压提醒用户及时充电。

10. 分光光度计

不同物质对不同波长入射光的吸收程度各不相同，从而形成特征性的吸收光谱。分光光度法不仅适应于可见光区，同时还可扩展至紫外光区及红外光区，因此给科研实验带来了极大方便。下面重点介绍分光光度计的使用及注意事项。

11. 分析天平

分析天平是定量分析工作中不可缺少的重要仪器，充分了解仪器性能及熟练掌握其使用方法，是获得可靠分析结果的保证。分析天平的种类很多，有普通分析天平、半自动、全自动加码电光投影阻尼分析天平及电子分析天平等。

二、实验仪器

恒温气浴摇床、超净工作台、低温台式高速离心机、微量移液管、灭菌锅、PCR 仪、电泳仪、冷冻离心机、数字式酸度计、分光光度计和分析天平。

三、操作步骤

1. 恒温气浴摇床的使用

（1）样品瓶牢固放入弹簧夹中。

（2）接通电源开关，仪器进入准备状态。

（3）参数设定（设定温度、时间、转速等参数 ）。

（4）按启动键仪器开始工作，按暂停键可暂停托盘的旋转。

（5）按电源键，显示屏显示消失，关闭电源总开关。

2. 超净工作台的使用

（1）使用工作台时，先经过清洁液浸泡的纱布擦拭台面，然后用消毒剂擦拭消毒。

（2）接通电源，提前 30min 打开紫外灯照射消毒，处理净化工作区内工作台表面积累的微生物，15min 后，关闭紫外灯，开启送风机。

（3）工作台面上，不要存放不必要的物品，以保持工作区内的洁净气流不受干扰。

（4）操作结束后，清理工作台面，收集各废弃物，关闭风机及照明开关，用清洁剂及消毒剂擦拭消毒。

（5）最后开启工作台紫外灯，照射消毒 30min 后，关闭紫外灯，切断电源。

3. 低温台式高速离心机的使用

（1）把离心机放置于平面桌或平面台上，目测使之平衡，用手轻摇一下离心机，检查离心机是否放置平衡。

（2）打开门盖，将离心管放入转子内，离心管必须成偶数对称放入，且要事先平衡，完毕用手轻轻旋转一下转子体，使离心管架运转灵活。

（3）关上门盖，注意一定要使门盖锁紧，完毕用手检查门盖是否关紧。

（4）插上电源插座，按下电源开关（电源开关在离心机背面，电源座上方）。

（5）设置转子号、转速、时间，即在停止状态下时，用户可以设置转子号、转速、时间，此时离心机处于设置状态，停止灯亮、运行灯闪烁；按下启动离心开始（常用，最高转速为13 000rpm/min，时间最长为20min）。

注意：对应的转子一定要设置在相应的转速范围内，不可超速使用，否则对试管或转子有损坏。

（6）离心机时间倒计时到“0”时，离心机将自动停止，当转子停转后，打开门盖取出离心管，关断电源开关。

4. 微量移液管的使用

（1）将微量移液器装上吸头（不同规格的移液器用不同的吸头）。

（2）将微量移液器按钮轻轻压至第一停点。

（3）垂直握持微量移液器，使吸嘴浸入液样面下几毫米，千万不要将吸嘴直接插到液体底部。

（4）缓慢、平稳地松开控制按钮，吸上样液。否则液体进入吸嘴太快，导致液体倒吸入移液器内部，或吸入体积减少。

（5）等1min后将吸嘴提离液面 。

（6）平稳地把按钮压到第一停点，再把按钮压至第二停点以排出剩余液体。

（7）提起微量移液器，然后按吸嘴弹射器除去吸嘴。

5. PCR 的使用

（1）开机。打开开关，视窗上显示“SELF TEST”。

（2）放入样品管，关紧盖子。

（3）如果要运行已经编好的程序，则直接按《Proceed》，用箭头键选择已储存的程序，按《Proceed》，则开始执行程序。

（4）如果要输入新的程序，则在 RUN-ENTER 菜单上用箭头键选择 ENTER PROGRAM，按《Proceed》，① 命名新的程序，最多 8 个字母，输入后按《Proceed》确认（如何输入字母、数字）。② 输入程序步骤：名字输入后，确认，然后输入相关程序。

（5）输入完成的程序后，到 RUN-ENTER 菜单，选择新程序，开始运行。

（6）其他。用《Pause》可以暂停一个运行的程序，再按一次继续程序。用《Stop》或《Cancel》可停止运行的程序。

6. 电泳仪的使用

电泳技术是分子生物学研究不可缺少的重要手段。电泳一般分为自由界面电泳和区带电泳大类，自由界面电泳不需支持物，如等速电泳、密度梯度电泳及显微电泳等，这类电泳目前已很少使用。区带电泳需用各种类型的物质作为支持物，常用的支持物有滤纸、醋酸纤维薄膜、非凝胶性支持物、凝胶性支持物及硅胶—G 薄层等，分子生物学实验中最常用的是琼脂糖凝胶

电泳。应用电泳法可以对不同物质进行定性或定量分析，或将一定混合物进行组分分析或单个组分提取制备。

（1）首先用导线将电泳槽的两个电极与电泳仪的直流输出端联接，注意极性不要接反。

（2）按电源开关，显示屏出现“欢迎使用 DYY-12 型电脑三恒多用电泳仪”等字样后，同时系统初始化，蜂鸣 4 声，设置常设置。屏幕转成参数设置状态，根据工作需要选择稳压稳流方式及电压电流范围。

（3）确认各参数无误后，按“启动”键，启动电泳仪输出程序。在显示屏状态栏中显示 Start，并蜂鸣 4 声，提醒操作者电泳仪将输出高电压，注意安全。之后逐渐将输出电压加至设置值。同时在状态栏中显示“Run”，并有两个不断闪烁的高压符号，表示端口已有电压输出。在状态栏最下方，显示实际的工作时间（精确到秒）。

（4）电泳结束，仪器显示：“END”，并连续蜂鸣提醒。此时按任一键可止鸣。

7. 高压灭菌锅

（1）开盖。转动手轮，使锅盖离开密封圈，添加蒸馏水刚没至板上。

（2）通电。将控制面板上电源开关按至 ON 处，若水位低（LOW）红灯亮。

（3）堆放物品。需包扎的灭菌物品，体积不超过 200mm × 100mm × 100mm 为宜，各包装之间留有间隙，堆放在金属框内，这样有利于蒸汽的穿透，提高灭菌效果，灭菌时间：121℃，20min，如为液体，液体必须装在可耐高温的玻璃器皿中，且不可装满，2/3 即可，121℃，18~20min。

（4）密封高压锅。推横梁入立柱内，旋转手轮，使锅盖下压，充分压紧。

（5）设定时间和温度，开始灭菌。

（6）灭菌结束，所有东西放入干燥箱干燥，排尽水气。

8. 冷冻离心机

离心机应放置在水平坚固的地面上，应至少距离 10cm 以上且具有良好的通风环境中，周围空气应呈中性，且无导电性灰尘、易燃气体和腐蚀性气体，环境温度应在 0~30℃，相对湿度小于 80%。试转前应先打开盖门，用手盘动转轴，轻巧灵活，无异常现象方可上所用的转头。转子准确到位后打开电源开关，然后用手按住门开关，再按运转键，转动后立即停止，并观察转轴的转向，若逆时针旋转即为正确，机器可投入使用。

（1）离心机应放置在水平坚固的地板或平台上，并力求使机器处于水平位置以免离心时造成机器震动。

（2）打开电源开关，按要求装上所需的转头，将预先以托盘天平平衡好的样品放置于转头样品架上（离心筒须与样品同时平衡），关闭机盖。

（3）按功能选择键，设置各项要求：温度、速度、时间、加速度及减速度，带电脑控制的机器还需按储存键，以便记忆输入的各项信息。

（4）按启动键，离心机将执行上述参数进行运作，到预定时间自动关机。

（5）待离心机完全停止转动后打开机盖，取出离心样品，用柔软干净的布擦净转头和机腔内壁，待离心机腔内温度与室温平衡后方可盖上机盖。

（6）注意事项。

① 机体应始终处于水平位置，外接电源系统的电压要匹配，并要求有良好的接地线。

② 开机前应检查转头安装是否牢固，机腔有无异物掉入。

③ 样品应预先平衡，使用离心筒离心时离心筒与样品应同时平衡。

④ 挥发性或腐蚀性液体离心时，应使用带盖的离心管，并确保液体不外漏，以免腐蚀机腔或造成事故。

⑤ 擦拭离心机腔时动作要轻，以免损坏机腔内温度感应器。

⑥ 每次操作完毕应作好使用情况记录，并定期对机器各项性能进行检修。

⑦ 离心过程中若发现异常现象，应立即关闭电源，报请有关技术人员检修。

附：相对离心力与每分钟转速的换算。

离心机的转速，在以前实验资料中一般以每分钟多少转来表示。由于离心力不仅为转速函数，亦为离心半径的函数，即转速相同时，离心半径越长，产生的离心力越大。因此仅以转速表达离心力是不够科学的，近年来主张用相对离心力（RCF）来表示比较合理。现在国际资料中，已改用相对离心力来表示。

9. 数字式酸度计

（1）准备工作。

① 仪器应平放在符合使用环境的工作台上，依视觉角度支起支架。

② pH 值的定位测量法。

（2）二点定位法（高精度测量方法）。

① 连接好电极线路，将参比电极及活化满 24h 以上清洁的 pH 电极移入第一标准缓冲液 pH1 值中（例 pH1 值 =4.00），待仪器响应稳定后，调节定位旋钮至仪器显示为“0.00”。

② 将电级系统从第 1 种标准液中取出，用去离子水冲洗干净后以滤纸吸干电级表面水分，移入第 2 种标准液（例 pH2 值 =9.18）中，仪器响应稳定后，调节斜率旋钮，使仪器显示为（△ pH 值 =pH1 值 -pH2 值 =9.18-4.00=5.18）此后斜率旋钮不可再动，除非更换电极系统。

③ 斜率调节完成后，重新调节定位旋钮，使仪器显示第 2 种标准液的实际 pH 值（9.18），至此 2 点定位结束。

④ 将电极从第 2 种标准液中取出冲洗、吸干后移入待测溶液中，仪器响应稳定后显示的数值即为待测溶液的 pH 值。

（3）一点定位法（粗略测量法）。

① 将温度补偿旋钮调至溶液温度值。

② 向左将斜率补偿旋钮旋转至头。

③ 将电级系统移入标准液中（一点法仅用一种标准液，如 pH 值 =4.00 时），调节定位旋钮使仪器显示“4.00”。

④ 取出电级冲洗吸干水分后移至待测溶液中，仪器响应稳定后显示的数值即为待测溶液

的 pH 值。

（4）温度的测量。

① 将功能选择拨至温度档。

② 将温度探头插入插孔，并将温度探头置于环境条件或溶液中，仪器响应稳定后仪器显示值即为环境条件或溶液温度值。

（5）注意事项。

① 认真做好仪器使用前准备工作。

② 仪器通电后或测量过程中出现显示不稳或乱跳现象，应切断电源进行检查，如电压、预热时间及电极系统等是否正常。

③ 使用不同电极应注意排除离子的干扰，选择好盐桥，必要时应使用离子强度固定剂。

④ 电极系统从第 1 种溶液取出移入第 2 种溶液之前，须用去离子水或双蒸水清洗干净，再用滤纸吸干表面水分，以免影响测定结果的准确性。

⑤ 仪器应存放于干燥、清洁无腐蚀的场所，每次测量结束后应关闭电源，退出电极及温度探头妥善保存。玻璃电极清洗后可浸于去离子水待用（注意水面不得低于玻璃球泡），甘汞电极清洁后套上橡皮帽置于配套盒中保存，当甘汞电极内充液泄漏或不饱和及盐桥中断时，应及时补充饱和内充液。

⑥ 该类仪器均采用大规模集成电路，输入阻值较高，在对仪器内部进行任何零部件修理焊接时，应使用 45W 以下有良好地线的烙铁，无接地线烙铁应拔下电源插头焊接。

（6）pH 值（酸碱度）测量。

① 将功能选择拨至“pH”档，调节定位旋扭，斜率补偿旋钮及温度补偿旋钮显示值应有相应变化。

② 通过仪器温度档测定标准液及待测样品液温度（要求两种液体温度保持一致，以减少测定误差），并用温度补偿旋钮调节至溶液实际温度值。

10. 分光光度计

（1）接通稳压器电源，待稳压器输出电压稳定至 200V 后打开光度计电源，仪器自动进入初始化。

（2）初始化约需时 10 min，内容包括：

①寻找零级光。

②建立基线。

③最后当显示器指示 × ×nm 时，表明仪器完成初始化程序，可进入检测状态。

（3）按要求输入各项参数，选择相应比色杯（玻璃或石英），将空白管、标准管及待测管依次放入比色皿架内，关上比色池盖。

（4）以空白管自动调零。

（5）试样槽依次移至样品位置，待数据显示稳定后按“START/STOP”键，打印机自动打印所测数据，重复上述步骤，直到所有样品检测完毕。

（6）检测结束后应及时取出比色杯，并清洗干净放回原处，同时关上仪器电源开关及稳压器电源开关，做好使用情况登记。

（7）注意事项。

① 仪器初次使用或使用较长时间（一般为 1 年），需检查波长准确度，以确保检测结果的可靠性。

② 由于长途运输或室内搬运可能造成光源位置偏移，导致亮电流漂移增大。此时对光源位置进行调整，直至达到有关技术指标为止。若经调整校正后波长准确度、暗电源漂移及亮电流漂移三项关键指标仍未符合要求，则应停止使用，并及时通知有关技术人员检修。

③ 每次检测结束后应检查比色池内有否溶液溢出，若有溢出应随时用滤纸吸干，以免引起测量误差或影响仪器使用寿命。

④ 仪器每次使用完毕，应于灯室内放置数袋硅胶（或其他干燥剂），以免反射镜受潮霉变或沾污，影响仪器使用，同时盖好防尘罩。

⑤ 仪器室应通常保持洁净干燥，室温以 5~35℃为宜，相对温度不得超过 85%。有条件者应于室内配备空调机及除湿机，以确保仪器性能稳定。

⑥ 仪器室不得存放酸、碱、挥发性或腐蚀性等物质，以免损坏仪器。

⑦ 仪器长时间不用时，应定时通电预热，每周 1 次，每次 30min，以保证仪器处于良好使用状态。

11. 分析天平

（1）检查并调整天平至水平位置。

（2）事先检查电源电压是否匹配（必要时配置稳压器），按仪器要求通电预热至所需时间。

（3）预热足够时间后打开天平开关，天平则自动进行灵敏度及零点调节。待稳定标志显示后，可进行正式称量。

（4）称量时将洁净称量瓶或称量纸置于称盘上，关上侧门，轻按一下去皮键，天平将自动校对零点，然后逐渐加入待称物质，直到所需重量为止。

（5）被称物质的重量是显示屏左下角出现“→”标志时，显示屏所显示的实际数值。

（6）称量结束应及时除去称量瓶（纸），关上侧门，切断电源，并做好使用情况登记。

（7）注意事项。

① 天平应放置在牢固平稳水泥台或木台上，室内要求清洁、干燥及较恒定的温度，同时应避免光线直接照射到天平上。

② 称量时应从侧门取放物质，读数时应关闭箱门以免空气流动引起天平摆动。前门仅在检修或清除残留物质时使用。

③ 电子分析天平若长时间不使用，则应定时通电预热，每周一次，每次预热 2h，以确保仪器始终处于良好使用状态。

④ 天平箱内应放置吸潮剂（如硅胶），当吸潮剂吸水变色，应立即高温烘烤更换，以确保

吸湿性能。

⑤ 挥发性、腐蚀性、强酸强碱类物质应盛于带盖称量瓶内称量，防止腐蚀天平。

⑥ 通电前应按工作电源要求检查电压是否符合要求，若电源波动太大，应经交流稳压后再送接仪器。

⑦ 电源应用良好接线，以消除外界干扰，使用搅拌器时，务必使搅拌器外壳与仪器接地端相连。

⑧ 接通仪器电源，经 10min 预热后，可进行测量工作。

第二章 核 酸

第一节 核酸的构成

核酸广泛存在于所有动物、植物细胞、微生物内、生物体内核酸常与蛋白质结合形成核蛋白。不同的核酸，其化学组成、核苷酸排列顺序等不同。根据化学组成不同，核酸可分为核糖核酸，简称 RNA 和脱氧核糖核酸，简称 DNA。DNA 是储存、复制和传递遗传信息的主要物质基础，RNA 在蛋白质合成过程中起着重要作用，其中转移核糖核酸，简称 tRNA，起着携带和转移活化氨基酸的作用；信使核糖核酸，简称 mRNA，是合成蛋白质的模板；核糖体的核糖核酸，简称 rRNA，是细胞合成蛋白质的主要场所。核酸的性质（包括化学、物理、以及光谱学和热力学）。

1. 化学

（1）酸效应。在强酸和高温，核酸完全水解为碱基，核糖或脱氧核糖和磷酸。在浓度略稀的的无机酸中，最易水解的化学键被选择性的断裂，一般为连接嘌呤和核糖的糖苷键，从而产生脱嘌呤核酸。

（2）碱效应。

① DNA。当 pH 值超出生理范围（pH 值为 7~8）时，对 DNA 结构将产生更为微妙的影响。碱效应使碱基的互变异构态发生变化。这种变化影响到特定碱基间的氢键作用，结果导致 DNA 双链的解离，称为 DNA 的变性。

② RNA。pH 值较高时，同样的变性发生在 RNA 的螺旋区域中，但通常被 RNA 的碱性水解所掩盖。这是因为 RNA 存在的 2′-OH 参与到对磷酸脂键中磷酸分子的分子内攻击，从而导致 RNA 的断裂。

③ 化学变性：一些化学物质能够使 DNA 或 RNA 在中性 pH 值下变性。由堆积的疏水剪辑形成的核酸二级结构在能量上的稳定性被削弱，则核酸变性。

2. 物理

（1）黏性。DNA 的高轴比等性质使得其水溶液具有高黏性，很长的 DNA 分子又易于被机械力或超声波损伤，同时黏度下降。

（2）浮力密度。可根据 DNA 的密度对其进行纯化和分析。在高浓度分子质量的盐溶液（CsCl）中，DNA 具有与溶液大致相同的密度，将溶液高速离心，则 CsCl 趋于沉降于底部，从

而建立密度梯度，而 DNA 最终沉降于其浮力密度相应的位置，形成狭带，这种技术成为平衡密度梯度离心或等密度梯度离心。

3. 光谱学

（1）减色性。dsDNA 相对于 ssDNA 是减色的，而 ssDNA 相对于 dsDNA 是增色的。

（2）DNA 纯度。A260/A280。

4. 热力学

（1）热变性。dsDNA 与 RNA 的热力学表现不同，随着温度的升高 RNA 中双链部分的碱基堆积会逐渐地减少，其吸光性值也逐渐地，不规则地增大。较短的碱基配对区域具有更高的热力学活性，因而与较长的区域相比变性快。而 dsDNA 热变性是一个协同过程。分子末端以及内部更为活跃的富含 A–T 的区域的变性将会使其附近的螺旋变得不稳定，从而导致整个分子结构在解链温度下共同变性。

（2）复性。DNA 的热变性可通过冷却溶液的方法复原。不同核酸链之间的互补部分的复性称为杂交。

5. 核酸的大小和测定

一般来说，进化程度高的生物 DNA 分子应越大，能贮存更多遗传信息。但进化的复杂程度与 DNA 大小并不完全一致，如哺乳类动物 DNA 约为 3×10^9 bp，但有些两栖类动物、南美肺鱼 DNA 大小可达 10^{10}bp~10^{11}bp。

常用测定 DNA 分子大小的方法有电泳法、离心法。凝胶电泳是当前研究核酸的最常用方法，凝胶电泳有琼脂糖（agarose）凝胶电泳和聚丙烯酰胺（polyacrylamide）凝胶电泳。

6. 核酸的水解

DNA 和 RNA 中的糖苷键与磷酸酯键都能用化学法和酶法水解。在很低 pH 值条件下 DNA 和 RNA 都会发生磷酸二酯键水解。并且碱基和核糖之间的糖苷键更易被水解，其中嘌呤碱的糖苷键比嘧啶碱的糖苷键对酸更不稳定。在高 pH 时，RNA 的磷酸酯键易被水解，而 DNA 的磷酸酯键不易被水解。

水解核酸的酶有很多种，若按底物专一性分类，作用于 RNA 的称为核糖核酸酶（ribonuclease，RNase），作用于 DNA 的则称为脱氧核糖核酸酶（deoxyribonuclease，DNase）。按对底物作用方式分类，可分核酸内切酶（endonuclease）与核酸外切酶（exonuclease）。核酸内切酶的作用是在多核苷酸内部的 3′，5′ 磷酸二酯键，有些内切酶能识别 DNA 双链上特异序列并水解有关的 3′，5′ 磷酸二酯键。核酸内切酶是非常重要的工具酶，在基因工程中有广泛用途。而核酸外切酶只对核酸末端的 3′，5′ 磷酸二酯键有作用，将核苷酸一个一个切下，可分为 5′ → 3′ 外切酶，与 3′ → 5′ 外切酶。

7. 核酸的变性、复性和杂交

（1）变性。在一定理化因素作用下，核酸双螺旋等空间结构中碱基之间的氢键断裂，变成单链的现象称为变性（denaturation）。引起核酸变性的常见理化因素有加热、酸、碱、尿素和甲酰胺等。在变性过程中，核酸的空间构象被破坏，理化性质发生改变。由于双螺旋分子内部的碱基暴露，其 A260 值会大大增加。A260 值的增加与解链程度有一定比例关系，这种关系称为增色效应（hyperchromic effect）。如果缓慢加热 DNA 溶液，并在不同温度测定其 A260 值，可得到“S”形 DNA 熔化曲线（melting curve）。从 DNA 熔化曲线可见 DNA 变性作用是在一个相当窄的温度内完成的。

当 A260 值开始上升前 DNA 是双螺旋结构，在上升区域分子中的部分碱基对开始断裂，其数值随温度的升高而增加，在上部平坦的初始部分尚有少量碱基对使两条链还结合在一起，这种状态一直维持到临界温度，此时 DNA 分子最后一个碱基对断开，两条互补链彻底分离。通常把加热变性时 DNA 溶液 A260 升高达到最大值一半时的温度称为该 DNA 的熔解温度（melting temperature Tm），Tm 是研究核酸变性很有用的参数。Tm 一般在 85~95℃，Tm 值与 DNA 分子中 G C 含量成正比。

（2）复性。变性 DNA 在适当条件下，可使两条分开的单链重新形成双螺旋 DNA 的过程称为复性（renaturation）。当热变性的 DNA 经缓慢冷却后复性称为退火（annealing）。DNA 复性是非常复杂的过程，影响 DNA 复性速度的因素很多：DNA 浓度高，复性快；DNA 分子大复性慢；高温会使 DNA 变性，而温度过低可使误配对不能分离等等。最佳的复性温度为 Tm 减去 25℃，一般在 60℃左右。离子强度一般在 0.4mol/L 以上。

（3）杂交。具有互补序列的不同来源的单链核酸分子，按碱基配对原则结合在一起称为杂交（hybridization）。杂交可发生在 DNA–DNA、RNA–RNA 和 DNA–RNA 之间。杂交是分子生物学研究中常用的技术之一，利用它可以分析基因组织的结构，定位和基因表达等，常用的杂交方法有 Southern 印迹法，Northern 印迹法和原位杂交（insitu hybridization）等。

8. 核酸的分类

核酸大分子可分为两类：脱氧核糖核酸（DNA）和核糖核酸（RNA），在蛋白质的复制和合成中起着储存和传递遗传信息的作用。核酸不仅是基本的遗传物质，而且在蛋白质的生物合成上也占重要位置，因而在生长、遗传、变异等一系列重大生命现象中起决定性的作用。

核酸在实践应用方面有极重要的作用，现已发现近 2 000 种遗传性疾病都和 DNA 结构有关。如人类镰刀形红血细胞贫血症是由于患者的血红蛋白分子中一个氨基酸的遗传密码发生了改变，白化病患者则是 DNA 分子上缺乏产生促黑色素生成的酪氨酸酶的基因所致。肿瘤的发生、病毒的感染、射线对机体的作用等都与核酸有关。20 世纪 70 年代以来兴起的遗传工程，使人们可用人工方法改组 DNA，从而有可能创造出新型的生物品种。如应用遗传工程方法已能使大肠杆菌产生胰岛素、干扰素等珍贵的生化药物。

核酸（nucleic acid）是重要的生物大分子，它的构件分子是核苷酸（nucleotide）。

（1）天然存在的核酸可分为：

① 脱氧核糖核酸（deoxyribonucleic acid，DNA），核糖核酸（ribonucleic acid，RNA）。

② DNA 贮存细胞所有的遗传信息，是物种保持进化和世代繁衍的物质基础。

③ RNA 中参与蛋白质合成的有 3 类：

a. 转移 RNA（transfer RNA，tRNA）。

b. 核糖体 RNA（ribosomal RNA，rRNA）。

c. 信使 RNA（messenger RNA，mRNA）。

20 世纪末，发现许多新的具有特殊功能的 RNA，几乎涉及细胞功能的各个方面。

（2）核苷酸可分为：

① 核糖核苷酸：是 RNA 的构件分子。

② 脱氧核糖核苷酸：是 DNA 构件分子。

细胞内还有各种游离的核苷酸和核苷酸衍生物，它们具有重要的生理功能。

a. 核苷酸：由核苷（nucleoside）和磷酸（Phosphonic.acid）组成

b. 核苷：由碱基（base）和戊糖（Pentose）组成。

9. 核酸的组成

核酸是生物体内的高分子化合物。它包括脱氧核糖核酸（deoxyribonucleicacid，DNA）和核糖核酸（ribonucleicacid，RNA）两大类。DNA 和 RNA 都是由一个一个核苷酸（nucleotide）头尾相连而形成的，由 C、H、O、N、P 5 种元素组成。DNA 是绝大多数生物的遗传物质，RNA 是少数不含 DNA 的病毒（如烟草花叶病毒，流感病毒，SARS 病毒等）的遗传物质。RNA 平均长度大约为 2 000 个核苷酸，而人的 DNA 却是很长的，约有 3×10^9 个核苷酸（表 2–1）。

单个核苷酸是由含氮有机碱（称碱基）戊糖（即五碳糖）和磷酸 3 部分构成的。碱基（base）：构成核苷酸的碱基分为嘌呤（purine）和嘧啶（pyrimi-dine）两类。前者主要指腺嘌呤（adenine，A）和鸟嘌呤（guanine，G），DNA 和 RNA 中均含有这两种碱基。后者主要指胞嘧啶（cytosine，C）、胸腺嘧啶（thymine，T）和尿嘧啶（uracil，U），胞嘧啶存在于 DNA 和 RNA 中，胸腺嘧啶只存在于 DNA 中，尿嘧啶则只存在于 RNA 中。嘌呤环上的 N–9 或嘧啶环上的 N–1 是构成核苷酸时与核糖（或脱氧核糖）形成糖苷键的位置。

核酸此外，核酸分子中还发现数十种修饰碱基（themodifiedcomponent），又称稀有碱基，（unusualcomponent）。它是指上述 5 种碱基环上的某一位置被一些化学基团（如甲基化、甲硫基化等）修饰后的衍生物。一般这些碱基在核酸中的含量稀少，在各种类型核酸中的分布也不均一。如 DNA 中的修饰碱基主要见于噬菌体 DNA，RNA 中以 tRNA 含修饰碱基最多。

戊糖（五碳糖）：RNA 中的戊糖是 D– 核糖（即在 2 号位上连接的是一个羟基），DNA 中的戊糖是 D–2– 脱氧核糖（即在 2 号位上只连一个 H）。D– 核糖的 C–2 所连的羟基脱去氧就是 D–2 脱氧核糖。

戊糖 C–1 所连的羟基是与碱基形成糖苷键的基团，糖苷键的连接都是 β– 构型。

核苷（nucleoside）：由 D– 核糖或 D–2 脱氧核糖与嘌呤或嘧啶通过糖苷键连接组成的化合物。核酸中的主要核苷有 8 种。

核苷酸（nucleotide）：核苷酸与磷酸残基构成的化合物，即核苷的磷酸酯。核苷酸是核酸分子的结构单元。核酸分子中的磷酸酯键是在戊糖 C–3′ 和 C–5′ 所连的羟基上形成的，故构成核酸的核苷酸可视为 3′ – 核苷酸或 5′ – 核苷酸。DNA 分子中是含有 A、G、C 和 T 4 种碱基的脱氧核苷酸；RNA 分子中则是含 A、G、C 和 U 4 种碱基的核苷酸。

当然核酸分子中的核苷酸都以形式存在，但在细胞内有多种游离的核苷酸，其中，包括一磷酸核苷、二磷核苷和三磷酸核苷。

表 2–1 核酸构成成分

类别	DNA	RNA
基本单位	脱氧核糖核苷酸	核糖核苷酸
核苷酸	腺嘌呤脱氧核苷酸	腺嘌呤核苷酸
	鸟嘌呤脱氧核苷酸	鸟嘌呤核苷酸
	胞嘧啶脱氧核苷酸	胞嘧啶核苷酸
	胸腺嘧啶脱氧核苷酸	尿嘧啶核苷酸
碱基	腺嘌呤（A）	腺嘌呤（A）
	鸟嘌呤（G）	鸟嘌呤（G）
	胞嘧啶（C）	胞嘧啶（C）
	胸腺嘧啶（T）	尿嘧啶（U）
五碳糖	脱氧核糖	核糖
酸	磷酸	磷酸

10. 核酸的连接方式

3′，5′ – 磷酸二酯键：核酸是由众多核苷酸聚合而成的多聚核苷酸（polynucleotide），相邻二个核苷酸之间的连接键即：3′，5′ – 磷酸二酯键。这种连接可理解为核苷酸糖基上的 3' 位羟基与相邻 5' 核苷酸的磷酸残基之间，以及核苷酸糖基上的 5' 位羟基与相邻 3' 核苷酸的磷酸残基之间形成的两个酯键。多个核苷酸残基以这种方式连接而成的链式分子就是核酸。无论是 DNA 还是 RNA，其基本结构都是如此，故又称 DNA 链或 RNA 链。

寡核苷酸（oligonucleotide）：这是与核酸有关的文献中经常出现的一个术语，一般是指 2~10 个核苷酸残基以磷酸二酯键连接而成的线性多核苷酸片段。但在使用这一术语时，对核苷酸残基的数目并无严格规定，在不少文献中，把含有 30 个甚至更多个核苷酸残基的多核苷酸分子也称作寡核苷酸。寡核苷酸目前已可由仪器自动合成，它可作为 DNA 合成的引物（primer）基因探针（probe）等，在现代分子生物学研究中具有广泛的用途。

核酸链的简写式：核酸分子的简写式是为了更简单明了的叙述高度复杂的核酸分子而使用的一些简单表示式。它所要表示的主要内容是核酸链中的核苷酸（或碱基）。下面介绍两种常用的简写式。

字符式：书写一条多核苷酸链时，用英文大写字母缩写符号代表碱基（DNA 和 RNA 中所含主要碱基及缩写符号），用小写英文字母 P 代表磷酸残基。核酸分子中的糖基、糖苷键和酯键等均省略不写，将碱基和磷酸相间排列即可。因省略了糖基，故不再注解“脱氧”与否，凡简写式中出现 T 就视为 DNA 链，出现 U 则视为 RNA 链。以 5' 和 3' 表示链的末端及方向，分别置于简写式的左右二端。下面是分别代表 DNA 链和 RNA 链片段的两个简写式：

5'pApCpTpTpGpApApCpG3'DNA

5'pApCpUpUpGpApApCpG3'RNA

此式可进一步简化为：

5'pACTTGAACG3'

5'pACUUGAACG3'

上述简写式的 5'- 末端均含有一个磷酸残基（与糖基的 C-5' 位上的羟基相连），3'- 末端含有一个自由羟基（与糖基的 C-3' 位相连），若 5' 端不写 P，则表示 5'- 末端为自由羟基。双链 DNA 分子的简写式多采用省略了磷酸残基的写法，在上述简式的基础上再增加一条互补链（complentarystrand）即可，链间的配对碱基用短纵线相连或省略，错配（mismatch）碱基对错行书写在互补链的上下两边，如下所示：

5'GGAATCTCAT3'

3'CCTTAGAGTA5'

5'GGAATC 错配

线条式：在字符书写基础上，以垂线（位于碱基之下）和斜线（位于垂线与 P 之间）分别表示糖基和磷酸酯键。

上式中，斜线与垂线部的交点为糖基的 C-3' 位，斜线与垂线下端的交点为糖基的 C-5' 位。这一书写式也可用于表示短链片段。不难看出，简写式表示的中心含义就是核酸分子的一级结构，即核酸分子中的核苷酸（或碱基）排列顺序。

第二节　基因组 DNA 的提取

一、实验原理

DNA 是生物细胞的组成成分，主要存在于细胞核中，从细胞中分离到的 DNA 是与蛋白质结合的，同时包含大量的 RNA。盐溶法是提取 DNA 的常规技术。制备核酸时，通常先研磨破坏细胞壁和细胞膜，释放核酸。然后利用 DNA 不溶于 0.14 mol/L 的 NaCl，而 RNA 溶于 0.14mol/L 的 NaCl，可区分 DNA 和 RNA 核蛋白。去除蛋白质的方法有 3 种：用含有异戊醇或辛醇的氯仿振荡乳化；用 SDS 使蛋白变性；苯酚处理。为了彻底去除 RNA，可用 RNA 酶处理进而去除 RNA 杂质。

二、实验操作

1."S" Buffer 提取法

采用 Sharp 等（1989）提出并经 Devos 等（1992）改进的酚–氯仿提取法。步骤如下。

（1）取 2 ml 离心管编号后放到离心管架上，每个离心管中放一颗直径约 5 mm 的不锈钢珠，每个样品取约 50 mg 叶片剪成小段后放入相应的离心管中并盖上盖。

（2）将放有离心管的离心管架放入液氮中速冻，没有什么响声后取出，用专用的两个盖子夹好后，放在 Mixer Mill MM 300 上粉碎。设定参数（30 h，15 s）进行第一次粉碎。第一次粉碎后取出整个样品在液氮中再一次速冻，转换内外侧进行第二次粉碎以确保叶片粉碎完全，第二次粉碎后将离心管架再放回液氮中，以避免造成 DNA 降解。也可用研钵加液氮研磨叶片。

（3）从液氮中取出离心管，迅速加入"S"缓冲液 750ml，充分混匀后于 65℃水浴中保温 1~2 h，水浴过程中温和混匀数次。

（4）取出离心管，加入 800 ml 酚—氯仿，颠倒混匀 15 min 后离心，4 000 rpm/min，20 min。

（5）上清液移入另一离心管中，加入等体积的氯仿，颠倒混匀 15 min 后离心，4 000 rpm/min，20 min（此步可省）。

（6）将上清液移入另一离心管中，加入 0.6 倍体积预冷的异丙醇，轻轻混匀，静置一段时间（最好于 –20℃冻一下），用枪头挑出 DNA（或者离心 10 000 rpm，10 min 沉淀 DNA），70% 乙醇浸洗两遍，室温短时间干燥（无酒精味即可）后，溶于含 600 ml 1 × TE 的 1.5 ml 离心管中，可以加热到 50℃助溶，或 4℃过夜溶解。

（7）每管中加入 5 ml RNA 酶（10 mg/ml）溶液，37℃保温 1 h 或 4℃过夜。

（8）加入等体积的酚—氯仿溶液，轻轻混匀后，离心，4 000 rpm/min，20 min，取上清液（此步可省）。

（9）加入等体积的氯仿，轻轻混匀后离心，4 000 rpm/min，20 min。

（10）将上清液移入另一离心管中，加入 1/10 体积 3 mol/L 的醋酸钠溶液，混匀后加入 2 倍体积（800 ml）预冷过的无水乙醇或 95% 乙醇。轻轻混匀静置一会儿后（–20℃ 30 min 以上最好），用枪头勾出 DNA，用 70% 乙醇冲洗 2~3 次后室温晾至无酒精味。

（11）根据所提 DNA 量加入适量的（20~50 ml）1 × TE 溶解 DNA。

2. 简化快速提取法

（1）剪刀剪取 20~50 mg 幼嫩叶片，卷成球型后用镊子放入 1.5 ml 的离心管底部，然后把放有叶片的离心管盖好盖放在冰上，继续剪取其他样品的叶片。

（2）1 ml 的枪头用酒精灯在枪头的吸口处烧一下使其融化密封，用作捣碎叶片的研棒。打开放有叶片的离心管盖并用长镊子夹住离心管盖侵入液氮中速冻，倒出液氮，用液氮预冷的枪头快速捣碎叶片。

（3）迅速加入 600 ml DNA 提取缓冲液（100 mmol/L Tris，pH 值为 8.0；50 mmol/L EDTA；500 mmol/L NaCl），并用涡旋器充分混匀后放在冰上继续处理其他样品。

（4）置离心管于沸水中煮 8~10min，冰上冷却 3min。

（5）13 000rpm/min 离心 15~20min。

（6）转移 450 μl 上清液到新 1.5ml 离心管中，加入 45 μl 10 mol/L 醋酸铵和 1 ml 95% 的乙醇，上下颠倒 7~8 次混匀，这时可看到 DNA 沉淀。

（7）13 000rpm/min 离心 5~10min。

（8）倒掉上清液，并加入 500 μl 70% 乙醇上下颠倒 3~5 次洗涤沉淀。

（9）13 000rpm/min 离心 2min。

（10）用枪头吸出 70% 的乙醇，并在室温下开盖风干 5~10min。

（11）加 100 μl TE 溶解 DNA 沉淀。

（12）加 2 μl 10 mg/ml RNA 酶，混匀于 37℃消化 30min，取 1~2 μl DNA 用作 PCR 扩增的模板。

3. 注意事项

如果要求纯度更高的 DNA，可在第（8）步倒掉上清液以后，加入 550 μl TE 和 2 μl 10 mg/ml RNA 酶，混匀后于 37℃消化 30min，然后加入 550ml 氯仿 / 异戊醇（24∶1）抽提 3~5min，13 000rpm/min 离心 10min，取 450 μl 上清液，然后转到第（6）步，由于 RNA 已被消化掉，第（12）可省去。加大叶片用量可增加 DNA 的提取量，每管可达到 15~20 μg，不过 RNA 酶的用量也要相应增加。另外，叶片粉碎也可采用研钵研磨或 Mixer Mill MM 300 机器打碎。

需要注意的是：在沸水中煮离心管时，个别离心管的盖子会爆开，需要重新盖上。如想避免这一问题，可考虑在煮以前先在离心管的盖上扎个小孔。

4. DNA 检测

DNA 样品检测可以通过 OD 值确定浓度。DNA 的吸收峰在 260 nm，蛋白质的吸收峰在 280 nm。经标准样品测定，260 nm 波长下，1 μg/ml DNA 钠盐溶液的 OD 值为 0.02，即 OD_{260}=1 时，双链 DNA 含量为 50 μg/ml，单链 DNA 与 RNA 含量为 40 μg/ml，寡聚核苷酸含量为 30 μg/ml（因底物不同会有差异）。此方法测定结果会因 GC 含量变化产生偏差。

在紫外分光光度计也可以测定核酸纯度。核酸在 260 nm 处是碱基吸收峰，在 230 nm 处是吸收低估，蛋白质在 280 nm 处是因色氨酸、酪氨酸和苯丙氨酸引起的吸收峰，因此 OD_{260}/OD_{280} 可以说明核酸样品中蛋白质的污染程度。一般认为纯净 DNA 的比值为 1.8，纯净 RNA 的比值在 1.8~2.0，当比值小于 1.8，表明 DNA 样品可能有蛋白质污染，大于 2.0，表明 DNA 样品可能有 RNA 污染。

琼脂糖胶检测 DNA 的完整：用 0.8% 的琼脂糖胶（1 × TAE 100 ml，琼脂糖 0.8g 或 1g，加入 1ml EB，微波炉中温加热至沸腾，晾至不烫手时灌胶）进行电泳，检测 DNA 质量。

5. 试剂配制

（1）1 M Tris HCl。

1 L：800 ml H_2O 中加入 121.1 g Tris，用 HCl 调 pH 至 8.5 后定容至 1 L，高压灭菌。

（2）0.5 mol/L EDTA pH 值为 8.0。

1L：800 ml H_2O 中加入 186.1g EDTA Na_22H_2O，用 NaOH 调 pH 值至 8.0 后定容至 1L。

（3）20% SDS。

100 ml：称取 20g SDS，加入 90 ml 双蒸水中，于 42~68℃水浴中溶解，双蒸水定容至 100L。

（4）5 mmol/L NaCl。

1L：750 ml H_2O 中加入 292.28 g NaCl，溶解后定容至 1 L，高压灭菌。

（5）缓冲液"S"。

100 mmol/L	Tris.HCl	pH 值为 8.5	100 mmol/L
100 mmol/L	NaCl		20 mmol/L
50 mmol/L	EDTA	pH 值 为 8.0	100 mmol/L
2%	SDS		20 g
定容至			1 L

（6）100 × TE。

1L：800 ml H_2O 中加入 121.1g Tris，37.2 g EDTA Na_22H_2O，用 HCl 调 pH 值至 8.0 后定容至 1 L，灭菌。

（7）RNase。

用水溶解，终浓度 10 mg/ml，煮沸 20 min，缓慢冷却，分装，-20℃保存。

（8）3 mol/L 醋酸钠 pH 值为 5.2。

1 L：600 ml H_2O 中加入 408.1 g NaAc · $3H_2O$，溶解后，用冰醋酸 pH 值至 5.2 后定容至 1L，高压灭菌。

三、实验结果分析

如图 2-1 所示，DNA 条带下存在 RNA 杂带；图 2-2 中 DNA 有降解；图 2-3 中 DNA 提取质量较好。

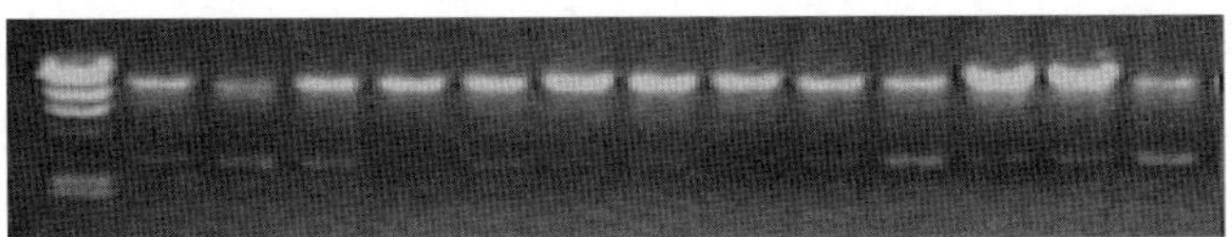

图 2-1 DNA 条带下存在 RNA

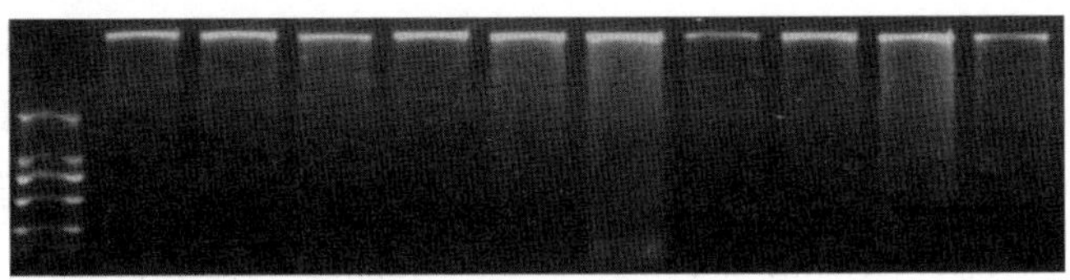

图 2-2 DNA 有降解

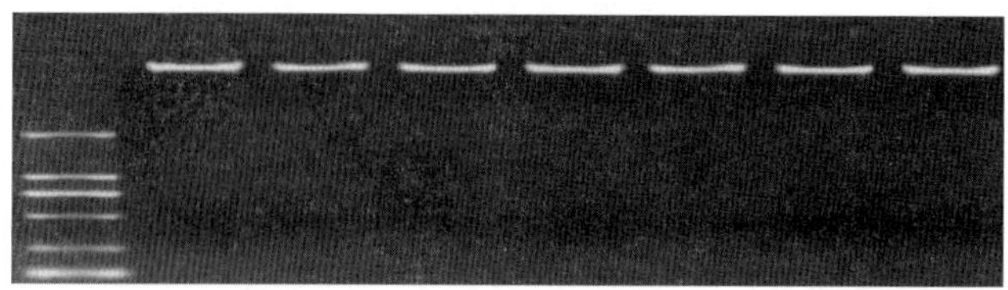

图 2-3　DNA 提取质量改变

第三节　TENS 法提取微生物基因组 DNA

一、实验原理

表面活性剂 SDS 和高温的作用下，微生物细胞裂解，释放出细胞内含物，蛋白质在酚的作用下变性，在离心力的作用下，变性的蛋白在水相与有机相之间形成不溶的沉淀，从而除去细胞中的蛋白质。加入无水乙醇后，乙醇会夺去 DNA 周围的水分子，使 DNA 失水而易于聚合。同时，回收的水相中含有高浓度的盐，高浓度的盐会水合大量的水分子，因此 DNA 分子之间就容易形成氢键而发生沉淀。

二、实验操作

（1）离心收集菌体，生理盐水洗涤 2 次，8 000 rpm/min 离心 3 min。

（2）1.5 ml 提取液悬浮菌体，100℃ 水浴 2 min。冷却后 4℃ 下 12 000 rpm/min 离心 15min，收取上清液。

（3）加 0.6 倍体积酚：氯仿：异戊醇（25：24：1）混合液，12 000 rpm/min 离心 15 min，取上清液。

（4）加 0.6 倍体积氯仿：异戊醇（24：1），12 000 rpm/min 离心 15 min。

（5）取上清液，加 1/10 体积 3 mol/L NaAc（pH 值为 5.2）和 2.5 倍体积无水乙醇，置 -20℃ 30 min，后 4℃ 12 000 rpm /min 离心 15 min。

（6）沉淀用 70 % 的乙醇溶液洗涤，离心弃上清液，室温干燥，加 100μl TE（pH 值为 8.0）溶解，加 RNase（终浓度 20 μg/ml），37℃ 水浴 30 min，-20℃ 保存备用。

三、注意事项

1. 为什么用无水乙醇沉淀 DNA

用无水乙醇沉淀 DNA，这是实验中最常用的沉淀 DNA 的方法。乙醇的优点是可以任意比和水相混溶，乙醇与核酸不会起任何化学反应，对 DNA 很安全，因此是理想的沉淀剂。DNA 溶液是 DNA 以水合状态稳定存在，当加入乙醇时，乙醇会夺去 DNA 周围的水分子，使 DNA 失水而易于聚合。一般实验中，是加 2 倍体积的无水乙醇与 DNA 相混合，其乙醇的最终含量占 67%左右。因而也可改用 95%乙醇来替代无水乙醇（因为无水乙醇的价格远远比 95%乙醇昂贵）。但是加95%的乙醇使总体积增大，而DNA在溶液中有一定程度的溶解，因而DNA损失也增大，尤其用多次乙醇沉淀时，就会影响收得率。折中的做法是初次沉淀DNA时可用95%乙醇代替无水乙醇，最后的沉淀步骤要使用无水乙醇。也可以用0.6倍体积的异丙醇选择性沉淀DNA。一般在室温下放置15~30min即可。

2. 在用乙醇沉淀DNA时，为什么一定要加NaAc或NaCl至最终浓度达0.1~0.25mol/L

在pH值为8左右的溶液中，DNA分子是带负电荷的，加一定浓度的NaAc或NaCl，使Na^+中和DNA分子上的负电荷，减少DNA分子之间的同性电荷相斥力，易于互相聚合而形成DNA钠盐沉淀，当加入的盐溶液浓度太低时，只有部分DNA形成DNA钠盐而聚合，这样就造成DNA沉淀不完全，当加入的盐溶液浓度太高时，其效果也不好。在沉淀的DNA中，由于过多的盐杂质存在，影响DNA的酶切等反应，必须要进行洗涤或重沉淀。

第四节　DNA的扩增

一、实验原理

PCR技术又称聚合酶链反应（Polymerase Chain Reaction），是一种在体外扩增核酸的技术。是在模板DNA、引物和四种脱氧核糖核苷酸（dNTP）存在下，依赖于DNA聚合酶，特异扩增位于两段已知序列之间的DNA区段的的酶促合成反应。DNA聚合酶以单链DNA为模板，借助一小段双链DNA来启动合成，通过一个或两个人工合成的寡核苷酸引物与单链DNA模板中的一段互补序列结合，形成部分双链。在适宜的温度和环境下，DNA聚合酶将脱氧单核苷酸加到引物3′-OH末端，并以此为起始点，沿模板5′→3′方向延伸，合成一条新的DNA互补链。每一循环包括高温变性、低温退火、中温延伸三步反应。每一循环的产物作为下一个循环的模板，如此循环30次，介于两个引物之间的新生DNA片段理论上达到230拷贝（约为10^9个分子）。

二、实验操作

1. 引物

（1）序列的检索。从有关文献和Genebank等搜索相关基因序列。

（2）引物设计。利用DNAstar软件包中的Editseq与Primerselect软件和Primer Premier软件设计引物。引物设计选定的条件如下。

① 所设计引物长度范围为18~21个碱基。

② 引物退火温度在50~70℃，上下引物之间退火温度相差不超过5℃。

③ 扩增片段长度在250~600 bp之间。

④ GC含量在45%~55%，连续碱基数目不超过3个。

（3）引物稀释。

① 一般合成的引物为干粉，在打开之前先离心，以免丢失。

② 摩尔数的计算：质量数 10 D260 ≈ 33μg。

分子量 =（nA × 313.22）+（nG × 329.22）+（nC × 289.19）+（nT × 304.19）−61.97

摩尔数 = 质量数 / 分子量

③ 一般用无菌的 1 × TE（pH 值为 8.0）或双蒸水（最好用调整过 pH 值的中性双蒸水）溶解，TE 更适合长期保存；也可先配成 100 μmol/L 储存液，再分装，用时再稀释。

2. PCR 扩增反应体系

PCR 扩增反应体系参照 Bryan 等人提供的方法并略有改动。

成分	最终浓度
Primer	0.25 μmol/L
dNTP	0.20 μmol/L
$MgCl_2$	1.5 mmol/L
Taq 酶	0.6~1 U
DNA 模板	50~100 ng/μl

对个种不同浓度的溶液换算后，用以下配方：

ddH_2O	11.78 μl
10 × PCR Buffer	2.0 μl
$MgCl_2$（25 mmol/L）	1.4 μl
dNTP（25 μmol/L）	0.16 μl
Taq 酶（5 U/μl）/（2 U/μl）	0.16 μl/0.4μl
Primer（2μmol/L）	2.5 μl
DNA（40 ng/μl）	2.0 μl
TOTAL	20 μl

3. 扩增反应在 DNA 扩增仪（PTC-100 和 PTC-225，MJ 公司）上进行，反应程序：

（1）94℃	3 min	
（2）94℃	1 min	
（3）Tm	1 min	−0.5℃ /s
（4）72℃	1.5min	+0.5℃ /s
（5）GO TO 2 STEP	35 TIMES	
（6）72℃	10 min	
（7）10℃	10 h	
（8）End		

第五节 DNA 片段的琼脂糖凝胶电泳和回收纯化

一、实验原理

自 1937 年瑞典的 Tiselius 创造纸电泳以来，人们又创造了许多新的支持电泳的介质，其中较为常见的是琼脂糖及聚丙烯酰胺。普通琼脂糖凝胶制胶容易，能分离的核酸片段长度范围广（0.2~50 kb），可以区分相差约 100 bp 的 DNA 片段；聚丙烯酰胺凝胶电泳的分辨率（5 bp）要高于琼脂糖，但它能分离的核酸分子通常 <1kb，且制胶等的操作远比制备琼脂糖凝胶来得麻烦。当 DNA 分子相当大，其双螺旋的半径超出凝胶的孔径时，如果还用普通琼脂糖凝胶电泳进行分离，则 DNA 可能跑不出胶孔。在这种情况下，应选用脉冲凝胶电泳。脉冲凝胶电泳可以区分相差几百 kb 的 DNA 片段。

在本节中，我们主要介绍 DNA 的琼脂糖凝胶电泳。用于分离 RNA 的琼脂糖凝胶电泳，在胶的制备及所使用的缓冲液等方面与 DNA 有所不同。

琼脂糖是从海藻中提取的线状多聚物。加热到 90℃左右，琼脂糖即可溶化形成清亮透明的液体，浇在模板上冷却后固化形成凝胶，其凝固点为 40~45℃。琼脂糖凝胶电泳是利用 DNA 分子在泳动时的电荷效应和分子筛效应达到分离 DNA 混合物的目的。DNA 分子在碱性条件下（pH 值 8.0~8.3），碱基几乎不解离，而链上的磷酸基团解离，所以整个 DNA 分子带负电，在电场中向阳极移动。在一定的电场强度下，DNA 分子迁移速度取决于分子本身的大小和构型，DNA 分子的迁移速度与其相对分子量成反比。不同的核酸分子的电荷密度大致相同，因此对泳动速度影响不大。在碱性条件下，单链 DNA 与等长的双链 DNA 的泳动率大致相同。

二、实验操作

1. 电泳装置

琼脂糖凝胶电泳现大多使用水平电泳槽。较之早先的垂直电泳槽，水平电泳槽在凝胶的制备上比较灵活，且可使用低浓度的凝胶。由于水平电泳槽的两极是相通的，这样正负极的缓冲液也不会因为电泳时间久了而产生太大的差异。

电泳缓冲液。在电泳的过程中，H_2O 被解离，在阳极产生 H^+，而在阴极产生 OH^-，即阴极逐渐变碱而阳极逐渐变酸。因此，当带电荷的分子通过支持物介质时，需要使用缓冲液以维持电泳所需的 pH 值。核酸电泳最常采用的缓冲液有 TAE（Tris，Acetic acid and EDTA）、TBE（Tris，Boric acid and EDTA）两种。由于这些缓冲液的 pH 值是碱性的，这就使得整条 DNA 链上的磷酸骨架的净电荷为负，从而在电泳时能向正极泳动。

TAE 是最常用的电泳缓冲液。但 TAE 的缓冲能力弱，在长时间的电泳中缓冲能力逐渐丧失，因此长时间电泳时需循环或更换缓冲液。而 TBE 的缓冲能力较强，长时间电泳时不需要更换或循环。

这两种缓冲液的配法如表 2-2 所示。

表 2-2　TAE 和 TBE 电泳缓冲液配制

TAE（50× 母液）	TBE（5× 母液）
242.0 g Tris 碱	54.0 Tris 碱
57.1 ml 冰醋酸	27.5 g 硼酸
18.61 g $Na_2EDTA \cdot 2H_2O$	3.72 g $Na_2EDTA \cdot 2H_2O$
用蒸馏水定容至 1L	用蒸馏水定容至 1L

当 DNA 短于 12 kb 且不需要回收时，用 1×TAE 或 TBE（0.5× 或 1×）进行电泳均可。如果片段较大，则最好使用 TAE 为缓冲液，同时将电压调低（1~2V/cm）。这样可减少 DNA 形成弥散带的几率。TBE 则适用于分离 <1 kb 的小片段。

电泳时，不论使用哪种缓冲液，只要液面高出水平胶面 3~5 mm 即可。缓冲液太少，则可能使胶在电泳的过程中变干；太多，则会减弱 DNA 移动的速度，使带变形，还会产生大量的热。

选择合适的凝胶浓度（表 2-3）。不同浓度的琼脂糖凝胶形成的分子筛孔径大小不同。因此，需要根据分离的需要，选择适当浓度的凝胶分离不同大小 DNA 片段的合适琼脂糖凝胶浓度（李德葆等，1994）。

表 2-3　分离不同大小 DNA 片段的琼脂糖凝胶浓度

琼脂糖浓度（%，W/V）	分离 DNA 片段的有效范围（kb）
0.5	1~30
0.7	0.8~12
1.0	0.5~10
1.2	0.4~7
1.5	0.2~3

2. 琼脂糖凝胶中 DNA 的检测

核酸电泳中常用的染色剂是溴化乙锭（ethidium bromide，EB）。用 EB 染色可以检测到 1~5 ng 双链 DNA 带。此外也可用 SYBR Green Ⅰ或Ⅱ染色。这两种染色剂的灵敏度较 EB 高，SYBR Green Ⅰ 及Ⅱ分别为 60 pg 双链 DNA 带及 5 ng 双链 DNA 带。

EB 亦可用于检测单链 DNA，只是与单链 DNA 的结合能力稍微弱些。

EB 可以嵌入碱基之间，从而增加荧光强度。EB 与 DNA 的复合物可以用紫外线检测。不同波长的紫外线能为 DNA 或 EB 吸收，被吸收的能量再转化为波长 590 nm 的可见光的发射出来。

通常用水将 EB 配制成 10 mg/ml 的贮存液。EB 见光分解，所以应在避光条件下保存。可以保存在棕色的或外头包裹有铝铂的小瓶中。要获得较好的观察效果，最好是在电泳结束后用 EB 对琼脂糖凝胶进行染色。其方法是在电泳结束后，将胶（制备胶时不加 EB）取出，浸泡在浓度为 0.5 μg/ml 的 EB 溶液中（此溶液可用蒸馏水，也可用电泳缓冲液配制），于室温下染色 20 min。EB 溶液需要没过胶平面。另一种方法是在配制凝胶时加入 EB，使其终浓度为 0.5 μg/ml。EB 掺入 DNA 分子中，可以在电泳后直接观察核酸的迁移情况。

要注意：加入 EB 后，DNA 分子的移动速度降低约 15%。

（1）上样缓冲液。上样缓冲液在 DNA 电泳过程中起 3 种作用。

① 增加样品的密度，使得 DNA 样品能够平稳地加入样品孔中。

② 给样品上色，便于点样。

③ 上样缓冲液中含可在电场中移动的染料。这些染料在电场中以可以预测的速率移向正极，这就便于我们监控电泳过程。溴酚蓝在琼脂糖凝胶中的移动速度约相当于二甲苯蓝 FF 的 2.2 倍。溴酚蓝在 0.5%~1.4% 的琼脂糖凝胶中的泳动速度大约相当于 300 bp 的线性 DNA 的泳动速度，而二甲苯蓝 FF 的泳动速度相当于 4 kb 的双链线形 DNA 的泳动速度。

下面介绍几种上样缓冲液的配方（6 ×），配好的溶液保存于 4℃。

配方一：40% 蔗糖，0.25% 溴酚蓝，0.25% 二甲苯蓝 FF。

配方二：30% 甘油水溶液，0.25% 溴酚蓝，0.25% 二甲苯蓝 FF。

配方三：15% Ficoll（400 型）水溶液，0.25% 溴酚蓝，0.25% 二甲苯蓝 FF。

（2）电压的选择。

表 2-4 给出不同大小的 DNA 片段电泳时最佳的电压大小，供电泳时参考。这里的距离指的是正负两个电极间的距离，而不是电泳槽的长度。例如，最适电压是 5 V/cm，两个电极间的距离是 26 cm，则电泳时使用的电压应该是 130 V。

表 2-4 不同大小的 DNA 片段电泳所需电压值

DNA 大小	电压
≤ 1 kb	5 V/cm
1~12 kb	4~10 V/cm
>12 kb	1~2 V/cm

3. 琼脂糖凝胶的制备及电泳

在进行琼脂糖凝胶电泳前，建议你最好测量一下你所用的塑料托盘的尺寸及所用的电泳槽两个电极间的距离。一般情况下，凝胶的最适厚度为 3~5 mm，根据这个标准及塑料托盘的长宽，就可以算出配胶时需要的缓冲液的量。知道了电泳时最适电压及两电极间的距离，就可选择合适的电压。

（1）用橡皮膏封严塑料托盘开放的两边，水平放置托盘。逐一插入梳子，使梳齿距托盘底面约 0.5~1 mm。在托盘底面上放置一块厚约 0.5~1.0 mm 的薄片，将梳子垂直地放在薄片上，然后将梳子上的螺丝调节到合适高度，最后取走薄片即可。

（2）根据欲分离的 DNA 片段大小，配制适宜浓度琼脂糖溶液：准确称量琼脂糖干粉，倒入三角烧瓶或玻璃瓶中，加入适量的缓冲液（瓶子的体积应是溶液体积的 2~4 倍）。置微波炉加热至完全溶化，轻轻摇晃，充分混匀胶溶液，待胶冷却至 60℃左右，在胶液内加入 EB 至终浓度为 0.5 μg/ml（也可以不加，等电泳完毕再取出染色）。

（3）将胶液轻轻倒入托盘，使之形成均匀水平的胶面。凝胶适宜厚度为 3~5 mm。倒胶时一定要注意，不要让胶中留有气泡。

（4）在室温下放置 30~45 min 让胶凝固。小心拔出梳子，撕下橡皮膏带，将胶放进电泳槽内。向电泳槽加入电泳缓冲液，缓冲液高出胶面约 3~5 mm 即可。

（5）混合 DNA 样品和上样缓冲液，用微量移液器将样品混合液及 Marker 缓慢加至加样孔内。

（6）关上电泳槽盖，接好电极插头。调节后电压，打开电泳仪开始电泳。如电极插头连接正确，阳极和阴极由于电解作用将产生气泡，几分钟内溴酚蓝将从加样孔迁移进入胶体内。待溴酚蓝带移动至距胶前沿约 1 cm 处，关上电源，停止电泳。

（7）小心地从电泳槽中取出凝胶，若配胶时未加 EB，则按上述方法，用终浓度为 0.5 μg/ml 的 EB 水溶液染色 20 min，若已加 EB，则可直接将胶放在凝胶成像仪中观察实验结果。

4. 琼脂糖凝胶中 DNA 片段的回收与纯化

按北京天为时代公司的琼脂糖凝胶回收与纯化试剂盒（DP-209-03）操作进行。

（1）用干净的刀片将单一的目的 DNA 条带从琼脂糖凝胶上切下，尽量切除多余的凝胶，放入 1.5 ml 离心管中，称取重量。

（2）加 3 倍体积的溶胶缓冲液 PN（如果凝胶重为 0.1g，其体积可视为 100 μl，则加入 300 μl 溶胶液。如凝胶更大，可按比例加大溶胶液用量），室温放置 10 min 或 50℃水浴放置 10 min，不断温和上下翻转离心管，确保胶块已经溶解，如果还有未溶解的胶块，可再加入部分溶胶缓冲液或继续放置几分钟，以使胶块溶解。

（3）取一个新的离心吸附柱，放入 2 ml 废液收集管中，将上一步所的溶液加入离心管吸附柱，12 000 rpm 离心 30 sec，倒掉废液收集管中的废液。

（4）在离心吸附柱中加入 700 μl 漂洗液，12 000 rpm 离心 30 s，弃掉废液收集管中的废液。

（5）在离心吸附柱中加入 500 μl 漂洗液，12 000 rpm 离心 30 s，弃掉废液收集管中的废液（如果样品中杂质蛋白及盐类较多可多重复 1 次）。

（6）12 000 rpm 离心 2min，尽量除去漂洗液，（然后可在 37℃温箱中烘烤 10min，使酒精彻底挥发）。

（7）取出离心吸附柱，放入一个干净的离心管中，加入适量的洗脱缓冲液（洗脱缓冲液先在 65~70℃水浴预热效果更好），室温放置 2~5min，12 000 rpm 离心 1min，（如要想得到更多的 DNA，可将所得的溶液重新加入离心吸附柱，重复此步操作）；得到的溶液取 1~3 μl 电泳检测浓度与纯度。

三、实验结果分析

图 2-4 为利用琼脂糖凝胶回收 DNA 片段的电泳结果，图 2-5 为回收片段纯化后的琼脂糖凝胶回收电泳检测结果。

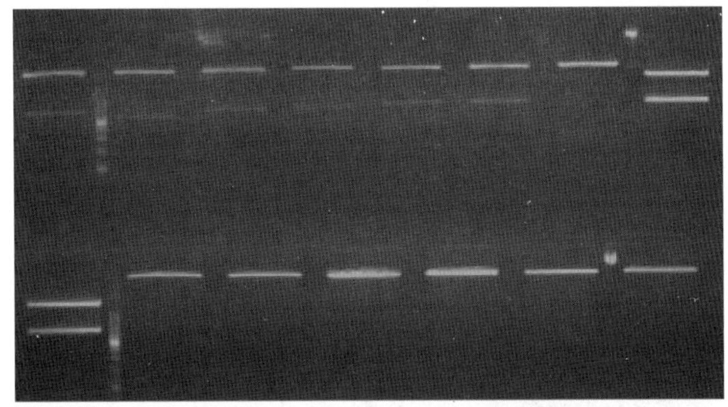

图 2-4 回收 DNA 片段电泳结果

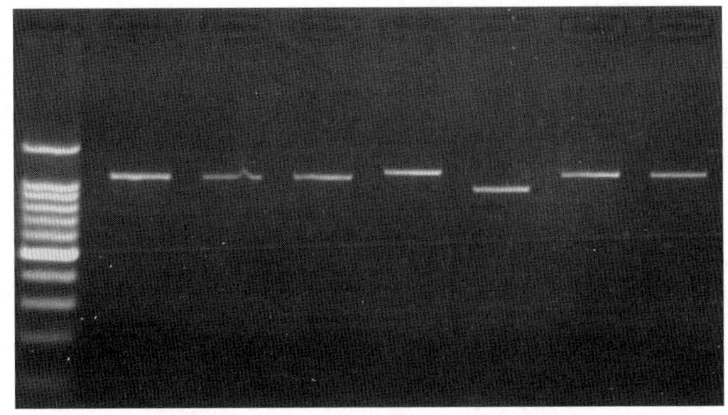

图 2-5 琼脂糖凝胶回收电泳检测结果

四、常见问题

1. DNA 片段分离不良

DNA 分离不良的最常见的原因是琼脂糖浓度选择不当。应该用低浓度的琼脂糖凝胶来分离相对分子质量高的 DNA 片段，而用高浓度的凝胶分离相对分子质量低的 DNA。条带模糊在分离小的 DNA 片段时，尤其常见。这是由于 DNA 通过凝胶时发生弥散。当用低电压长时间凝

胶电泳时特别容易出现。

2. 条带涂布

在分离相对分子质量高的 DNA 片段时，最常发生 DNA 条带的拖带和涂布。最常见的原因是 DNA 样本过量，或电泳的电压过高。DNA 样本被点到撕裂的点样孔中也会引起广泛的涂布，因为 DNA 容易在琼脂糖与凝胶支持物之间迁移。

3. 凝胶融化

电泳分离时琼脂糖凝胶融化表明，在制备凝胶时没有用电泳缓冲液，或者在电泳过程中电泳缓冲液耗尽。在用高电压长时间电泳时，应该用 TBE 而不是 TAE，因为 TBE 的缓冲能力更强。而且，微型凝胶和中型凝胶槽只能装少量的缓冲液，比较大的凝胶槽更容易耗竭缓冲液。

五、解决方法

1. 微波炉溶解琼脂糖时，胶液沸腾冲溢出三角锥瓶微波炉加热时胶液可能发生剧烈沸腾

（1）总液体量不宜超过三角锥瓶的 50% 容量。

（2）2% 以上胶液设置中火加热。

（3）胶液剧烈沸腾时，停止加热，移开三角锥瓶，请戴上防热手套，小心摇动三角锥瓶，然后再次加热，胶液沸腾直至胶液清澈，保证琼脂糖完全溶解。

2. 琼脂糖电泳图像背景模糊不清

琼脂糖没有完全溶解会造成电泳图像背景模糊不清。完全溶解的琼脂糖胶液清澈，三角锥瓶内壁应没有黏附琼脂糖颗粒。

3. 加热后水分蒸发

如需要应加入热的蒸馏水，补足到原来的重量，摇匀。

4. DNA 条带模糊，拖尾

（1）DNA 降解。避免核酸酶污染。

（2）DNA 上样量过多。减少凝胶中 DNA 上样量。

（3）电泳缓冲液陈旧：电泳缓冲液多次使用后，离子强度降低，pH 值上升，缓冲能力减弱，从而影响电泳效果。建议经常更换电泳缓冲液。

（4）电泳条件不合适。电泳时电压不应超过 20V/cm，温度＜30 ℃，巨大 DNA 链，温度应＜15 ℃，核查所用电泳缓冲液是否有足够的缓冲能力。

（5）DNA 样含盐过高。泳前通过乙醇沉淀去除过多的盐。

（6）有蛋白污染。电泳前抽提去除蛋白。

（7）DNA 变性。电泳前勿加热，用 20mmol/L NaCl 缓冲液稀释 DNA 。

5. DNA 条带淡弱或无 DNA 带

（1）DNA 的上样量不够：增加 DNA 的上样量。

（2）DNA 降解：避免 DNA 的核酸酶污染。

（3）DNA 走出凝胶：缩短电泳时间，降低电压，增强凝胶浓度。

（4）分子大小相近的 DNA 带不易分辨。增加电泳时间，使用正确的凝胶浓度。

（5）DNA 变性：电泳前请勿高温加热 DNA 链，用 20mmol/L NaCl Buffer 稀释 DNA 。

（6）DNA 链巨大，常规凝胶电泳不合适。在脉冲凝胶电泳上分析。

6. DNA MARKER 条带扭曲

（1）配制凝胶的缓冲液和电泳缓冲液不是同时配制的。使用同时配制的缓冲液电泳时缓冲液高过液面 1~2mm 即可。

（2）电泳时电压过高。可以在电泳前 15 min 用较低电压（3V/cm），等条带出孔后，再调电压。

（3）尽量慢慢加样，等样品自然沉降后再加电压。

六、注意事项

（1）溴化乙锭为中度毒性、强致癌性物质，操作时需小心，勿沾染于衣物、皮肤、眼睛、口鼻等。所有操作均只能在专门的电泳区域操作，戴一次性手套，并及时更换。

（2）预先加入 EB 时可能使 DNA 的泳动速度下降 15% 左右，而且对不同构型的 DNA 的影响程度不同。所以为取得较真实的电泳结果可以在电泳结束后再用 0.5 μg/ml 的 EB 溶液浸泡染色。

（3）在一定胶浓度下，电场强度不变，对于线性 DNA，其迁移率与其分子量的常用对数成反比，依此可以粗略估算未知 DNA 分子的大小。

（4）胶浓度一定、分子量相同时，一定电压范围下，迁移率与电压成正比。对构型不相同的质粒，超螺旋型质粒泳动最快，线性的 DNA 泳动率次此，有缺刻质粒 DNA 泳率最慢；当电压超过一定的界线，将不存在这种关系。

（5）同一分子量的核酸，在一定电场下，随胶浓度提高其泳动率下降，有时因胶浓度过高，环状 DNA 分子不能进入胶孔。下面的公式表达了线性 DNA 的迁移率（U）与凝胶浓度（T）之间的线性关系：LgU=LgU0−KrT 其中 U0 是自由泳动迁移率，Kr 是滞留系数，它是与凝胶的性质、迁移分子大小和形状等有关的常数。

（6）缓冲液的 pH 值直接影响 DNA 的解离程度和电荷密度，缓冲液 pH 值与 DNA 样品的等电点相距越远，样品所携电荷越多，泳动速度越快。pH 值为 3.5 时，DNA 碱基上的氨基基团解离，只有一个磷酸基团解离，整个分子带正电，在电场中向负极泳动：pH 为 8.0~8.3 时，DNA 的氨基几乎不解离，磷酸全部解离，核酸分子带负电，在电场中向正极泳动。实验中常用 pH 值为 8.0~8.3 的 0.5 × TBE 或 0.5 × TAE，不但有利于电泳，对 DNA 分子也是一种保护。

（7）一般用上样缓冲液中的指示剂是溴酚蓝，它的分子量是 670 道尔顿，分子筛效应小，近似于自由电泳，在 0.6%、1%、2% 的琼脂糖凝胶电泳中它们分别与 1kb、0.6kb、0.15kb 的双链 DNA 片段的泳动率大致相同。另外上样量也有一定的限制，如 0.5cm 宽的孔，单一分子量的片段可以上 20~30μg 不会影响分辨率。

（8）EB 是一种荧光染料，其分子结构尾扁平型可嵌入核酸双链的配对碱基之间，它在紫外光下主要吸收 300nm 和 360nm 紫外线的能量，核酸可把吸收的 260nm 紫外光的光能传给 EB，这样激发 EB 发射出 590nm 的可见红色荧光，核酸中的 EB 荧光比凝胶中游离的 EB 荧光强度大 10 倍，因此非常便于观察核酸。若用 10mmol/L $MgCl_2$ 泡胶 5min，使非结合在核酸中的 EB 褪色，可检查到 10ng 的核酸样品，对于单链核酸最低检出量为 100ng。若要回收核酸，应采用 366nm 波长的紫外仪观察，这样核酸上产生的断链缺口少，利于下步实验。

（9）PCR 纯化试剂盒（PCR Purification Kit）、DNA 胶回收试剂盒（DNA Gel Extraction Kit）通常采用硅胶吸附或者离子交换柱的方法，在特定条件下，使 DNA 能在离心过柱的瞬间，结合到 DNA 纯化柱上，在一定条件下又能将 DNA 充分洗脱，从而实现 DNA 的快速纯化，无需酚氯仿抽提，无须酒精沉淀。DNA 纯化柱的容量约为 15μg。适用于 PCR 反应后去除引物、酶、矿物油、甘油、盐等杂质；也同样适用于酶切、连接、磷酸化、补平或切平、随机引物等反应后的 DNA 纯化。所得的 DNA 可直接用于酶切、连接、转化细菌、测序、PCR 和杂交等后续操作。

第六节　DNA 重组及鉴定

一、实验原理

DNA 重组是通过酶学方法将不同来源的 DNA 分子在体外进行特异性切割，重组连接，组成新的 DNA 杂合分子，使之能在宿主细胞中进行扩增，形成大量的子代分子。它的基本过程可以用分、切、接、转、筛 5 个步骤来简单概括。“分”即目的 DNA 片段和载体 DNA 的分离纯化；“切”即用适当的限制性内切酶对载体和目的 DNA 进行酶切以产生匹配末端；“接”是指载体和目的 DNA 在 DNA 连接酶的作用下形成重组体；“转”是指将重组体导入适当的宿主菌使之扩增；“筛”是指对转化后的宿主菌进行筛选获得所需的重组体。在本实验中采用的是蓝白斑筛选法即 β- 半乳糖苷酶系统筛选法对阳性克隆进行筛选。其原理如下：pUC18 载体携带有细菌的 *LacZ* 基因，它编码 β- 半乳糖苷酶的一段由 146 个氨基酸残基组成的 α 肽。此 α 肽可与宿主细菌的缺失 α 肽的 β- 半乳糖苷酶组成完整的、有活性的 β- 半乳糖苷酶，此即为 α 互补作用。当目的 DNA 插入 pUC18 载体的 *LacZ* 基因时，破坏重组子与宿主之间的 α 互补作用，在 X-gal（5 溴 -4 氯 -3 吲哚 -β-D- 半乳糖）IPTG（IPTG 为诱导剂）平板上，由于不能水解 X-gal，形成白色菌落；而含有非重组质粒的细菌则形成蓝色菌落。

外源 DNA 与载体分子的连接就是 DNA 重组　这种重新组合的 DNA 叫做重组子。重新组合的 DNA。分子是在连接酶的作用下进行连接的。DNA 连接酶有两种 T4 噬菌体 DNA 连接酶和大肠杆菌 DNA 连接酶。

二、实验操作

1. 载体与目的 DNA 的制备。

（1）载体与目的 DNA 的酶切（表 2-5）。

表 2-5　载体与目的 DNA 的酶切结果

类别	载体 DNA（pUC18）	目的 DNA（PCR 产物）
载体 DNA	3μl	—
目的 DNA	—	10μl
10 × multi-core buffer	2μl	2μl
EcoR I	1μl	1μl
BamH I	1μl	1μl
ddH_2O	10μl	6μl

混匀，37℃水浴 1h。

（2）载体与目的 DNA 的纯化。酶切后含载体与 RT-PCR 产物的 EP 管→加入 180μlddH_2O→加入等体积酚 / 氯仿→混匀 2~3min，4℃，10 000rpm 离心 10 min→取上层水相→加入 1/10 体积醋酸钠（3mol/L，pH 值为 5.2）2 倍体积无水乙醇→混匀，室温放置 20min→4℃，12 000rpm 离心 15min→弃上清液，待乙醇挥发干净→溶于 10μl 无菌蒸馏水。

2. 连接反应

取 2 支 EP 管分别标记连接管和对照管，按表 2-6 所示加入。

表 2-6　2 支 EP 管分别标记连接管和对照管要求

类别	连接管	对照管
载体 DNA	2μl	2μl
目的 DNA	6μl	0μl
10 × T_4 连续酶缓冲液	1μl	1μl
T_4DNA 连续酶	1μl	1μl
ddH_2O	0μl	6μl

混匀，22℃反应 2h。

3. 转化大肠杆菌

取 10μl 连接产物、10μl 对照，2μlpUC18 质粒→分别加入 100μl 感受态细胞，冰浴 30min1→42℃水浴，90s 热休克→冰浴 2min→加入 800μlLB 培养液，置于 37℃恒温摇

床轻摇 30min → 3 000rpm，1min 离心→留 Ep 管底部富含骏业的培养基，吸弃表面培养基 800μl →每管加入 25μlIPTG，20μlX-gal →取 5 个琼脂培养基，按（表 2-7）要求分别取菌液铺板，置于 37℃温箱中过夜培养。

表 2-7　对转化大肠杆菌 5 个琼脂培养基的要求

1 号皿	2 号皿	3 号皿	4 号皿	5 号皿
感受态细胞	感受态细胞	PUC18 质粒	连接对照	连接反应
LB 培养皿	LA 培养皿	LA 培养皿	LA 培养皿	LA 培养皿

三、实验结果及分析

图 2-6（a）左侧为 1 号皿，为白色菌落，成膜状生长。右侧为 2 号皿，无菌落生长。图 2-6（b）为 3 号皿，为蓝色菌落。

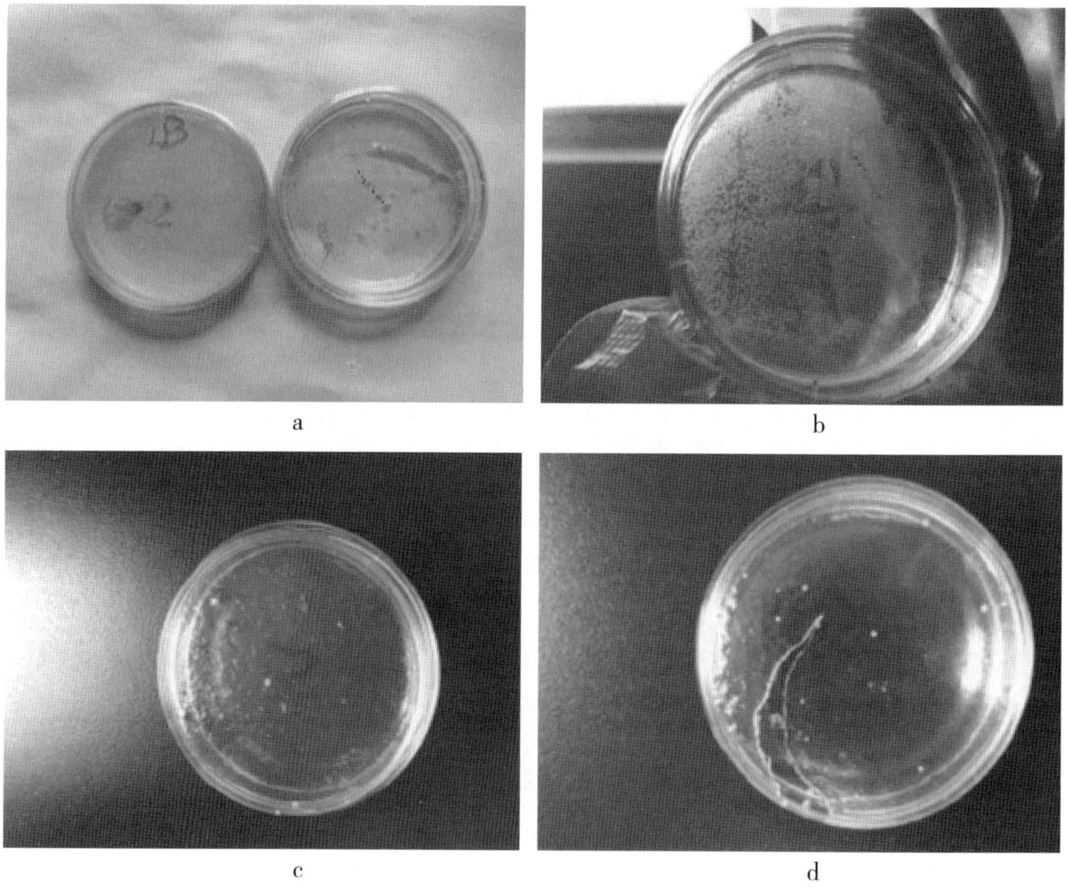

a

b

c

d

图 2-6　转化大肠杆菌组织培养

图 2–6（c）为 4 号皿，无菌落生长。图 2–6（d）为 5 号皿有白色菌落生长。 分析：1 号皿为感受态细胞接种于 LB 培养皿，即经高压灭菌的培养基上，由于感受态细胞为物抗药性的菌体，而该培养基中无抗生素药品，故其能良好生长。由于感受态细胞中只存在缺失 α 肽的 β- 半乳糖苷酶的基因，不能分解乳糖使之显色，所以生长出白色菌落。该培养基中菌落成膜状生长，是由于涂抹较多，细菌成聚集生长。1 号生长良好说明该菌活力好。2 号皿同样为感受态细胞，但由于 LA 培养皿中含有氨苄青霉素，而该细胞是无抗药性的细菌，故其不能生长。2 号清亮，虽然培养基表面凹凸不平，但都是透明的，是培养基的问题。3 号皿中为加入质粒的感受态细胞，无目的基因。在该培养基中，完整质粒转入细菌内，PUC18 质粒中含有抗药性基因，且可产生 α 肽与菌体产生 α 互补作用，故细菌能在该培养基上生长且能分解乳糖产生蓝色反应。因此 3 号生长为蓝色菌落。但此培养皿中菌落蓝色较淡可能为 Xgal 活性有所下降。4 号皿为连接对照组，在该组中质粒由于在前一步中接受了酶切反应，会被部分或全部切割。一旦质粒被切割，其携带的抗药性基因不能发挥作用，因此细菌就不能在 LA 培养基上生长。在本组中酶切彻底，无完整质粒存在，因此无菌落生长。5 号皿为部分质粒中转入了目的基因，质粒中携带的抗药性基因未被破坏，因此菌落仍能生长。目的基因插入了质粒中编码 α 肽的基因中，因此不能形成 α 肽发挥 α 互补作用，所以不能发挥显色效应。因此，5 号培养皿中为白色菌落，为转入目的基因的菌体形成。

第七节 核酸分子杂交技术

一、实验原理

所谓 DNA 探针，实质上是一段已知的基因片段，应用这一基因片段即可与待测样品杂交。如果靶基因和探针的核苷酸序列相同，就可按碱基配对原则进行核酸分子杂交，从而达到检查样品基因的目的。在随机引物法标记反应液中，有随机合成的六聚体核苷酸（hexanucleotide）作为引物，dATP、dCTP、dGTP、dTTP 和 D1G–11–dUTP 作为合成底物，以单链 DNA 作为模板，在 Klenow 酶的作用下，合成掺入地高辛的 DNA 链。以地高辛标记的探针与靶基因 DNA 链杂交后，再通过免疫反应来进行检测。一般通过酶标抗地高辛抗体来检测，就可以肯定杂交反应的存在。

免疫检测采用过氧化物酶系统，DAB 显色。敏感性很高。可用于膜上杂交和原位杂交。

二、实验操作

1. 严格按照操作程序操作

2. 随机引物标记操作程序

（1）用灭菌去离子蒸馏水稀释 1μg DNA 至总体积 16μl。

（2）DNA 热变性。把 DNA 瓶置于沸水中，水浴 10min。然后，迅速地插入碎冰中 3min 以上。

（3）加 4μl DIG Random Labeling Mix（高效），混匀后再离心 2 000/rpm × 5min。

（4）置 37℃反应至少 120min。时间越长，产量越高。延长反应时间至 20h 可明显增加地高辛标记 DNA 的产量。应根据需要控制反应时间。

（5）加入 2μl 10mmol/L EDTA 以中止反应，对于原位杂交和膜上杂交反应来说，标记反应可告结束，上述反应液置 -20℃保存至少 1 年以上。且可反复使用。

三、核酸探针膜上杂交

1. 杂交总原则

脱氧核苷酸通过磷酸二酯键缩合成长链构成 DNA 的一级结构。两条碱基互补的多核苷酸链按碱基配对原则形成双螺旋，构成 DNA 的二级结构。某些条件（如酸碱、有机溶剂、加热）可使氢键断裂，DNA 双链打开成单链重新结合。所谓杂交，是具有一定互补顺序的核酸单链，DNA 单链仍然可与序列同源的单链按碱基互补原则结合成异源性双链的过程。

2. 杂交膜的选择

杂交膜可以选择硝酸纤维素膜和尼龙膜。硝酸纤维膜的优点在于本底较低，但只能用于显色性检测，且不能用于重复杂交。尼龙膜分为带正电荷的膜和不带电荷的膜两种。带正电荷的尼龙膜对核酸结合力强，敏感性也较高。不带电荷的膜结合力低，相应敏感性也较低。尼龙膜的优点在于杂交用过的膜，用洗脱液（0.1 × SSC，0.1%SDS）煮沸 5~10min 后去除探针，可用于新的探针杂交。如果对杂交结果不满意，如背景太高或显色不强，也可洗去探针之后重新杂交。

3. 探针浓度

探针浓度是获得理想杂交检测的关键因素，浓度太高则会导致本底太深；若浓度太低又会导致信号减弱。为了解决过高探针浓度所引起的高背景，必须进行模拟杂交实验。

所谓模拟杂交实验，即选择几小片杂交膜，在未转移 DNA 的情况下，进行封闭、不同浓度的探针孵育及随后的免疫检测。以背景能被接受的最高探针浓度为正式杂交实验的浓度。模拟杂交实验不同浓度的探针可以参考下述方法配制：取 5μl 标记反应液加 1ml 探针稀释液，混匀。取 0.5ml 等倍释后，再取 0.5ml 继续等倍稀释。假设 20μl 标记反应液中含 1μg 标记的探针，则系列稀释探针的浓度分别是：200ng/ml、100ng/ml、50ng/ml、25ng/ml、12.5ng/ml 和 6.25ng/ml。

4. 预杂交和杂交液

预杂交和杂交都使用相同缓冲液，不同的仅仅是预杂交液中不含有探针。下面是几种基本杂交液配方。

（1）Standard buffer: 5 × SSC，0.1%（W/V）N-Lauroylsarcosine，0.02%（W/V）SDS，1% Blocking Reagent。

（2）Standard buffer+50% formamide：50% formamide（deionized），5 × SSC，0.1%（W/V）N-Lauroy lsarcosine，0.02%（W/V）SDS，2% Blocking Reagent。

（3）High SDS buffer（Church buffer）：7%SDS，50% formamide（deionized），5 × SSC，2% Blocking Reagent，50mM Sodium Phosphate，0.1% N-Lauroylsarcosine

5．Southern Blotting

DNA 片段经电泳分离后按分子量大小排列在琼脂糖凝胶上。1975 年，Southern 发明了利用浓盐溶液的推动作用将变性的单链 DNA 转移到硝酸纤维素膜上的方法，解决了原位转移的问题。虽然其原理和操作均很简单，却是基因分析中必不可少的手段，已经得到了广泛的应用。与标记的 DNA 探针杂交。

（1）Southern 转移。

首先，将 DNA 用限制性内切酶消化。准备一定浓度的琼脂凝胶。琼脂凝胶必须是高纯度和核酸级的。其次，电泳后经溴化乙锭染色并在紫外灯下照相后，将需要转移的琼脂糖凝胶切下，放入搪瓷盘中，然后进行下面的步骤。

（2）试剂。

a. 0.25mol/L HCl。

b. 变性液：0.5mol/L NaOH，1.5mol/L NaCl。

c. 中和度：0.5mol/L Tris-HCl，pH 值为 7.4，3mol/L NaCl。

d. 20 × SSC ：0.3mol/L 柠檬酸钠，3mol/L NaCl。

e. 2 × SSC ：0.03mol/L 柠檬酸钠，0.3mol/L NaCl。

（3）程序。

① 将胶浸入 0.25mol/L HCl 中 10min。HCl 处理的作用主要是通过去嘌呤使 DNA 分子断裂，因而有利于高分子量 DNA 的转移，但不能处理时间过长。要转移全部小于 10kb 的 DNA 片段时可省略此步骤。

② 进入变性液之前，用蒸馏水漂洗 20~30min。

③ 把胶浸入变性液中，室温浸泡 15min × 2 次。

④ 蒸馏水漂洗凝胶 2 次。

⑤ 把胶浸入中和液中，室温泡 15min × 2 次。

⑥ 在处理凝胶的同时，切一张与胶同样大小的尼龙膜或硝酸纤维膜。硝酸纤维膜用 2 × SSC 浸泡。

剪两张 Whatman3# 滤纸和一叠吸水用的粗滤纸注意不能用手指直接触及膜面。

⑦ 准备转移用平器和支架，平器中放 20 × SSC。架子上搭滤纸桥使溶液能够虹吸上来。

⑧ 依次放：处理好的凝胶，硝酸纤维素膜，吸水滤纸，玻璃板，适量重物（500~ 1 000g）。

注意：要检查 pH 值，用硝纤膜时 pH 值 <9。要确保各层间没有气泡，否则会发生局部“绝缘”，气泡处的 DNA 难以被吸到硝酸纤维膜上。

⑨ 于室温转移 12~20h。

⑩ 取出转移膜，用 2 × SSC 漂洗数次，以去掉可能黏附于膜上的凝胶。

⑪ 固定。可选择下述方法之一进行 DNA 固定。

a. 紫外线固定：使用长波紫外线照射 10~20min，简单漂洗后干燥备用。

b. 尼龙膜置 +120℃烘烤 30min。

c. 硝酸纤维膜置真空烤箱中，80℃减压烘烤 2~2.5h，以避免硝酸纤维膜自熔。若无真空烤箱，亦可在普通烤箱中 65~70℃烘烤 3~4h，也能达到固定目的。固定后，将膜封于塑料袋中，保存于干燥处待杂交。

⑫ 注意事项。第一，转移液的盐浓度对转移具有一定影响。应选择 20 × SSC。因为 10 × SSC 转移速度较快，对于高分子量 DNA（>10kb）效果比较理想。因此，要根据不同目的选择适当的转移液。

第二，转移时不能移动上边重物，防止出现“重影”现象。

第三，硝酸纤维膜对于 0.5kb 以下的小分子 DNA 结合不牢，转移时容易丢掉。要探测小片时最好用尼龙膜。

（4）Southern 印迹杂交杂交成功的关键因素之一在于选择杂交液。应通过预实验来选择合适的杂交液。另一个比较重要的因素是标记探针的浓度，一般选择 5~25ng/ml，应通过模拟杂交实验来选择合适的探针浓度。

试剂种类。

a. Standard buffer。

b. Standard buffer+50% formamide。

c. High SDS buffer。

d. Wash Solution Ⅰ：2XSSC，0.1%SDS。

e. Wash Solution Ⅱ：0.5XSSC，0.1%SDS。

程序。

① 将转移好的尼龙膜或硝酸纤维膜装入塑料袋中，每边各留 2~4mm 空隙。灌注杂交液的一边留 1cm 空隙。在角上剪开一个小口，灌注预杂交液，从切口处赶走气泡，用封膜机封口，浸入水浴中。

② 根据所选择的不同预杂交液，采用不同的温度预杂交 4~20h：Standard buffer: 预杂交温度 65~68℃，Standard buffer+50% formamide：37~42℃，High SDS buffer：37~42℃。

③ 使用双链 DNA 探针时，沸水浴 10min 以变性探针。然后迅速插入冰中。

按模拟杂交实验所确定的探针浓度将适量探针加入到预杂交液中，配成杂交液，一般浓度 5~25ng/ml。按每 $100cm^2$ 膜加入至少 3.5ml 配制杂交液。

④ 使用和预杂交相同的杂交温度，一般杂交 16~20h。

⑤ 杂交结束后，取出杂交袋，剪开一个小口，将杂交液倒入带盖的试管中，储存于 -20℃以备下次使用。这样至少可保存 1 年。再次使用之前应在冻融之后，加热至 +95℃ 10min 以变性探针。杂交液如含有 50% 甲酰胺，则在 68℃变性 10min 即可。

⑥ 取出杂交膜，用 Wash Solution Ⅰ 洗 5min × 3 次。

⑦ 保温冲洗：用 Wash Solution Ⅱ 于 68℃冲洗 15min × 2 次。

（5）DNA Dot Blotting。

此检测方法用于快速定性筛选 DNA。样品可以是纯化 DNA，也可以是细胞碎片 PCR 扩的

DNA。预杂交和杂交方法与 Southern 基本一致，不同的仅是样品的处理不同。

试剂种类。

a. DNA dilution buffer；

b. 10mM Tris-HCl；

c. 1mM EDTA；

d. pH 值为 8.0；

e. 50μg/ml herring Sperm DNA。

程序。

① 将样本 DNA 稀释成不同浓度。

② 将样本 DNA 于 +95℃水浴 10min，迅速插入冰中。

③ 取 1μl 点样至尼龙膜或硝酸纤维膜上。点样前先画上圆圈做记号。

④ 用紫外线照射固定或 +120℃烘烤 30min 固定。

其后杂交步骤 Southern 相同。

（6）DAB 显色检测法。

试剂种类。

a. Biotin—Mouse Anti—Digoxin。 200μl

b. SABC—POD。 200μl

c. DAB Stock Solution。 5ml

d. 冲洗液：0.1mol/L Tris-HCl，0.15mol/L NacL，pH 值为 7.4。

e. 封闭液：1% Blocking Reagent/0.1mol/L Tris-HCl，0.15mol/L Nacl。

f. 显色缓冲液：0.1mol/L PBS，150mmol/L Nacl，pH 值为 7.4。

g. TE 缓冲液：10mmol/L Tris，1mmol/L EDTA，pH 值为 8.0。

程序。

① 经过杂交及杂交后的冲洗之后，膜置于冲洗液中平衡 1min。

② 用干净的杂交袋或平皿，封闭液室温封闭 60min。

③ 用冲洗液冲洗 5min × 3 次，每次 100ml。

④ 用封闭液（e）1∶1 000~2 000 稀释 Biotin—Mouse Anti—Digoxin，例如 10μl Biotin—Mouse Anti—Digoxin 加至 10~20ml 封闭液中（稀释液 +4℃可稳定 24h）。将适量稀释抗体加入杂交袋中 37℃反应 1~2h。

⑤ 用冲洗液冲洗 5min × 3 次，每次 100ml。

⑥ 用封闭液（e）1∶1 000~2 000 稀释 SABC，例如 10μl SABC 加至 10~20ml 封闭液中（稀释液 +4℃可稳定 24h）。将适量稀释 SABC 加入杂交袋中 37℃反应 1~2h。

⑦ 用冲洗液冲洗 15min × 3 次，每次 100ml。

⑧ 按 1∶40 配制底物显色液：250μl 储备液加至 10ml 显色缓冲液中，用前加最终浓度为 0.03 % 的 H_2O_2，室温显色 5~30min。

当所需要的显色点或带出现之后，蒸馏水洗以终止反应。结果可以进行照相记录。还有一种选择是让膜干燥保存。

四、原位杂交

所谓原位杂交是指在保存染色体、细胞或组织结构的前提下，用探针定位检查出相关基因序列。结合免疫细胞化学，原位杂交可以揭示出基因在 DNA、mRNA 水平的表达。

原位杂交技术最早 Pardue and Gall 和 John et al。分别在 1969 年发现。最初，放射性标记技术是唯一的方法，其使用受到明显限制。由于非放射性标记技术的简单、高敏感性，为原位杂交技术广泛应用开避了道路。

染色体原位杂交的一般技术。

1. 玻片准备

为了展开染色体，酒精清洁玻片即可。但为了防止细胞和组织的脱落，必须用多聚赖氨酸或 APES 处理玻片。

2. 固定

为了保存形态结构，生物材料都必须予以固定。染色体的固定比较简单，甲醇、乙酸固定即已足够。如果是石蜡包埋组织，采用福尔马林固定。冰冻切片采用 4% 甲醛或 Bouin's 固定液固定 30min。应予注意的是，DNA 和 RNA 虽然不和各种交联剂反应。但包围 DNA、RNA 的各种蛋白质和交联剂反应后，就会遮盖住靶核苷酸。因此，必须采取各种增加通透性的程序。

3. 玻片上材料的预处理

① 内源性酶的灭活。如果用酶作为标记物，内源性酶必须预先予灭活。如过氧化物酶，可用 1%H_2O_2、甲醇 30min 处理。至于碱性磷酸酶，由于杂交过程的破坏，残余碱性磷酸酶的活力会完全消失。

② RNA 酶的处理。DNA-DNA 杂交时需要处理内源性 RNA。

内源性 RNA 的存在，会由于 DNA-RNA 的杂交而增加背景。处理方法：DNase-free RAase（100μg/ml）/2 × SSC，37 ℃ 孵育 60min（SSC=150mmol/L Nacl，15mmol/L Sodium Citrate，pH 值为 7.4）。

③ HCl 处理。用 200mmol/L HCl 处理 20~30min 可以增加信 / 噪比值，其机理尚不清楚。可能与蛋白的抽提和部分功能核苷酸片段的溶解有关。

④ 去垢剂处理。在脂膜成分未被固定，脱水、包埋等程序抽提时，可以进一步使用去垢剂处理，如 Triton X-100，Sodium dodecyl Sulfate 等，同样有助于原位杂交技术。

⑤ 蛋白酶消化。蛋白酶消化有助于增进探针和核苷酸之间的接触性。消化通常用蛋白酶 K，溶于 20mmol/L Tris-HCl，2mmol/L $CaCl_2$，pH 值为 7.4，37℃ 15~30min。蛋白酶 K 浓度依不同对象来确定。例如对染色体和核的分离部分，可以用 1μg/ml 蛋白酶 K。

4. 探针和靶基因的变性

对染色体 DNA 的原位杂交，必需进行变性处理。热变性越来越常用，它不仅简单，而且效果很好。对不同的杂交，应试验不同的时间和温度，以找到最佳的变性条件。

热变性时，探针和靶基因可以同时变性。将探针加到玻片上，盖上盖玻片。玻片放到80℃，2min后取出冷却至37℃。如果是组织切片，变性时间应达到80℃ 10min。组织和细胞mRNA的杂交则不需变性处理。

5. 杂交后的冲洗

标记探针能够和其序列具有部分同源性的基因非特异性的杂交。这类杂交分子的稳定性总是不及完全同源的杂交分子。分别用不同强度冲洗液可以有效地洗掉非特异杂交的探针，而保留特异杂交的探针。冲洗液的强度可通过改变甲酰胺浓度、盐浓度和温度来控制。通常用2×SSC+50%甲酰胺来冲洗。有时可用更高强度的冲洗液。总的来说，杂交时用高强度缓冲液，冲洗时用低强度的冲洗液（盐浓度越低，甲酰胺浓度越高和温度越高，则冲洗强度越大）。

6. 免疫细胞化学

免疫细胞化学和常规方法一样，必须先进行非特异性的封闭处理。如探针为地高辛标记时，Tris-HCl缓冲液含“Blocking Reagent”。此外，0.4mol/L NaCl的加入也有助于降低背景。 免疫细胞化学中最常用的酶是过氧化物酶和碱性磷酸酶。前者用DAB作显色剂。后者用BCIP、NBT作显色剂，方法同膜上杂交。显色强度由显微镜下控制。

7. 影响原位杂交的主要因素

① 探针长度。原位杂交和其他杂交方法不同，它要求较短的探针。因为探针越短，渗透性越强，可以渗透至细胞内部和染色体。不同的杂交所允许的最小核苷酸如下述公式所计算：

② 探针浓度。浓度越高，则杂交速度越快。但过高的浓度也会使背景增加，因此，宜选择可接受背景的最高探针浓度。

③ 硫酸葡聚糖。在水溶液中，硫酸葡聚糖是高度水化物质，因此使得大分子（如探针）难以接触到其结合水，相对浓度大大增加，杂交速度明显加快。

④ 碱基错配。碱基错配会引起杂交速度及二倍体的稳定性下降。因此在严格的杂交条件下，可以阻止探针与靶基因的非特异结合。

⑤ 冲洗条件

8. 杂交标准条件

适于DNA探针>100bp。

① 50%去离子甲酰胺。

② 2×SSC。

③ 50mmol/L NaH_2PO_4/Na_2HPO_4，pH值为7.0。

④ 1mmol/L EDTA。

⑤ 载体DNA。

⑥ 任选组合

1×Denhardt's。

dextran sulfate，1%~10%。

温度 37~42℃。

杂交时间：5~16h。

五、组织切片的原位杂交

目前，原位杂交已成病理学的一个有力工具，原位杂交可以用于诸如病毒，癌基因，基因突变等领域的检查。尤其是非放射性标记探针技术，为更多的实验室广泛应用原位杂交创造了条件。对福尔马林固定、石蜡包埋切片的原位杂交，关键是以下 3 个步骤。

（1）靶 DNA 的暴露。这要靠精心设计的消化步骤。

（2）DNA 的变性和杂交。

（3）杂交的分子的冲洗和检测。

1. 探针的准备

2. 玻片的处理

（1）去污剂浸泡一晚，大量自来水冲洗，然后用蒸留水清洗。

（2）干燥之后，浸入丙酮中 3min。

（3）玻片移入 1∶50 丙酮稀释的 APES 溶液中，浸泡 5min。

（4）玻片用蒸馏水略加清洗。干燥备用。处理后的玻片置干燥无尘环境可保存半年。玻片也可用“多聚赖氨酸”处理。

3. 组织切片的准备

（1）组织用常规 4% 中性缓冲甲醛溶液固定，石蜡包埋。

（2）常规切片。切片捞于涂有粘片剂的玻片上。

（3）切片处理。先置 60℃烘片 30min。

二甲苯脱蜡，逐级酒精至水清洗。

（4）临用前配制蛋白酶 K 溶液。储备液：Proteinase K，10mg/ml H_2O，小量分袋 -20℃保存。将储备液用 TES 稀释成 100μg/ml。（TES=5mmol/L Tris-HCl，10mmol/L EDTA，10mmol/L NaCl，pH 值为 7.4）。

（5）每张切片用 Proteinase k 20~30μl 37℃消化 5~15min。消化过程中加盖硅化盖玻片，并置湿盒中。注意消化对组织原位杂交是至关重要的。过度消化会导致切片消失殆尽，消化不足则敏感性不够，因此应针对不同组织尝试不同的消化条件。

4. 杂交

（1）蛋白 K 消化后，去除盖玻片。用 4% 甲醛 4℃固定 5min。

（2）蒸馏水洗 5min。

（3）让切片上水分滴下去，并在室温干燥 5min。注意只能让切片上水分减少，不能让切片完全干燥。

（4）每张切片加 5~10μl 探针（大切片需相应增加）。

（5）设立严格的对照组，每张切片加 5~10μl 不加探针的杂交液。

（6）切片上加硅化盖玻片，将玻片置 +95℃变性 6min。

（7）把玻片放到冰上 1min。

（8）切片置温盒，42℃杂交 3h 以上。如果方便，应杂交过夜。

5. 冲洗

去掉盖玻片，按下述程序冲洗。

2 × SSC 洗 5min × 2 次（室温）。

0.1 × SSC 洗 10min（42℃）。

6. 杂交分子的免疫检测

（1）切片置于 0.1mol/L TBS 缓冲液中，pH 值为 7.4。

（2）每张切片加 20~40μl 封闭液：1%Blocking Reagont/0.1mol/L TBS。室温反应 15min。

（3）用封闭液 1∶1000 稀释 Biotin—Mouse　Anti—Digoxin，每张切片加 20~50μl 稀释试剂，适合室温反应 1~2h。用 0.1mol/L TBS 洗 5min × 3 次。

（4）用封闭液 1∶1 000 稀释 SABC，37℃反应 60min。0.1mol/L TBS 洗 10min × 3 次。

（5）配显色剂：将 DAB 储备液用 0.1mol/L PBS，pH 值为 7.5 缓冲液 1∶20 稀释。加最终为 0.03% H_2O_2。每张切片加 50μl，一般显色 5~30min。信号弱时显色延长。

六、细胞的原位杂交

下面的程序是用标记 DNA 探针来检测培养细胞中的 mRNA。其他类型的检测可以参照此程序进行。细胞准备，固定和增加通透性。

注意：所有溶液都必须用 RNase 抑制剂处理。

（1）玻片用多聚赖氨酸处理。直接用 5% CO_2 在玻片上培养细胞。所用培养基为无酚红 Dulbecco’s 基础培养基。

（2）37 ℃ PBS 清洗细胞。然后用下述固定液室温固定 30min：4% 甲醛，5% 乙酸和 0.9%NaCl。

（3）室温 PBS 清洗固定细胞，用 70% 乙醇储存于 4℃。

（4）杂交前用下述方法脱水。70%、90% 和 100% 乙醇；10% 二甲苯；然后再用 100%，90%，70% 乙醇，最后 PBS 洗两次。

（5）用胃蛋白酶消化固定细胞：0.1%Pepsin/0.1mol/L HCl，37℃ 5~10min。

（6）PBS 洗 5min 后，1% 甲醛固定 10min。PBS 洗。

其余步骤参照组织切片程序实行。

七、各种溶液的配制

（1）1 × SSC。150mmol/L NaCl，15mmol/L　Sodium Citrate pH 值为 7.0。

（2）20 × SSC。3mol/L　NaCl，300mmol/L Sodium Citrate pH 值为 7.0。

（3）10 × SSC。1.5mol/L NaCl，150mmol/L Sodium Citrate pH 值为 7.0。

（4）Washing Solution 2 × SSC。300mmol/L NaCl，30mmol/L Sodium Citrate。

（5）Washing Solution 0.5 × SSC。0.5 × SSC+0.1%SDS。

（6）Washing Solution 0.1 × SSC。 0.1 × SSC+0.1% SDS。

（7）N–Lauroylsarcosine。10%（w/v）in Sterile H_2O，filtered through a 0.2~0.45μm membrane。

（8）SDS 10%（w/v）in Sterile H_2O。filtered througha 0.2~0.45μm membrane。

（9）Denaturation Solution（for Southern transfer）。0.5 NaOH，1.5mol/L NaCl。

（10）Neutralization Solution（for Soutiern transfer）。0.5mol/L Tris–HCl，3mol/L NaCl，pH 值为 7.4。

（11）Blocking Reagent 。

① 加 10g Blocking Reagent 至 100ml 0.1mol/L TBS，pH 值为 7.4 缓冲液中，搅拌以助溶解；② 如果必要时，加 0.1%DEPC（dimethylpyrocarbonate）。

（12）Standard hybridization buffer。 5 × SSC，0.1mol/L–lauroylsarcosine 0.02% SDS 1% Blocking Reagent Standard hybridization buffer+50% formamide；5 × SSC，50% deionized formamide，0.1% N–Lauroylsarcosine，0.02% SDS，2% Blocking Reagent。

（13）High SDS Concentration hybridization buffer。7% SDS，50% deionizod formamide，5 × SSC，2% Blocking Reagent，50mmol/L Sodium Phosphate，pH 值为 7.0，0.1% N–Lauroylsarcosine。

（14）500ml High SDS hybridization buffer 可按下述方法配制。

100% deionized formamide250ml，30 × SSC83ml，1mol/L sodium Phosphate，pH 值为 7.0 25ml，10% blocking solution100ml，10% N–Lauroylsarcosine 5ml。

将上述混合液倒入有 35g SDS 的烧瓶中（通风橱）。搅拌促进溶解，最后加入灭菌水至 500ml。储存于 –20℃。

（15）Detection Washing buffer。0.1mol/L Tris–HCl，0.15mol/L NaCl，pH 值为 7.4。

（16）Detection buffer。0.1mol/L PBS，150mmol/L NaCl，pH 值为 7.4。

（17）TE buffer。10mmol/L Tris–HCl，1mmol/L EDTA，pH 值为 8.0 。

玻璃和塑料器皿的硅化：先将待硅化器皿放入玻璃真空干燥器中；加 1ml 二氧二甲基硅烷于一小烧杯中，放入干燥器。将真空干燥器与真空泵相连。抽气至二氯二甲基硅烷沸腾。关闭真空泵，保持干燥器的真空。1~2h 后，慢慢往干燥器内通气，取出器皿 180℃烘烤 2h，塑料器高压消毒，用前用水冲洗干净。

八、使用注意事项

核酸探针的标记及杂交是一个很复杂的过程，步骤多耗时长，影响因素多。要想获得理想结果，每一步都应严格操作。下面几个问题尤其应予注意。

（1）无菌操作。标记和杂交的各种溶液应高压灭菌；含 SDS，Tween20 的溶液应在滤膜除菌后加入其他溶液；使用灭菌吸头。

（2）使用干净平皿。每次用前必须严格清洗。

（3）膜的操作。操作膜时戴无尘的手套；只用无齿镊操作膜的边缘。

（4）原位杂交。每步反应均应加盖硅化的盖玻片。

第八节 Southern blotting 技术

一、实验原理

来源不同但具有互补序列的两条多核苷酸链通过碱基配对原则形成稳定的结构。其中一条被标记成为探针，探针与互补的核苷酸序列杂交，通过放射自显影技术可以被检测出来。常见的杂交方式包括：Southern 斑点杂交，Southern 印记杂交和 Southern 原位杂交。在此介绍常用的 Southern 印记杂交技术。

二、实验操作

1. 基因组 DNA 的提取

（1）采集 5 g 鲜嫩的幼苗，将其剪成 2 cm 左右的片段，用液氮冷冻后在研钵中将其研成粉末（研磨 15 min 左右）。

（2）将研磨好的样品转移到预冷的 50 ml 离心管中，加入 20 ml 预热的 S Buffer，颠倒混匀。

S Buffer 成分如下：

① 100 mmol/L Tris-HCl pH 值为 8.5。

② 100 mmol/L NaCl。

③ 50 mmol/L EDTA pH 值为 8.0。

④ 2% SDS。

（3）于 65℃水浴锅中温育 1~2 h，并不时轻柔混匀。

（4）加入 20 ml（等体积的）酚 / 氯仿，轻柔地颠倒混匀，直至呈乳状（注意：保证混匀，为有效除去蛋白，此步可以重复）。

（5）用水平转子离心机以 2 000 rpm 的转速离心 20~30 min。

（6）加入等体积的氯仿，轻柔地颠倒混匀，2 000 rpm 离心 20 min。

（7）转移上清到 1 个灭菌的 50 ml 离心管中，加入 0.6 倍体积的异丙醇，颠倒混匀，室温放置一段时间，用玻璃钩将 DNA 钩出（此步也可以离心沉淀 DNA，转速 2 000 rpm）。

（8）用 70% 的乙醇清洗 DNA 2~3 次后，将其挑在玻璃钩上晾干，然后溶解在 5 ml 1 × TE 中（如果采用离心的方法沉淀 DNA，可以将其贴在管壁上晾干，DNA 不要晾得太干，以免难以溶解，晾到闻不到酒精味即可。为减少后续步骤中 DNA 的损失，可以适当加大 TE 的量）。

（9）待 DNA 完全溶解后接入 10 μl RNase，于 37℃恒温箱中温育 1 h。

（10）加入等体积的酚 / 氯仿，轻柔颠倒混匀，以 2 000 rpm 的转速离心 15 min。

（11）转移上清液至 1 个灭菌的离心管中，加入等体积的氯仿，混匀，以 2 000 rpm 的转速

离心 15 min（如果界面蛋白质较多可重复此步）。

（12）转移上清液至 1 个灭菌的离心管中，加入 1/10 体积 3 mol/L pH 值为 5.0 的乙酸钠（终浓度为 0.3 mol/L），混匀后再加入 2 倍体积 95% 的乙醇，混匀（为方便后续操作可将离心管放在 -20℃的冰箱中冷冻 30min 以上）。

（13）用玻璃钩将 DNA 钩出，然后用 70% 的乙醇清洗 2~3 次，晾干后加入 1.8~2 ml 1 × TE 溶解（加入 TE 的量视 DNA 的多少而定，DNA 完全可能溶解需要几天时间）。

（14）待 DNA 完全溶解后，取 1μl DNA 电泳，检测 DNA 的浓度和完整性。

（15）DNA 样品可以放在 4℃保存备用。

2. 基因组 DNA 的酶切

（1）通常情况下采用下列酶进行谷类作物 DNA 分析（表 2-8）。

表 2-8　对谷类作物 DNA 碱基序列酶分析

识别 6 碱基序列的酶			识别 4 碱基序列的酶		
Apa I	Hind III	*Bam* HI	Alu I	Mbo I	Hha I
Sal I	Bgl I	Sst I	Dde I	Msp I	Taq I
Dra I	Pvu II	Eco RV	Hae III	Rsa I	Hinf I
Eco RI	Xba I				

（2）如果一次酶切 DNA 的量在 10 μg 左右，一般采用 30 μl 反应体系。

反应混合液：

DNA	10 μg
10 × Buffer	3 μl
H_2O	y μl
Enzyme	2 μl（ie 2μ/μg DNA）
	30 μl

（3）除 *Taq* I 在 65℃消化外，一般在 37℃酶切约 12 h（过夜酶切）。

（4）酶切完成后，加入上样缓冲液中止反应（5 μl loading buffer / 30 μl reaction mix）。

（5）短暂离心后上样电泳。

（6）（选择）上样前也可在 65℃水浴锅中温育 1 min。

3. 琼脂糖凝胶配制

（1）经酶切后的基因组 DNA 一般用比面积大（20cm × 25cm）而厚（8 mm）琼脂糖凝胶电泳（6 碱基酶切用产物用 0.8% 琼脂糖凝胶，4 碱基酶切产物用 1.2% 凝胶，二者都用 1× TAE 配制）。

（2）向将到 1 L 的三角瓶中加入适量的琼脂糖，然后加入 400 ml × TAE，称重、记录下总重量，在微波炉中加热直至琼脂糖完全溶解，称重，用蒸馏水补足蒸发的水分，用铝铂纸或保鲜膜封口，于 50℃水浴锅中冷却。

（3）用橡皮膏将胶盘两端封住，然后放在水平的实验台上，选择合适的梳子（注意梳齿数，厚度），将冷却到 50℃的凝胶倒到胶盘中。

（4）待凝胶完全凝固后，去掉橡皮膏，将琼脂糖凝胶放到水平电泳槽中，加入适量的 1×TAE，小心谨慎地拔掉梳子，以免破坏点样孔，影响电泳效果。

（5）加入样品，在室温下以 25 V 电压（稳压）电泳过夜。

（6）当跑在最前端的溴酚蓝指示剂移动到 15 cm 时，终止电泳。

4. 电泳结果检测

（1）将凝胶转移到加有 EB 的浅盘中，染色 10~15min。

（2）用蒸馏水漂洗 1~2 次。

（3）用凝胶成像系统中检测电泳和酶切结果。

5. 转膜

将 DNA 转移到 HYBOND-N+ 尼龙膜上（AMERSHA），这种方法源于 Reed & Mann（1985）发表的论文。

（1）根据检测结果对凝胶进行修整，用刀片切去点样孔和泳道周围的空白区域。

（2）将凝胶转移到盛有 0.25mol/L HCl 溶液的浅盘中，在水平摇床上轻轻振荡 15min（直到凝胶上的蓝色指示剂变为杏黄色）。

（3）倒掉 HCl，用清水清洗 1 次，然后加入少量 0.4 mol/L NaOH 以中和过量的 HCl。

（4）将 3 张 3 mm Whatman 滤纸（18 cm×27 cm）叠在一起作盐桥，另剪 3 张 3 mm 滤纸（与尼龙膜大小一致）备用。

（5）向一个水平放置的浅盘中加入适量 0.4 mol/L NaOH，然后在浅盘上架一块玻璃板，用浅盘中 0.4 mol/L NaOH 将盐桥浸湿，再将其平铺在玻璃板上（盐桥两端浸在 NaOH 溶液中），用玻璃棒赶出盐桥（滤纸）下的气泡。

（6）将凝胶倒扣在盐桥上（正面向下），用玻璃棒赶出凝胶下的气泡。

（7）用 0.4 mol/L NaOH 将 Hybond-N+ 尼龙膜浸湿，然后平铺在凝胶上，赶出尼龙膜下的气泡（为防止发生短路，可用保鲜膜将凝胶的周围遮住，防止滤纸或纸塔与盐桥直接接触）。

（8）先将 1 张用 0.4 mol/L NaOH 浸湿的 3 mm 滤纸（与尼龙膜大小一致）平铺在尼龙膜上，接着再放上 2 张同样大小的滤纸。

（9）在滤纸上放上纸塔（吸水纸），再在纸塔上放置一个 petri-dish，最后在 petri-dish 上压一个重约 500g 重物压，转膜过夜（注意适时补充浅盘中 NaOH 溶液和更换纸塔）。

（10）移去纸塔和尼龙膜上滤纸，将尼龙膜放在 2×SSC 中漂洗 2~3 min，以中和膜上的 NaOH，用滤纸将尼龙膜吸干，用铅笔做上标记，最后用保鲜膜将转好的膜包好，放在冰箱中保存备用。

6. 探针的制备

探针可以酶切质粒回收目标片段得到，也可以通过 PCR 扩增直接得到，如果 PCR 产物有

多条带，最好挖胶回收目标片段。

7. 探针的标记

（1）用 Oligolabelling（Feinberg and Vogelstein，1983）法将 α-^{32}p 插入到探针中。

（2）标准反应需要 25 ng 探针（足以杂交 1~3 膜）。

（3）实验前 20 min 将同位素从冰箱中取出放在室温下解冻。

（4）向 0.5 ml 离心管中加入 25ng 探针，用水补足到 15μl，在沸腾的水浴锅中煮沸 7min，取出后迅速放在冰上，待完全冷却后短暂离心。

（5）向 1.5 ml Eppendorf 管中加入 5 μl OLB（Oligolabelling buffer），2 μl BSA（Bovine serum albumin）。

（6）将变性后的探针加入到 1.5 ml 管中，然后加入 2 μl Klenow 酶（DNA Polymerase I（1 U/μl），离心混匀。

（7）加入 2 μl 3 000Ci/mmole 32p-dCTP（Amersham），吹打混匀，最好短暂离心混匀。

（8）室温下放在铅瓶中反应 5 h，或在 37℃的杂交炉中反应 1~2 h。

8. 探针的纯化

（1）用注射器针头在 1 个 0.5 ml Eppendorf 管的底部扎 1 个小孔，然后在离心管的底部放入少量（15 μl）用 TE 清洗并存放在 TE 中的玻璃珠（直径 0.4 mm）。

（2）用 SepHarose CL-6B 注满离心管。

（3）将 0.5 ml 的离心管放在 1.5 ml 剪去底的 Eppendorf 管中，并一起放到 10ml 离心管中。

（4）用水平转子离心机 2 000 rpm 离心 5 min（如 MSE bench-top 离心机）。

（5）将制好的柱子放在一个 1.5 ml 干净的 Eppendorf 管中，将标记混合物加到 SepHarose 上，按上述的操作离心。

9. DNA Marker 和 λ DNA 的标记

（1）按探针标记的方法标记 10 ng Marker DNA。

（2）如前所述将探针过 SepHarose CL-6B 柱，用 1.5 ml Eppendorf 管收集标记的 Marker DNA，用 1×TE 补足体积到 500 μl。

（3）Spot lid labelled marker on Whatman 3mm cellulose filter papers（2~3cm diameter Cat. No. 1030 023），Make duplicates。

（4）Hold Geiger counter close to paper and measure counts（approx.）in counts per second。

（5）To caculate counts per minute per μl use the following formula: γ cpm/μl = × cps × 60 × 4；60= per minute；40=calibration factor for Geiger counter。

（6）Each filter（or set of filters）should receive 6 000 cpm，therefore dilute the labeled marker to 6 000 cpm/μl by adding 1 × TE. The half-life of 32P is two weeks，so date the tube and double the quantity that you use every two weeks。

10. 预杂交

（1）用 2×SSC 将尼龙膜浸湿。

（2）将尼龙膜放在塑料盒中或杂交管中。

按表 2-9 配制预杂交缓冲液。

表 2-9 预杂交缓冲液配制成分

类别	1~2 filters	2~6 filters	7~10 filters
H_2O	7 ml	14 ml	21 ml
5 × HSB	2 ml	4 ml	6 ml
Denhart's III	1 ml	2 ml	3 ml
	10 ml	20 ml	30 ml

将预杂交液放在 65℃使之变清澈，然后加入刚刚煮沸变性的 carrier DNA（封阻 DNA）混匀（100 ml / 10 ml 预杂交液）。

（3）倒掉多余的 SSC，将配好的杂交缓冲液倒入杂交管或杂交盒中。

① 用保鲜膜封住杂交盒的顶部，防止水分蒸发，然后盖上盒盖在（确保每张膜都要被杂交液淹没）。

② 注意尼龙膜卷的方向，防止尼龙膜卷在一起，拧紧杂交管的盖子。

（4）将盒子或杂交管放在 65℃ 杂交炉中温育，预杂交至少保证 2 h（如果是初次使用的新膜，预杂交的时间要适当延长）。

11. 杂交

（1）用 1 × TE 将标记好的探针稀释到 50 μl,（如果需要加入标记好的 DNA Marker 或 λ -DNA），加入 5 μl（1/10 终体积）3mol/L NaOH，离心混匀，变性 5 min。

（2）将变性的探针加入到杂交盒或袋中，重新盖好或封好。

（3）放在 65℃的杂交炉中杂交过夜。

12. 洗膜（表 2-10）

表 2-10 洗膜类别及用量

类别	SSC	SDS
洗液 Ⅰ	2 ×	0.5%
洗液 Ⅱ	0.2 ×	0.5%
洗液 Ⅲ	0.1 ×	0.5%

（1）将杂交盒或袋杂交膜转移到一个较大的密封性较好的塑料盒中，用少量冷洗液 I 漂洗 1 次，以除去过量的杂交液。

（2）在 65℃的杂交炉中用 65 ℃的洗液 I 清洗 2 次，每次 15 min。

（3）如果膜上的杂交信号很强，可用洗液 Ⅱ 清洗，每次漂洗时要调换膜的顺序，以使每张膜漂洗得一致。

（4）用滤纸将杂交膜上的洗液吸干，然后用保鲜膜包好（尽可能除去保鲜膜内的空气）（勿让杂交膜完全干燥）。

13. 杂交结果检测（用磷屏仪）

（1）将杂交膜放在磷屏夹中，然后压上磷屏（杂交膜的正面朝向磷屏）。

（2）根据信号的强弱，选择适当的时间，按磷屏仪操作步骤扫屏。

14. 探针的剥离和杂交膜的保存

（1）除掉杂交膜外的保鲜膜，将其放在少量沸腾的洗液中（0.1 × SSC，0.5% SDS）。

（2）在摇床上或手动，用沸腾的洗液Ⅲ漂洗 3 次，每次 5min。一定要让每张膜都被剥离液浸没。

（3）用盖革计数器检测杂交膜，如果信号依旧很强，可用 0.5% SDS（无 SSC）继续漂洗剥离。对那些杂交信号非常强的杂交膜，可在 42 ℃ 用 0.4mol/L NaOH 处理 15 min，然后在 42℃用 0.2 mol/L Tris，0.1 × SSC，0.1% SDS 漂洗 15 min。

（4）探针剥离结束后，用滤纸吸干尼龙膜上的液体，用保鲜膜包好放 4℃ / -20℃备用，下次使用前要使之完全解冻。

15. 实验试剂配制

（1）20 × SSC。5 L：将 877g NaCl，441 g 柠檬酸三钠溶解在 4 L 蒸馏水中，补足体积 5 L。

（2）4 mol/L NaOH。5 L：将 800 g NaOH 慢慢加入到在 4 L 蒸馏水中，待溶解后，补足体积 5 L。

（3）2.5 mol/L HCl。2 L：将 430 ml 浓 HCl（d = 1.18）加入到 1 L H_2O 中，补足体积到 2 L。

（4）100 × TE。将 121.1g Tris，37.2g Na_2 · EDTA · $2H_2O$ 加入到 800 ml H_2O 中，用浓 HCl 调到需要的 pH 值（40 ml pH 值为 8，= 90 ml pH 值为 7），补足体积到 1 L，高压灭菌。

（5）0.5 mol/L EDTA pH 值为 8。将 186.1 g Na_2 · EDTA · $2H_2O$ 溶解在 800 ml H_2O 中，用固体 NaOH 将 pH 值调到 8.0，补足体积到 1 L，高压灭菌。

（6）1 mol/L Tris. C1。1 L：将 121.1 g Tris 加入到 800 ml H_2O 中，用浓 HCl 将 pH 值调到 8.0，补足体积到 1 L，高压灭菌。

（7）20% SDS。2 L：慢慢地将 400 g SDS 加入到 2 L 热水中（边加边搅拌），待其溶解后保存在较温暖的地方。

（8）50 × TAE。将 242 g Tris 溶解在 500 ml H_2O 中，加入 100 ml 0.5 mol/L EDTA（pH 值为 8.0），57.1 ml 乙酸，补足体积到。

（9）Loading Buffer。40 ml：将 0.1 g 溴酚蓝，10 g Ficoll-400，8 ml 0.5mol/L EDTA，2 ml 20% SDS 和 30 ml H_2O 混合。

（10）PHenol。向 500 g 酚（FISONS，P/2360）中加入 200 ml TE，慢慢加热，待其完全溶解后，于 4℃保存。

（11）PHenol/Chloroform。将等体积的酚和氯仿混合，在 4℃保存。

（12）5 mol/L NaCl。在 750 ml H_2O 中加入 292.2 g NaCl，溶解后补足体积到 1 L，高压

灭菌。

（13）RNase（DNase free）。先将 RNase（SIGMA TYPE I-A，R4875）按 10 mg/ml 的浓度溶解在水中，然后在沸腾的水浴锅中水浴 20 min，待慢慢冷却后，分装在 0.5 ml 的离心管中，于 -20℃冷冻保存。

（14）10 mg/ml ethidium bromide（EB）。100 ml：（警告：致癌物质），将 1 g 溴化乙锭溶解在 100 ml H_2O 中，保存在不见光的棕色瓶里。

（15）Denhardt's III。100 ml：将 2 g gelatin（BDH 44045），2 g FicoU-400（SIGMA F-4375），2 g PVP-360（SIGMA PVP-360），10 g SDS 和 5 g 焦磷酸钠（$Na_4P_2O \cdot 10H_2O$），加入到 100 ml H_2O 中，于 65℃溶解，保存在较温暖的地方。

（16）5 × HSB。1 L：将 175.3 g NaCl，30.3 g PIPES（SIGMA P-6757）和 7.45 g $Na_2 \cdot EDTA \cdot 2H_2O$ 溶解在 800 ml H_2O 中，用 4 mol/L 的 NaOH 将 pH 值为调到 6.8，补足体积到 1L，高压灭菌。

（17）Carrier DNA（封阻 DNA）。将 5 g 鲑精 DNA 溶解在 50 ml 水中，高压灭菌，然后分装在 1.5 ml 的离心管中，冷冻保存。

（18）Chloroform。向 2.5 L Winchester 氯仿中加入 100 ml（异戊醇），4℃保存。

（19）3mol/L Sodium acetate pH 值为 5.2。1L：向 600 ml H_2O 中加入 408.24 g 乙酸钠（$NaAC \cdot 3H_2O$），待其溶解后，用乙酸将 pH 值调到 5.2，补足体积到 1 L，高压灭菌。

（20）SepHarose CL-6B。Take the manufacturer's slurry and wash 5~6 times with an excess of TE. Make a slurry with on settling is 2/3 SepHarose gel，Store at 4℃。

（21）Glass beads（约 0.4 mm）。

① 用 1mol/L HCl 漂洗 1 次。

② 用无菌蒸馏水清洗 5 次。

③ 用无菌的 TE 清洗直到 pH 值为 8.5。

（22）1mol/L $MgCl_2$。100 ml：向 60 ml H_2O 加入 20.3 mg $\cdot Cl_2 \cdot 6H_2O$，待溶解后补足体积到 100 ml，过滤灭菌。

（23）Solution O。1.25 Tris · Cl（pH 值为 8.0），0.125mol/L $MgCl_2$。

① Solution A。

② Solution O 1 ml。

（24）β- 巯基乙醇（β-Mercaptoethanol）18 μl 。

① dATP（100mmol/L）5 μl。

② dGTP（100mmol/L）5 μl。

③ dTTP（100mmol/L）5 μl。

（25）Solution B。2 mol/L HEPES（pH 值为 6.6）。

（26）Solution C。将 6 碱基随机引物溶解在 1 × TE 中，终浓度为 3 mg/ml。

（27）5 × OLB 。Solution A：Solution B：Solution C=100：250：150。

（28）BSA。将 BSA 溶解在无菌水中（10 mg/ml），于 -20℃冻存。

三、实验结果分析

为了分析目标基因在普通小麦以及相关的四倍体和二倍体野生近缘种中的拷贝数，我们选择 3 种限制性内切酶 EcoR Ⅴ、Hind Ⅲ和 Nco Ⅰ分别对携带 A 基因组、B 基因组和 D 基因组的二倍体材料、AB 基因组的四倍体和 ABD 基因组的六倍体小麦材料基因组 DNA 进行酶切，以 514bp 的基因 DNA 序列作为探针（该探针不存在 3 个内切酶的酶切位点）进行 Southern 杂交分析（图 2-7）。杂交结果如图 2-7 所示：六倍体中有二条至三条杂交条带；四倍体经 EcoR V 和 Nco I 酶切的泳道有两条杂交条带，经 Hind III 酶切的泳道有三条杂交条带，二倍体中除 B 基因组材料外其他两个基因组各有一条杂交条带，而 B 基因组材料有两条杂交条带，这可能与 B 基因组的复杂起源有关。由此我们初步推测：在普通小麦的单个基因组中，目标以单拷贝形式存在的。

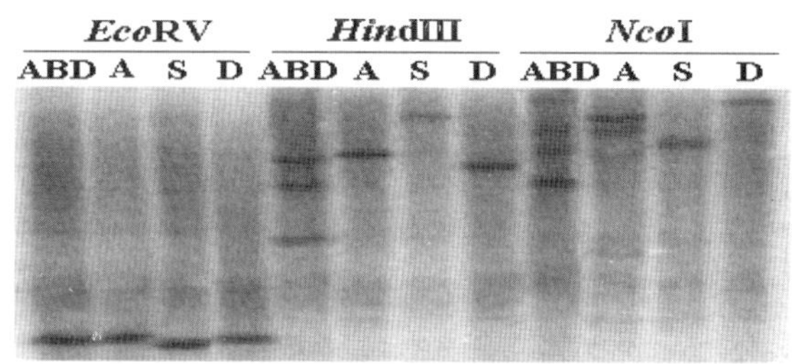

图 2-7　Southern 杂交结果分析

第九节　植物总 RNA 的提取和检测

一、实验原理

TRIzol 可以破坏细胞使 RNA 释放出来的同时，保护 RNA 的完整性 。加入氯仿后离心，样品分成水样层和有机层。RNA 存在于水样层中。通过异丙醇沉淀来还原水样层中的 RNA。为了彻底去除 DNA，可用 DNA 酶处理进而去除 DNA 杂质。

二、实验操作

总 RNA 的提取步骤

准备工作：提取 RNA 所用前的移液器、吸头及离心管等在使用前用 0.1% DEPC 处理水浸泡过夜，然后高压蒸汽灭菌 40 min，烘干后备用；玻璃器皿、研钵、杵、剪刀、镊子等器具在使用前需 180℃烘烤 8 h。提取步骤。

（1）准备样品。称取植物幼苗叶片或幼嫩组织约 100 mg，在液氮中迅速充分研磨成粉后转入 1.5 ml 离心管内。

（2）立即加入 1 ml Trizol 试剂，迅速振荡混匀。室温静置 5 min，使核酸和蛋白质复合物完全分离，4℃ 12 000 rpm 离心 15 min。

（3）离心后转移上清液至一新离心管内，加入 200 μl 氯仿，剧烈振荡约 15 s，室温静置 3 min。

（4）4℃ 12 000 rpm 离心 10 min，离心后管内样品分为黄色的有机相，中间层和无色水相 3 层，其中总 RNA 主要集中在上清水相。

（5）转移上清液至一新离心管内，加入 0.6 × 体积的异丙醇（种子 RNA 提取时需用 2 × 体积的 75% 乙醇沉淀 RNA），颠倒混匀后室温静置 10 min。

（6）4℃ 12 000 rpm 离心 10 min，离心后在管底和侧壁成胶状沉淀即为 RNA。

（7）弃上清液后加入 1 ml 75% 乙醇，将沉淀弹起洗涤，4℃ 10 000 rpm 离心 10 min，然后重复此步操作 1 次。除尽乙醇，干燥约 1h 后加入适量 DEPC 水溶解。

（8）注意。进行 qRT-PCR 分析时必须除去痕量的 DNA。具体方法是在的 0.2 ml PCR 离心管（无 RNase）内依次加入 10 × Reaction buffer 2 μl，1 μg RNA，用 0.1% DEPC H_2O 补足至 18 μl，然后加入 DNaseI 2 μl（1 U/μl）。37℃放置 30 min 后加入 25 mmol/L EDTA 2 μl，65℃温育 15 min。

（9）RNA 的浓度和纯度用紫外分光光度计进行检测；取 1 μl RNA 在 1.2% 的甲醛变性琼脂糖凝胶上电泳检测 RNA 的完整性。最后，将 RNA 分装成数份，-80℃保存备用。

三、实验结果分析

RNA 质量检测包括紫外吸收法测定和变性琼脂糖凝胶电泳测定。

1. 紫外吸收法测定

先用稀释用的 TE 溶液将分光光度计调零。然后取少量 RNA 溶液用 TE 稀释（1∶100）后，读取其在分光光度计 260 nm 和 280 nm 处的吸收值，测定 RNA 溶液浓度和纯度。

（1）浓度测定。A260 下读值为 1 表示 40 μg RNA/ml。样品 RNA 浓度（μg/ml）计算公式为：A260 × 稀释倍数 × 40 μg/ml。具体计算如下：

RNA 溶于 40 μl DEPC 水中，取 5 μl，1∶100 稀释至 495 μl 的 TE 中，测得 A260 = 0.21。

RNA 浓度 = 0.21 × 100 × 40 μg/ml = 840 μg/ml 或 0.84 μg/μl。

取 5 μl 用来测量以后，剩余样品 RNA 为 35 μl，剩余 RNA 总量为：

35 μl × 0.84 μg/μl = 29.4 μg。

（2）纯度检测。RNA 溶液的 A260/A280 的比值即为 RNA 纯度，比值范围 1.8~2.1。

2. 变性琼脂糖凝胶电泳测定

（1）洗电泳槽。用 NaOH + EDTA 水浸泡过夜后，用 DEPC 处理的 H_2O 冲洗 3 次，再用 95% 的乙醇冲洗 1 次，利于干燥。用胶带粘好备用。

（2）取 0.3 g 的琼脂糖溶于 20 ml 无甲醛的 FA，配制 1.5% 的琼脂糖胶检测 RNA 的完整

性，加 1/10 000 的 EB。

（3）取 2 μl RNA + 1 μl Dye mix + 2 μl DEPC H_2O 点样。

（4）紫外透射光下观察并拍照

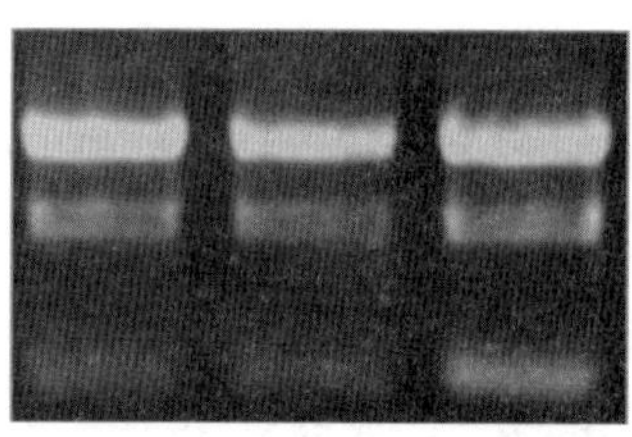

图 2–8　28 S 和 18 S 核糖体 RNA

如图 2–8 所示，28 S 和 18 S 核糖体 RNA 的条带非常亮而浓（其大小决定于用于抽提 RNA 的物种类型），上面一条带的密度大约是下面一条带的 2 倍。还有可能观察到一个更小稍微扩散的带，它由低分子量的 RNA（tRNA 和 5 S 核糖体 RNA）组成。在 18 S 和 28 S 核糖体带之间可以看到一片弥散的 EB 染色物质，可能是由 mRNA 和其他异型 RNA 组成。RNA 制备过程中如果出现 DNA 污染，将会在 28 S 核糖体 RNA 带的上面出现，即更高分子量的弥散迁移物质或者带，RNA 的降解表现为核糖体 RNA 带的弥散。

四、注意事项

第一，最好新鲜组织，这样 RNA 提取的效果比较好，这是肯定的。

第二，如果不是新鲜的（最好在半年之内，–80℃或者液氮中冻存的）组织，注意不要反复冻融，从冰冻状态拿到 0~4℃，注意不要拿到常温，待组织解冻后，用 DEPC 泡过的剪刀剪一小块组织，称重后，放到预冷的匀浆器中，然后加入一定量的 TRIZOL 试剂，然后匀浆。

注意：速度不要太快，要匀一会停一会，否则由于摩擦产热，RNA 遇热会加速降解。如果一次做多个标本的 RNA 提取，也要这样做，更不能急。后面的步骤和细胞 RNA 提取一样。

第三，一定要注意冰上操作，低温离心。

第四，戴口罩和勤换手套，去任何东西都要戴着手套去取。

第五，每次去器材的时候都要用镊子去夹，镊子要在酒精灯上烧一下。

第六，所有的器材都要经过 DEPC 浸泡后高压后才可以使用，所需要的氯仿、酒精和异丙醇等都保证没有被 RNA 酶污染，不能用没有泡过 DEPC 的枪头去提取液体，一定要用 DEPC 浸泡过的枪头去吸，如果发现试剂有可能被污染了，要立即更换。

第七，吸取上清液一定不要吸到中间层的蛋白，如果吸到蛋白一定要重新用氯仿抽提，因为，吸到的蛋白很可能会对 RNA 产生降解作用。一定要少吸，不要贪多，RNA 提取不要求量，更多的要求质。

第八，最后用 75% 的酒精洗 1 次就可以，尽量减少 RNA 提取时间。

第九，最后一步，用 DEPC 水溶解 RNA，不要用太多的体积，以保证 RNA 的浓度。提取完后，电泳观察结果，如果上面的两条带都比较清楚的话，说明 RNA 提取的不错，可以 1 次多逆转录几管，不要把 RNA 冻存，以后在逆转录的效果不好。

第十节 poly（A）+ RNA 的提取

一、实验原理

多聚腺嘌呤核糖核苷酸就是很多个 A 连在一起组成的 RNA。原核生物信使 RNA 的尾部就是 poly（A）。

二、实验操作

第一，先用 10 ml 5 mol/L NaOH 清洗硅化的层析柱，然后用水冲洗。

第二，取 0.5 g oligo（dT）纤维素干粉加 1 ml 0.1 mol/L NaOH 中，倒入柱内，以约 10 ml 水冲洗。

第三，用 10~20 ml 加样缓冲液平衡柱子，至流出液 pH 值约 7.5。

第四，于 70℃加热含 2 mg 总 RNA 的水溶液 10 min，再用 10 mol/L LiCl 调节溶液中 LiCl 至终浓度 0.5 mol/L。

第五，加 RNA 溶液至 oligo（dT）柱，并以 1 ml poly（A）加样缓冲液洗涤，将流出液重新上柱 2 次以上。

第六，用 2 ml 中度洗脱缓冲液洗柱子，用盛有 2 ml 2 mmol/L DETA/0.1%SDS 的试管收集洗脱的 RNA 溶液。

第七，按步骤 2 重新平衡柱子，重复步骤 2~4 的 poly（A）选择吸附和洗脱过程。

第八，调整收集的 RNA 溶液的乙酸钠浓度至 0.3 mol/L，加 2.5 倍体积乙醇，移至 2 个硅化的离心管中，–20℃放置过夜或干冰 / 乙醇中 30 min。

第九，于 4℃ 304 000 g 离心如沉淀 RNA。弃去乙醇，晾干沉淀，重溶于 150 μl 无 RNA 酶的 TE 缓冲液，合并样品。

第十，取 5 μl 在 70℃加热 5 min 后，在 1% 琼脂糖凝胶电泳中检查 RNA 的质量。

第十一节 无菌感染期线虫 RNA 的提取

实验操作

1. 无 RNA 酶实验用品的处理

（1）8% 洗液。80 g 重铬酸钾溶于 1 000 ml 水中，不停搅拌的同时缓缓加入 100 ml 浓硫

酸。配制过程中注意不可使温度上升太快或不要出现铬酸结晶。

（2）0.2% DEPC 水：100 ml 灭菌双蒸水中（125℃，灭菌 1 h）加入 0.2 ml DEPC，用力振荡混匀，室温过夜，放于摇床上振荡，100 rpm；灭活剩余的 DEPC（125℃，1 h），室温贮存。

说明：所有含氨基的化学物质（如 Tris、MOPS、EDTA、HEPES 等）都不能用 DEPC 直接处理，而用 DEPC 处理过的水配制。

（3）玻璃器皿。烧杯、量筒、玻璃棒、试剂瓶、容量瓶等经洗液浸泡过夜，冲洗晾干，泡 0.2% DEPC 处理过的双蒸去离子水，约 12 h，灭菌乐百氏冲洗，200℃，10 h 烘干，125℃高温灭菌 1h。

（4）研钵，研棒及剪刀、镊子等工具 200℃，10 h 烘干，125℃高温灭菌 1h。

（5）塑料制品。枪头、离心盒、枪头盒等塑料制品应为一次性用品，在 0.2% DEPC 处理过的双蒸去离子水中浸泡过夜，125℃高温灭菌 1h。

（6）比色杯。浓硫酸：甲醇（1∶1）浸泡 1h，0.2% DEPC 处理过的双蒸去离子水彻底冲洗。

（7）琼脂糖凝胶电泳槽的处理。去污剂洗净，水冲洗，乙醇干燥，装满 3% 的 H_2O_2 溶液于室温放置 30 min 以上，0.2% DEPC 处理过的双蒸去离子水彻底冲洗电泳槽。

2. 感染期线虫总 RNA 的提取

采用 Trizol 溶液提取 A24 线虫的总 RNA，按 1 ml Trizol 溶液处理 100 mg 组织样品的量。

（1）吸取 0.4 ml 的 Trizol 溶液到 -80℃贮存的线虫沉淀中，混匀，立即吸到已加液氮的研钵并研磨，再加 0.4 ml 的 Trizol 溶液到离心管中冲洗线虫残留液，并加到研钵继续研磨至粉末状，连同液氮倒入干净烧杯。

（2）使线虫粉末在室温静置 30~45 min 液化，再加入 200 ml Trizol 溶液，混匀，按每管 1.1 ml 分装到 1.5 ml 离心管（无 RNA 酶，下同）中。

（3）4℃，12 000 g，离心 10 min。

（4）取上清液转入（约 1 ml）已编号新的 1.5 ml 离心管中。

（5）室温静置 5 min。

（6）每管加入 0.2 ml 的氯仿（0.2 体积 Trizol），盖紧盖，剧烈振荡 15 s。

（7）室温静置 3 min。

（8）4℃，12 000 g，离心 10 min。

（9）小心吸取上层水相，转入另一已编号新的 1.5 ml 离心管，测量其体积。

（10）加入 1 倍体积的氯仿，盖紧盖，剧烈振荡 15s。

（11）室温静置 3 min。

（12）4℃，12 000 g，离心 10 min。

（13）小心吸取上层水相，转入另一已编号新的 1.5 ml 离心管。

（14）加入 0.5 ml 的异丙醇（0.5 体积 Trizol），轻轻颠倒混匀。

（15）室温，静置 10min。

（16）4℃，12 000 g，离心 10 min。

（17）小心吸去上清液，加入 1 ml75%的乙醇（预冷），并轻柔颠倒，洗涤沉淀。

（18）4℃，7 500 g，离心 5 min。

（19）小心弃上清液，微离，吸去剩余乙醇，室温干燥 10 min。

（20）各管用 50 μl DEPC 处理过的双蒸去离子水溶解，分装，-80℃贮存（可贮存 5 周）。

（21）以紫外分光光度法和 1%琼脂糖凝胶电泳检测 RNA 浓度和质量。

3. 总 RNA 浓度的测定（紫外分光光度计法）

取待测 RNA 样品 10 μl 至一洁净离心管中，加蒸馏水稀释到 2 ml，转入到 DEPC 处理过的石英比色杯中，小心排掉气泡，以等体积蒸馏水进行空白测定，分别测定 260 nm、280 nm 及 320 nm（参比波长）时样品的光吸收值。仪器自动给出 RNA 的纯度，根据公式计算 RNA 的含量：

RNA 含量（μg/μl）=OD600 × 稀释倍数 ×40/1 000。

纯 RNA 样品的 OD260/OD280 比值为 1.7~2.0，若低于该值，表明存在蛋白质污染，可重新用酚 / 氯仿抽提。

4. 琼脂糖凝胶电泳

（1）将洗净、干燥的电泳模具，水平放置在工作台上。

（2）按需要配制的凝胶浓度，在 1 ×TAE 电泳缓冲液中加入琼脂糖，摇匀，在微波炉内将琼脂糖溶液以最短时间完全溶解，待冷却至 60℃时，加入溴化乙锭（EB）至终浓度为 0.5 μg/ml，充分混匀。

（3）插入适当的梳子，将温热的凝胶倒入模具中，凝胶厚度为 3~5 mm，置于室温下凝固。

（4）待凝胶凝固后，小心移去梳子，将带模具的凝胶置于电泳槽中，加入电泳缓冲液，使液面高出凝胶 1~2 mm。

（5）用微量移液器将样品与上样缓冲液混合并将混合液小心加入上样孔内，同时加入合适分子量范围的 DNA 分子量标准作为对照。

（6）盖上电泳槽盖，调节电压 100 V，电泳 45min 左右。

（7）电泳完毕后将凝胶置于紫外透射检测仪上观察结果，用凝胶成像系统照相。

第十二节 果蝇总 RNA 的提取

一、实验原理

果蝇是一种非常重要的模式生物，通常所指的是黑腹果蝇，学名：*Drosophila melanogaster*，在分类学上所属动物界，节肢动物门，昆虫纲，双翅目，果蝇科，果蝇属。果蝇以其繁殖迅速、生长周期短、易于养殖、相对性状丰富、基因组较为简单等显著特点成为了遗传学、分子生物学、发育生物学等重要学科的主要实验动物之一，对果蝇基因组的测序分析也较为透彻，因此，本实验选用果蝇为实验材料，可以使数据更加具有代表性和说服力。1953 年，Watson 和 Crick 提出的 DNA 双螺旋结构模型，作为现代分子生物学诞生的里程碑开创了分子遗传学基本理论建立和发展的黄金时代，之后的 20 年中，一系列的科学发现补充了中心法则的各个环节，由此进入现代分子生物学发展阶段，基因工程技术也应运而生。基因工程是利用重组技术，在体外通过人工“剪切”和“拼接”等方法，对各种生物的核酸（基因）进行改造和重新组合，然后导入微生物或真核细胞内进行无性繁殖，使重组基因在细胞内表达，产生出人类需要的基因产物，或者改造、创造新的生物类型。本实验的方法及步骤若应用到基因工程中则可划分到目的基因的获取这一环节。即根据中心法则，DNA 上的遗传信息经转录传递到 mRNA，而 mRNA 含量较少，可通过提取总 RNA 的方法获得 mRNA，再经特定引物的反转录获得 cDNA，进而得到目的基因从而应用到分子及发育生物学研究中去。

二、实验操作

（1）取果蝇成体于 1.5ml 离心管中，加 1ml Trizol（50mg/ml）裂解液后，用匀浆棒匀浆，室温放置 5min，使其充分裂解，之后，在 4℃条件下 12 000g 离心 5min。

（2）转移上清液至一新离心管中，加入氯仿（200μl 氯仿 /ml Trizol），振荡混匀，室温放置 2min。在 4℃条件下，12 000g 离心 15min。

（3）取出离心管，小心转移上层水相至新离心管中。加入异丙醇（0.5ml 异丙醇 /ml Trizol），充分缓慢混匀，室温放置 5min。在 4℃条件下 12 000g，离心 10min。

（4）取出离心管，弃上清液，加入 1ml 75% 乙醇，悬起管底沉淀，继续在 4℃条件下，7 500g 离心 5min。

（5）取出离心管，弃上清液，室温干燥 RNA 沉淀。

（6）加入 50μl RNase free H_2O 溶解，备用。

第十三节　哺乳动物 RNA 的提取

一、实验原理

异硫氰酸胍可将哺乳动物组织匀浆中蛋白质变性，十二烷基肌氨酸钠可使细胞裂解，并释放 RNA，同时保持 RAN 的完整性，加入蛋白质的变性剂：氯仿 – 异戊醇（24∶1），去除蛋白质，使 RNA 留在上层水相中。

苯酚也是蛋白质变性剂，加入氯仿后离心，溶液分为水相和有机相。酸性条件下 DNA 同蛋白质一起变性被离心下来，绝大部分 RNA 则保留于水相。水相的 RNA 可经异丙醇沉淀。

二、实验操作

（1）取 3g 组织，加 30ml 裂解液，匀浆。

（2）吸取 500 μl 匀浆液于 1.5ml 微量离心管中。

（3）加 50 μl 2 mol/L 醋酸钠（pH 值为 4.0），500 μl 水饱和苯酚，100 μl 氯仿，振荡 1min。

（4）冰上放置 15min。

（5）13 000rpm，4℃，5min。

（6）将上清液转移至 1.5ml 无酶微量离心管中，加等体积的苯酚 / 氯仿（1∶1），振荡 1min。

（7）13 000rpm，4℃，5min。将上清液转移至一无酶微量离管中加等体积的氯仿振荡 1min。

（8）将上清液转移至 1.5ml 无酶微量离心管中，加等体积的氯仿，振荡 1min。

（9）13 000rpm，4℃，5min。

（10）将上清液转移至 1.5ml 无酶微量离心管中，加等体积的异丙醇。

（11）0℃放置 20min。

（12）13 000rpm，4℃，10min。

（13）去上清液。

（14）用 1ml75% 乙醇洗管壁。

（15）尽量去处乙醇。

（16）室温干燥。

（17）将 RNA 沉淀溶于 10 μl 经 DEPC 处理的去离子水中。

（18）-20℃保存。

第十四节 反转录 RNA

一、实验原理

转录是以 RNA 为模板，通过反转录酶，合成 DNA 的过程，是 DNA 生物合成的一种特殊方式。

二、实验操作

参照 M-MLV Reverse Transcriptase 试剂盒说明书（Invitrogen 公司）进行反转录合成 cDNA 第一链，具体操作如下：

（1）将下列反应试剂依次加入无 RNA 的离心管中。

① RNA（500 ng/μl） 5 μl；

② Oligo (dT)$_{18}$ (500 μg/ml)　　1 μl ;

③ dNTP Mix (10 mmol/L)　　1 μl ;

④ DEPC H_2O　　5 μl ;

⑤ Total volume　　12 μl。

(2) 将混液混匀后 65℃加热 5 min，迅速冰浴 2 min，短暂离心后依次加入下列试剂。

① DTT (0.1 mol/L)　　2 μl ;

② 5 × First-Strand Buffer　　4 μl ;

③ RNase 抑制剂 (40 U/μl)　　1 μl。

(3) 混合均匀后在 PCR 仪上 37℃ 放置 2 min。

(4) 然后迅速加入 1 μl M-MLV (200 U/μl)，混合均匀后短暂离心。

(5) 37℃继续反应 1 h。

(6) 70℃ 15 min 进行反转录酶灭活。

(7) 将适量反转录产物稀释 10 倍进行 RT-PCR 反应。

第十五节　半定量 PCR 技术

一、实验原理

将 mRNA 反转录成 cDNA，再进行 PCR 扩增，并测定 PCR 产物的数量，可以推测样品中特异 mRNA 的相对数量。

二、实验步骤

1. 样品总 RNA 的抽提与质量检测

2. 样品 cDNA 合成

3. 半定量 PCR

(1) 根据内参基因和目的基因设计引物。

① 引物要求：扩增片段在 150 bp 至数百均可，无引物带，条带单一。

② 内参的选择：选取各种条件下表达水平稳定，表达量适中的管家基因作内参对照。例如，β-actin、Tubuli、L25、GADPH 和 18SrRNA。

(2) PCR 循环数的确定。由于扩增效率及平台期的问题，必须确定待测基因与内标基因达到平台期前扩增效率最大的循环数。

按普通 PCR 循环，设定为 34 个循环，内参基因和目的基因分管作，内参和目的基因都做 6 管，在 PCR 的第 18、第 20、第 22、第 24、第 36、第 28、第 30、第 32、第 34 个循环各拿出 1 管，一起跑电泳。选择循环次数在线性范围内，且电泳效果好的次数作为最佳循环次数。

(3) 利用内参基因将各样品的 cDNA 浓度调整一致。PCR 反应后进行琼脂糖凝胶电泳，在凝胶电泳成像系统下拍照。

（4）根据调整好的 cDNA 浓度进行目标基因 PCR 、电泳。

三、实验结果分析

如图 2-9 所示，利用内参基因 *Tublin* 将样品 cDNA 浓度调整一致，再进行目标基因 PCR 、电泳。

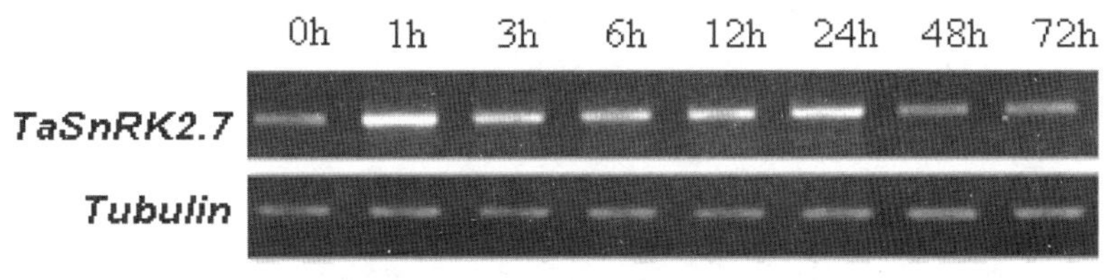

图 2-9 内参基因 *Tublin* 进行目标基因 PCR 电泳测试

第十六节 实时荧光定量 PCR 技术

一、实验原理

实时荧光定量 PCR 技术是通过检测 PCR 产物中荧光讯号强度来达到定量 PCR 产物的目的，目前该技术已在动植物基因工程，微生物和医学领域中得到广泛应用。实时定量 PCR 包括探针法和染料法两种，探针法是利用与靶序列特异杂交的探针来指示扩增产物的增加，特异性高，如 Taq Man™ 技术；染料法则是利用染料来指示扩增的增加，特异性相对较低，但简便易行。染料法的原理是在 PCR 反应体系中，加入过量荧光染料，荧光染料特异性地掺入 DNA 双链后，发射荧光信号，而不掺入链中的染料分子不会发射任何荧光信号，从而保证荧光信号的增加与 PCR 产物的增加完全同步。荧光染料发射出的荧光讯号强度与 DNA 产量成正比，检测 PCR 过程中的荧光讯号便可得知靶序列初始浓度，从而达到定量目的。目前染料法实时荧光定量 PCR 主要使用的是美国 Molecular Probes 公司的 SYBR Green 1 和 SYBR Gold 染料。

二、实验步骤

1. 单链 cDNA 摸板的合成（参照反转录 RNA）

2. Real-time PCR 操作方法，TIANGEN 公司 RealMasterMix（SYBR Green）PCR Kit

（1）20 × SYBR Green solution 在室温下平衡并彻底混匀。

（2）将 125 μl 20 × SYBR Green solution 加入至 1.0 ml 2.5 × ReaMasterMix 中并轻轻混匀。

（3）照表 2-11 准备多个 PCR 反应混合物并分装到各个 PCR 管中。

（4）将 PCR 管放入热循环仪并启动循环程序（表 2-12）。

3. 计算

在定量 PCR 中，需要经过数个循环后荧光信号才能够被检测到。荧光域值的缺省设置是 3~15 个循环的荧光信号的标准偏差的 10 倍。在实际操作中一般以前 15 个循环的荧光信号作为荧光本底信号。荧光定量 PCR 中一个关键的数据是“Ct（threshold cycle）值”，其中“t”是 Threshold，即 PCR 管内荧光超过本底（达到可检测水平）时的临界数值；“Ct 值”的含义是每个反应管内的荧光信号达到设定的域值时所经历的循环数。研究表明，每个模板的 Ct 值与该模板的起始拷贝数的对数存在线性关系，起始拷贝数越多，Ct 值越小。

（1）绝对定量的计算。利用已知起始拷贝数的标准品作出标准曲线，其中横坐标代表起始拷贝数的对数，纵坐标代表 Ct 值。因此，只要获得未知样品的 Ct 值，即可从标准曲线上计算出该样品的起始拷贝数。

表 2-11　Real-time PCR 反应体系

组分 / 反应	体积（μl）	体积（μl）	终浓度
2.5 × ReaMasterMix/2 × SYBR solution	22.5	11.25	1 ×
上链引物（5μmol/L）	2.5	1.25	0.25 μmol/L
下链引物（5μmol/L ）	2.5	1.25	0.25 μmol/L
Cdna（RT 产物稀释 5~10 倍）	2.5	1.25	25 ng/ 反应
去离子水	20	10	
总体积	50	25	

表 2-12　Real-time PCR 反应程序

循环	步骤	温度（℃）	时间	内容
1 ×	1	94~95	2 min	变性
35~45 ×	2	94~95	20 s	变性
	3	50~60	30 s	退火
	4	68	40 s	延伸

（2）相对定量的计算。相对定量 PCR 是指目标基因相对于内参基因的表达量。如果需要了解一个 cDNA 样品中目标基因的相对表达量，就需要分别测定目标基因和内参基因的 Ct 值，然后根据下列公式计算目标基因的相对表达量。内参基因通常选用诸如 *Tubulin*、*Actin* 等组成性表达基因。

目标基因的相对表达量 =$2^{-[(\text{CtG 处理}-\text{CtT 处理})-(\text{CtG 对照}-\text{CtT 对照})]}$

CtG 处理：目标基因在处理条件下的 Ct 值。

CtT 处理：内参基因在处理条件下的 Ct 值。

CtG 对照：目标基因在对照条件下的 Ct 值。

CtT 对照：内参基因在对照条件下的 Ct 值。

4. 注意事项

（1）反转录（Rt）。反转录用的 RNA 必须经过 DNA 酶充分消化。因为双链 DNA 的存在会结合一定量的荧光染料，从而影响荧光信号的强弱。

（2）引物设计。引物设计要求特异性强，没有引物二聚体的形成，并且扩增产物的长度在100~300 bp。

①荧光定量 PCR 反应用的离心管要求透光性好，需要定购实时荧光定量 PCR 专用离心管。

②不同的荧光定量 PCR 试剂盒要尽量选用与之相适合的荧光定量 PCR 仪。

三、实验结果分析

利用 *Tublin* 基因作为内参基因，从而使目标基因的相对表达量如图 2-10 所示，在盐胁迫 1h 时，目标基因表达量迅速上升至处理前的 23 倍，随后表达量逐渐降低至处理前的 2 倍。

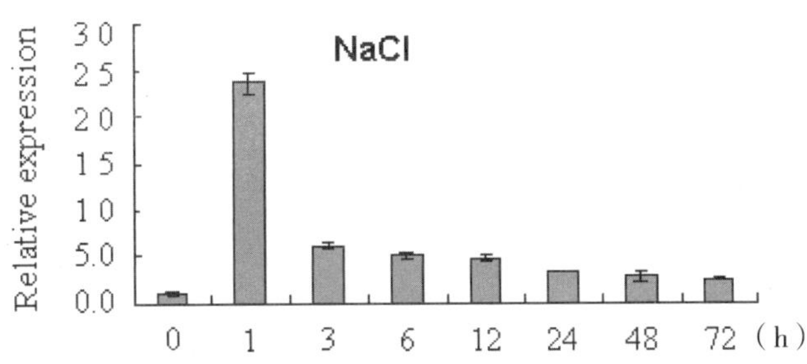

图 2-10 *Tublin* 基因作为内参基因而使目标基因的相对表达量

第十七节 Northern bloting 技术

一、实验原理

来源不同但具有互补序列的两条多核苷酸链通过碱基配对原则形成稳定的结构。其中，一条被标记成为探针，探针与互补的核苷酸序列杂交，通过放射自显影技术可以被检测出来。与 Southern 的不同是：固体膜上转移固定的是总 RNA 或 mRNA，探针与膜上 RNA 形成 RNA-DNA 杂交双链。通过放射自显影的强度可以判断外源基因的表达水平。

实验操作。Northern 杂交是用来测量真核生物 RNA 的量和大小估计其丰度的实验方法，可以从大量的 RNA 样本同时获得这些信息。其基本步骤包括：

第一，完整 mRNA 的分离。

第二，根据 RNA 的大小通过琼脂糖凝胶电泳对 RNA 进行分离。

第三，将 RNA 转移到固相支持物上，在转移的过程中，要保持 RNA 在凝胶中的相对分布。

第四，将 RNA 固定到支持物上。

第五，固相 RNA 与探针分子杂交。

第六，除去非特异结合到固相支持物上的探针分子。

第七，对特异结合的探针分子的图像进行检测、捕获和分析。

1. 总 RNA 的变性电泳、转膜

（1）配制含有甲醛的 1.5% 的变性凝胶。1.5 g 琼脂加 72 ml DEPC 水，微波炉融化后，依次在通风橱加入 18 ml 甲醛，10 ml 10 × MOPS 缓冲液，混匀后倒胶。

（2）RNA 样品的变性。取 30 μg 总 RNA（体积）加甲酰氨 7.5 μl，10 × MOPS 5 μl，甲醛 15 μl，DEPC 水补足至 50 μl；混匀，65℃，15 min，迅速置冰上。

（3）电泳。加入 5 μl 10 × RNAloading Buffer 混匀上样；以 1 × MOPS 为电泳缓冲液，进行电泳分离。

（4）电泳结束后，用 DEPC 水冲洗凝胶数次，以除去甲醛。

（5）剪取与胶大小一致的尼龙膜，以 10 × SSC 为转移液，毛细管法转膜过夜。

（6）转膜完毕，在 80℃烘箱中烘烤 1~2 h，−20℃保存。

2. 探针的准备

取 25~50 ng 目标基因的全长 cDNA 用水定容到 15 μl，在沸水中煮 6 min，取出后迅速放在冰上，数分钟后离心。在离心管中依次加入 5 μl 寡聚核苷酸，2 μl BSA 和 2 μl Klenow 酶。加 2.5 μl 32^{P-d}CTP，37℃温箱中标记 1~2 h。

3. 预杂交

（1）预杂交液的配制：取 1 ml Denhardt' s Ⅲ，5 × HSB 2 ml，水 6 ml 混匀，于 65℃水浴至澄清。

（2）鲑鱼精 DNA 变性：将鲑鱼精 DNA 100℃变性 7 min，迅速置于冰浴中。

（3）每 9 ml 预杂交液加 300 μl 鲑鱼精 DNA，混匀后倒入杂交管中，将变性膜放入杂交盒中，65℃温箱中振荡过夜。

4. 杂交

将标记好的探针加 1 × TE 至 50 μl，加入 1/10 倍体积的 3mol/L NaOH，变性 5min。加入杂交液中，混匀加入，放入杂交膜，65℃，杂交过夜。

5. 洗膜

洗液Ⅰ（2 × SSC+0.5% SDS），洗液Ⅱ（1 × SSC+0.5% SDS），洗液Ⅲ（0. 1 × SSC+0.5% SDS）各洗 15 min，洗液洗完，用洗水纸吸掉表面的水分，保鲜膜包好，压于磷屏中。1~2d 后扫描。

二、实验结果分析

Northern 杂交结果显示：目标基因的转录在水分胁迫后持续积累至 6 h，而后逐渐降低至对照表达量的 2 倍（图 2–11）。

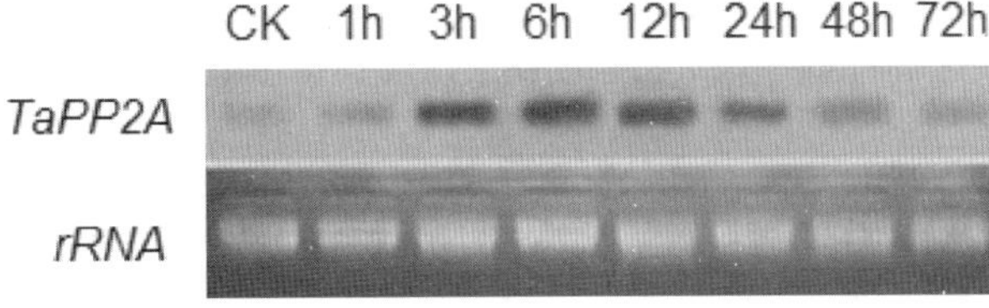

图 2-11 Northern 杂交后目标基因的转录结果

第十八节 核酸染色

世上物质万种，名目繁多，但不管是动物还是生物，都含有核酸，它是生物在发育，繁殖，遗传和变异的主要物质，因而它成为人们的主要研究对象，在病理学的范畴中，主要是在形态学方面对核酸的显示。

核酸分为脱氧核糖核酸（deoxyribonucleic acid，DNA）和核糖核酸（ribonucleic acid，RNA）两大类。在正常的情况下，其含量约占细胞干重的 5%~15%，约 90% 的 DNA 存在于细胞浆中，而少量的 DNA（约 10%）存在于细胞核中，RNA 主要存在于细胞核中。当肿瘤生长活跃时，用于显示核中的物质就增多，染色增强。

一、DNA 和 RNA 的简单结构

组成 DNA 分子的脱氧核糖酸主要有 4 种，即 dAMP、dGMP、dCMP 和 dTMP，它有 3 个级别的结构即一级、二级和三级。

一级结构是由四种脱氧核糖核苷酸通过 3′ –5′ 磷酸二酯键被此连接而成的线状或环状大分子，没有侧链。

二级结构是双螺旋结构，以一共同轴为中心，以一条 5′ –3′，另一条为 3′ –5′ 相反向，但互相平行的脱氧核糖苷酸链组成（即所称的麻花结构）。

三级结构是指双螺旋链作进一步的扭曲构象。

组成 RNA 的 4 种碱基分别是：腺嘌呤、鸟嘌呤、胞嘧啶和胸腺嘧啶。核酸受许多条件的制约，如温度、酸碱性试剂等。最常导致核酸变化的是核酸的变性，当温度升高至 50℃以上时，DNA 的双螺旋结构即被破坏，氢键断裂，原来的两条结构链被彼此分开，涉及此种情况的是免疫组化染色方法时的前期处理，如抗原修复，微波辐射技术，水溶锅或者高压锅的抗原修复等，都涉及至双链的变化（见抗原修复法）。本章只谈核酸的形态学的显示。

二、Feulgen 显示 DNA 法

第一，切片应用硅化玻片裱片后烘烤 2h。

第二，切片脱蜡至水。

第三，用 5mol/L HCl 于 20℃处理切片 40min。

第四，直接进入 Schiff 试剂作用 60min 左右。

第五，0.5% 偏重亚硫酸钠洗 3 次，1~2min/ 次。

第六，流水冲洗 5~10min。

第七，脱水、透明，中性树胶封固。

结果：DNA 呈鲜红色或紫红色。

注意事项：

一是该法也可应用 1mol/L HCl 水解切片，但液体需预热至 60℃。

二是临用时配制 5mol/L HCl，在加入 HCl 时，液体温度可升高，这样可减少切片水解的作用时间。

三是水解所用的 1mol/L HCl 和 5mol/L HCl 两种，根据实验证明，5mol/L HCl 比 1mol/L HCl 效果较好。

四是显示完 DNA 后，也可用淡绿等衬染背景，使背景呈现为绿色。

五是组织块固定可用甲醛配成的固定液如中性缓冲福尔马林液，Carnoy 氏液、Helly 氏液等固定，但不能用 Bouin 液固定，因为用它固定会引起组织的过度水解。

三、核仁组成区和酸性黏多糖复合显示法（Combining method for Argyrophilic proteins of the nucleolar organizer regions and acid musin）

1. 试剂的配制

（1）2% 的甲酸和 2% 的明胶各 1 份，加入 50% 的硝酸银 2 份，测 pH 值 2~2.5。

（2）取 0.5g 阿申蓝（8GX）溶于 3% 的醋酸溶液中 100ml，pH 值为 2.5。

2. 操作步骤

（1）切片脱蜡至水，浸入蒸馏水中。

（2）浸入胶性银液中在暗室室温中染 30~40min。

（3）蒸馏水彻底冲洗。

（4）滴阿申蓝液于切片上于室温染色 30min。

（5）水洗。

（6）常规脱水，二甲苯透明，中性树胶封固。

结果：核仁组成区（AgNOR）显示大小不一的黑色颗粒；酸性黏多糖呈现；深浅不一的蓝绿色。

四、黏多糖和核仁组成区双染法（Double staining for cabohydrate and ANOR）

1. 试剂配制

（1）Schiff 氏试剂见前。

（2）胶性银液见前。

2. 操作方法

（1）切片脱蜡至水。

（2）蒸馏水浸泡。

（3）0.5% 高碘酸水溶液氧化切片 10min。

（4）流水洗，蒸馏水浸洗 1min。

（5）Schiff 氏试剂浸染 20min（避光）。

（6）1% 偏重亚硫酸钠或钾水溶液浸洗 3 次，每次 1min。

（7）自来水冲洗，蒸馏水洗 1min。

（8）胶性银液浸染 40min（暗室）。

（9）蒸馏水充分浸洗。

（10）常规脱水，二甲苯透明，中性树胶封固。

结果：黏多糖呈深浅不一的红色，AgNOR 呈现大小不一的黑色颗粒，炎性及良性肿瘤，AgNOR 呈较均匀一致的黑色颗粒，无分叶或较少分叶。如为恶性肿瘤，AgNOR 则呈现大小不一的黑色颗粒，分叶较多，有的多达 3~5 个分叶。背景呈现淡黄色。

3. 注意事项

（1）PAS- 胶性银染色注意染色的顺序，如果先染胶性银，再染 PAS，则不能顺利完成，因为当染完胶性银后，再染 PAS 时，由于切片需要用高碘酸氧化切片，使切片中含有 1∶2 乙二醇基氧化而产生游离醛，但这种氧化的同时，也将已着染的氧化银颗粒给氧化掉，造成双染色的失败。

（2）切片在 Schiff 氏试剂中应根据其含量的多少来决定浸染的时间，含量多的浸染时间可以相对减少，含量少的浸染时间可以相对延长。

（3）胶性银液的浸染应根据室温来确定浸染时间，室温高浸染时间可相对减少，室温低应相对延长。

（4）慎防胶性银过染，导致着染的银颗粒分辨不清。

4. 临床和研究性应用

（1）用于良恶性肿瘤的鉴别诊断，良性肿瘤以及炎性组织，AgNOR 的染色颗粒均匀一致，颗粒不粗，恶性肿瘤 AgNOR 的染色颗粒较粗，分叶较多，结构不均匀，分布杂乱。

（2）DNA 量的增加可确定肿瘤细胞的生长跃。在 HE 染色中，许多肿瘤细胞核染色加深，这是由于 DNA 或 RNA 量的增加所致。

第十九节　双脱氧链终止法测序技术

一、实验原理

核酸模板在核酸聚合酶、引物、4 种单脱氧碱基存在条件下复制或转录时，如果在四管反应系统中分别按比例引入 4 种双脱氧碱基，只要双脱氧碱基掺入链端，该链就停止延长，链端掺入单脱氧碱基的片段可继续延长。如此每管反应体系中便合成以共同引物为 5′ 端，以双脱氧碱基为 3′ 端的一系列长度不等的核酸片段。反应终止后，分四个泳道进行电泳。以分离长短不一的核酸片段（长度相邻者仅差一个碱基），根据片段 3′ 端的双脱氧碱基，便可依次阅读合成片段的碱基排列顺序。

二、实验操作

1. Sanger 双脱氧链终止法（酶法）测序程序 操作程序是按 DNA 复制和 RNA 反转录的原理设计的

（1）分离待测核酸模板，模板可以是 DNA，也可以是 RNA，可以是双链，也可以是单链。

（2）在 4 支试管中加入适当的引物、模板、4 种 dNTP（包括放射性标记 dATP），例如：32 PdATP 和 DNA 聚合酶（如以 RNA 为模板，则用反转录酶），再在上述 4 支管中分别加入一种一定浓度的 ddNTP（双脱氧核苷酸）。

（3）与单链模板（如以双链作模板，要作变性处理）结合的引物，在 DNA 聚合酶作用下从 5′ 端向 3′ 端进行延伸反应，32P 随着引物延长掺入到新合成链中。当 ddNTP 掺入时，由于它在 3′ 位置没有羟基，故不与下一个 dNTP 结合，从而使链延伸终止。ddNTP 在不同位置掺入，因而产生一系列不同长度的新的 DNA 链。

（4）用变性聚丙烯酰胺凝胶电泳同时分离 4 支反应管中的反应产物，由于每一反应管中只加一种 ddNTP（如 ddATP），则该管中各种长度的 DNA 都终止于该种碱基（如 A）处。所以凝胶电泳中该泳道不同带的 DNA 3′ 末端都为同一种双脱氧碱基。

（5）放射自显影。根据四泳道的编号和每个泳道中 DNA 带的位置直接从自显影图谱上读出与模板链互补的新链序列。

2. 双脱氧测序的示剂及具体操作步骤（以双链 DNA 测序为例）

（1）变性双链模板的制备。

① 材料。Tris/ 葡萄糖缓冲液（20mmol/L Tris-HCl pH 值为 8.0，10mmo1/L EDTA，50mmo1/L 葡萄糖），1% SDS，0.2mo1/L NaOH，异丙醇，TE 缓冲液 pH 值为 8.0，4mol/L LiCl，冰冷 70% 和无水乙醇，2mol/L NaOH，2mmol/L EDTA。

② 配制方法。

a. 取 1.5ml 处于对数生产期的培养菌液（含有待测病毒核酸的重组质粒模板），离心除去上清液后，用 150 μl Tris/ 葡萄糖缓冲液重悬菌团，在室温下放置 5min。

b. 加入 300 ml 的 1% SDS，0.2mol/L NaOH，颠倒混合约 15 次，在室温下放置 15min，加入 225ml 3mol/L 醋酸钠（pH 值为 4.5），颠倒约 15 次混合，在冰浴中放置 45min，然后离心 5min。

c. 将 650 μl 上清液转移至一支新管中，加入 650 μl 异丙醇，混合后在室温下放置 10min，离心 5min 后弃去异丙醇，抽真空干燥沉淀。

d. 用 125ml TE（pH 值为 8.0）重新溶解 DNA，加入 375 μl 的 4mol/L LiCl，在冰浴中放置 20min 后，于 4℃下离心 5min。

e. 将上清液转移至一支新管中用饱和苯酚抽提后再用氯仿抽提，加入 2 倍体积的异丙醇，在室温下沉淀 30min，离心 5min，弃去上清液。

f. 用冰冷的 70% 乙醇洗沉淀，离心 5min，弃去上清液并干燥，用 50 μl TE 缓冲液重新溶解沉淀。用紫外分光光度计测定质粒 DNA 含量。

g. 取 0.2 μg 质粒 DNA，并将体积调至 9μl，加入 1μl2mol/L NaOH，2mmol/L EDTA，在室温下放置 5min，加入 2μl 30mol/L 醋酸钠（pH 值为 4.5）和 8μl 水。

h. 加入 6μl 冰冷无水乙醇，混合后在干冰或乙醇浴中放置 15min，在 4℃下离心 5min，小心地弃去上清液，用冰冷的 70% 乙醇洗沉淀，离心 5min 并小心地弃去上清液，真空抽干沉淀，并用 TE 缓冲液重新溶解沉淀。

（2）延伸和终止反应。

以利用 T7DNA 聚合酶进行的双脱氧链终止反应为例。

① 材料。变性的双链 DNA 模板（溶解在 TE 缓冲液中），0.5pmol/μl 寡核苷酸引物（溶解在 TE 中，-20℃贮存），5× 测序缓冲液（200mmol/L Tris pH 值为 7.5，50mmol/L MCl_2，-20℃贮存），0.1mol/L DTT（当月新配 -20℃贮存），15pmol/L 的 3 种 dNTP 混合物（缺 dATP），1 000~1 500Ci/mmol/L 32p dATP（在 -20℃下达 4~6 周），修饰的 T7 DNA 聚合酶，标准酶稀释溶液（20mmol/L Tris-HCl pH 值为 7.5，0.5mg/mlBSA，10mmol/L β- 巯基乙醇，4℃贮存），终止混合物（表 2-13），甲酰胺上样缓冲液（0.2ml 0.5mol/L EDTA pH8.0，10mg 溴酚蓝，10mg 二甲苯蓝，10ml 甲酰胺）。

表 2-13 T7DNA 聚合酶终止反应混合物

反应成分	ddG	ddA	ddT	ddC	最终浓度
H_2O	15	15	15	15	-
5× 测序缓冲液	6	6	6	6	-1mmol/L
4dNTP	6	6	6	6	200μmol/L
1mmol/L	ddGTP 3	-	-	-	20μmol/L
1mmol/L	ddATP	-	3	-	-20μmol/L
1mmol/L	ddTTP	-	-	3	-20μmol/L
1mmol/L	ddCTP	-	-	-3	20μmol/L

② 配制方法

a. 取 4 支 0.5μl 小离心管，标上 G、A、T、C，每管加入 7 μl 变性的双链 DNA 模板（分别为 1μg 和 2μg），1μl 寡核苷酸引物和 2μl 5 × 测序缓冲液混合，65℃保温 2min，在室温下冷却 30min。

b. 每管加入 1 μl 0.1mol/L DTT，2 μl 1.5mol/L 3 种 dNTP 混合物，0.5 μl 32P dATP 和 2 μl（2IU）修饰的 T7DNA 多聚酶混合物，在室温下放置 5min。

c. 按标记每管分别加入 3 μl 4 种 ddNTP 终止混合物的 1 种。

d. 短促离心后，在 37℃下保温 5min。

e. 加入 5ml 甲酰胺上样缓冲液，上样前在 80℃下加热 2min，并迅速置于冰浴上，每个样品取 3 μl，上样电泳。

（3）测序反应物电泳和序列读取

① 按普通聚丙烯酰胺凝胶制作方法制作梯度胶。

② 按 G、A、T、C 次序加入每种样品，在 G、A 和 T 各泳道上样 1ml，而在 C 泳道上样 1.5 μl。

③ 上样完毕加压 1 700V 电泳，根据样品中溴酚蓝和二甲苯蓝染料迁移情况确定电泳时间。

④ 电泳完毕，在 10℃冰醋酸中漂洗 30min 脱去尿素。

⑤ 在 60℃或 80℃干燥 30min 后，放射自显影读取序列。

第二十节　焦磷酸测序（Pyrosequencing）

一、实验原理

焦磷酸测序技术（pyrosequencing）是一种新型的酶联级联测序技术，焦磷酸测序法适于对已知的短序列的测序分析，其可重复性和精确性能与 SangerDNA 测序法相媲美，而速度却大大的提高。焦磷酸测序技术产品具备同时对大量样品进行测序分析的能力，为大通量、低成本、适时、快速、直观地进行单核苷酸多态性（single nucle—otide potymorphisms，SNPs）研究和临床检验提供了非常理想的技术操作平台。该技术进行改进后可以满足上百个核苷酸序列的测序工作，这样该技术又可以满足对重要微生物的鉴定与分型，特定 DNA 片段的突变检测和克隆鉴定等方面的应用。

焦磷酸测序技术是由 4 种酶催化的同一反应体系中的酶级联化学发光反应。焦磷酸测序技术的原理是：引物与模板 DNA 退火后，在 dna 聚合酶（DNA polymerase）、ATP 硫酸化酶（ATP sulfurytase）。荧光素酶（luciferase）和三磷酸腺苷双磷酸酶（Apyrase）4 种酶的协同作用下，将引物上每一个 dNTP 的聚合与一次荧光信号的释放偶联起来，通过检测荧光的释放和强度，达到实时测定 DNA 序列的目的。焦磷酸测序技术的反应体系由反应底物、待测单链、测序引物和 4 种酶构成。反应底物为 5′ – 磷酰硫酸（adenosine- 5′ –phosphosulfat，APS）、荧光素（luciferin）。

二、焦磷酸测序技术的反应过程

在每一轮测序反应中，反应体系中只加入一种脱氧核苷酸三磷酸（dNTP）。如果它刚好能和 DNA 模板的下一个碱基配对，则会在 DNA 聚合酶的作用下，添加到测序引物的 3′ 末端，同时释放出一个分子的焦磷酸（PPi）。在 ATP 硫酸化酶的作用下，生成的 PPi 可以和 APS 结合形成 ATP，在荧光素酶的催化下，生成的 ATP 又可以和荧光素结合形成氧化荧光素，同时产生可见光。通过微弱光检测装置及处理软件可获得一个特异的检测峰，峰值的高低则和相匹配的碱基数成正比。如果加入的 dNTP 不能和 DNA 模板的下一个碱基配对，则上述反应不会发生，也就没有检测峰。反应体系中剩余的 dNTP 和残留的少量 ATP 在 Apyrase 的作用下发生降解。待上一轮反应完成后，加入另一种 dNTP，使上述反应重复进行，根据获得的峰值图即可读取准确的 DNA 序列信息。

三、焦磷酸测序技术基因分析上的应用

焦磷酸测序技术可以用来研究单核苷酸多态性（single ucleotide polymor—phism，SNP），遗传多态性，植物多态性分析，分子诊断细菌与病毒分型、甲基化分析、法医鉴定及药物基因组学等方面都有广泛的应用。该技术不需要凝胶电泳，也不需要对 DNA 样品进行任何特殊形式的标记和染色，具有大通量、低成本、快速、直观的特点。与 Sanger 测序法相比，焦磷酸测序技术有其特定的优势，已经成为 DNA 分析研究的重要手段。目前已经有很多关于该技术在分子生物学上的应用研究，而且随着技术的不断成熟和改进，在实践中的应用将越来越广泛。Jonasson 等运用焦磷酸测序技术通过检测病原菌 16S *rRNA* 基因，快速鉴定临床标本中抗生素抵抗菌；Monstein 等用焦磷酸测序技术检测幽门螺杆菌 16S *rRNA* 基因（16S *rDNA*）易变的 Vl 和 V3 区序列，证明该技术可满足对临床病原菌标本的快速鉴定和分型；Unnerstad 等利用该技术对 106 株不同血清型的单核细胞增生李斯特氏菌进行了分型，在短时间内完成大量的样本测序，其并行性和高效率非常显著，如果用常规的测序技术，工作量会很大。Gharizadeh 等人用此技术对 67 个人乳头瘤病毒（HPV）样品进行了鉴定和分型，结果证明该技术也非常适于 HPV 等病原体的大规模鉴定、分型和突变的研究。瑞典 Uppsala 大学利用焦磷酸测序技术建立了新的鉴定炭疽热细菌（*Bacillus anlhracis*）及其致病状态的方法，他们利用此技术分析染色体上的 *Ba*813 基因（此基因长度为 277bp，在染色体上为单拷贝是炭疽热杆菌区别于其他土壤杆菌的标志）20bp 的特异序列来鉴定炭疽热细菌，准确率达 99.6 %，通过分析菌株是否含有两个质粒（鉴定 pX0l 的 *lef* 基因和 pX02 的 *cap* 基因）来确定炭疽热细菌的致病状态，准确率达 100‰。Edvinsson B 等应用焦磷酸测序技术对 T 弓形体虫的 3 个亚型进行区分，采用 Real-Time PCR 技术扩增出目的片段，在此基础上运用焦磷酸测序技术测定 *GRA* 6 基因中两个单核甘酸多态性确定其分型，该技术对典型虫株的准确率达到 100%，对包括非典型性虫株的分型准确率也达到 81%。该技术还被应用于百日咳杆菌（*Bordetella pertussis*）与副百日咳杆

菌（Parapertussis）等细菌的快速鉴定及分型。

在国内，该技术应用受到越来越多研究者的重视。赵锦荣等，首先运用PCR扩增含耐药决定区——297 bp长的*rpoB*基因片段，借用链亲和素包被磁珠纯化单链PCR产物，设计2个正向测序引物，运用pyrosequen cing技术对耐药决定区进行序列测定，通过对一系列10倍稀释的结核分枝杆菌H和R标准株DNA进行分析，评价所建立方法的检测特异性。结果：PCR扩增后，可在2 h内得到耐药决定区序列，所建立方法的检测灵敏度为50 fg DNA/反应，在所分析的利福平敏感株中均未检测到耐药决定区突变，而在耐利福平菌株中均检测到耐药决定区突变，所建立的方法具有自动化程度高和结果准确等特点，适用于对耐利福平结核分枝杆菌进行快速高通量检测。程绍辉等，从感染人sars病毒的Vero-6细胞中提取病毒RNA，反转录为cDNA后，PCR扩增目的基因片段，采用焦磷酸测序技术（Pyro-sequencing Technology，PSQ）进行第2601、第7919、第9479和第119838多个碱基突变位点测序和突变频率分析。通过测序分析多个可能出现突变的位点，确定了该病毒为北京流行株，同时发现第7919位碱基发生了A/G突变。宋家武等应用该技术建立了高通量测定乙型肝炎病毒YMDD突变区的方法，经标准的YMDD突变质粒及血清标本的重复性及可靠性检测，质粒标准品的突变检出率及重复率均达100%，而血清标本达98.8%。

另外，在法医鉴定，以及SNP分析上都有应用该技术的研究报道，并且可以起到快速，准确的效果。在动物如猪的多态性分析研究中，Milan等利用焦磷酸测序技术发现猪骨骼肌糖原含量增高与*PRKAG* 3基因的一个不可逆转的碱基置换相关，该基因编码猪肌肉特异性的腺苷单磷酸激活的蛋白激酶异构体的调节亚单位。

四、焦磷酸测序技术的优点分析

第一，不需要制胶，不需要毛细管，也不需要荧光染料和同位素。

第二，10min内可分析96个样品的SNP，可满足高通量分析的要求。

第三，每个样品孔都可进行独立的测序或SNP分析，实验设计灵活。

第四，序列分析简单，结果准确可靠。

第二十一节　核酸信息分析

DNA序列自身编码特征的分析是基因组信息学研究的基础，特别是随着大规模测序的日益增加，它的每一个环节都与信息分析紧密相关。从测序仪的光密度采样与分析、碱基读出、载体标识与去除、拼接、填补序列间隙、到重复序列标识、读框预测和基因标注的每一步都是紧密依赖基因组信息学的软件和数据库。特别是拼接和填补序列间隙更需要把实验设计和信息分析时刻联系在一起。

基因组不仅是基因的简单排列，更重要的是它有其特有的组织结构和信息结构，这种结构是在长期的演化过程中产生的，也是基因发挥其功能所必须的。利用国际 EST 数据库（dbEST）和各实验室测定的相应数据，经过大规模并行计算识别并预测新基因，新 SNPs 以及各种功能位点，如剪接与可变剪接位点等。

到 1998 年底，在人类的约 10 万个基因中有 3 万多个已被发现，尚有约 7 万个未被发现。由于新基因带来的显著经济效益和社会效益，它们成为了各国科学家当前争夺的热点。

EST 序列（Expressed Sequence Tags）到 1999 年 12 月已搜集了约 200 万条，它大约覆盖了人类基因的 90 %，因此如何利用这些信息发现新基因成了近几年的重要研究课题。同时，1998 年国际上又开展了以 EST 为主发现新 SNPs 的研究。因此，利用 EST 数据库发现新基因、新 SNPs 以及各种功能位点是近几年的重要研究方向。

虽然对约占人类基因组 95 %的非编码区的作用人们还不清楚，但从生物进化的观点看来，这部分序列必定具有重要的生物功能。普遍的认识是它们与基因在四维时空的表达调控有关。寻找这些区域的编码特征，信息调节与表达规律是未来相当长时间内的热点，是取得重要成果的源泉。

在不同物种、不同进化水平的生物的相关基因之间进行比较分析，是基因研究的重要手段。目前，模式生物全基因组序列数据越来越多，因此，基因的比较研究，也必须从基因的比较，上升到对不同进化水平的生物在全基因组水平上的比较研究。这样的研究将更有效地揭示基因在生命系统中的地位和作用，解释整个生命系统的组成和作用方式。

一、基因组序列分析工具

1. Wisconsin 软件包（GCG）

Genetics Computer Group 公司开发的 Wisconsin 软件包，是一组综合性的序列分析程序，使用公用的核酸和蛋白质数据库。SeqLab 是其图形用户界面（GUI），通过它可以使用所有 Wisconsin 软件包中的程序及其支持的数据库。此外，它还提供了一个环境用于创建、显示、编辑和注释序列。SeqLab 也可以被扩展使其可以包括其他公用或非公用的程序和数据库。

Wisconsin 软件包由 120 多个独立的程序组成，每个程序进行一项单一的分析任务。包括所有程序的完整目录以及详细的描述可以在 Wisconsin 软件包的程序使用文档中找到。GCG 支持两种核酸数据库（GenBank 数据库，简化版的 EMBL 核酸序列数据库）和三种蛋白质数据库（PIR，SWISS-PROT，SP-TrEMBL）。这些数据库既有 GCG 格式的（供大多数 Wisconsin 软件包程序使用），也有 BLAST 格式的（供 BLAST 数据库搜索程序使用）。同时还提供了用于 LookUp 程序以及数据库参考搜索的索引。

关于 GCG，Wisconsin 软件包，支持的平台以及硬件需求的一般性信息可以在 GCG 的主页以及 Wisconsin 软件包的用户手册中找到。GCG 主页提供了更新信息以及 Wisconsin 软件包程序的完整列表。SeqLab 中可以使用多个序列分析程序的特性使用户可以应用这些程序顺序地回答相关问题或在对输入序列进行编辑后重复某项分析。而可以同时访问公用数据库和本机序列的优点使用户可以在一个分析中使用其中任意一种而不用先进行转换或格式化的工作。

SeqLab 可以解决的序列分析问题如下。

（1）在两条 mRNA 中寻找开放阅读框架，翻译并对比 RNA 与蛋白质序列。

对两条相关的 mRNA 进行测序的用户可能希望寻找开放阅读框架（ORF）、翻译以及进行核酸与氨基酸序列间的两两对比。

把序列加入 SeqLab Editor 中，从 Functions 菜单中选中 Map 选项运行 Map 程序。Map 输出文件包含了限制性酶切图和 6 种可能的翻译框架的 ORF 的显示。这些 ORF 的起始和终止位置可进行标记并选为 SeqLab Editor 中序列显示的范围，然后可用 Edit 菜单的 Translate 操作进行翻译。翻译结果自动出现在 SeqLab Editor 中。

两条相关的核酸或蛋白质序列可用 Gap 程序或 BestFit 程序进行对比。Gap 程序寻找两条序列间的全局最优对比结果。适用于两条待比对的序列是进化相关的情况。BestFit 程序（2）通过参考搜索寻找数据库中的相关条目并进行对比。

（2）寻找两条序列的局部最优对比结果，它适用于两条序列不是进化相关而是功能相关的情况。研究一个特征序列家族成员的用户可能希望寻找这个家族中的其他成员并建立它们的多序列对比。

从 Functions 菜单中选取 LookUp 程序。LookUp 在数据库条目的参考信息部分搜索描述词并建立匹配条目的列表。在参考部分的 Definiton，Author，Keyword 和 Organism 域中搜索描述词并在词之间使用"and"（&）、"or"（|）以及"but not"（！）布尔表达式。例如，在 SWISS-PROT 条目的 Description 域搜索"lactate & dehydrogenase & h & chain"将产生一个输出文件，其中列出了乳酸脱氢酶 H 链（lactate dehydrogenase H chain）条目。这个输出文件可以从 Output Manager 窗口中加以显示，然后与用户的序列一起添加到 SeqLab Editor 中。

要创建所有这些序列的多序列对比，只要根据序列名称选中这些序列并从 Functions 菜单中运行 PileUp 程序。由 PileUp 产生的多序列文件也列在 Output Manager 窗口中并可以直接添加到 SeqLab Editor 中。推荐采用这一步的原因在于数据库条目的特征表格（Features table）信息可与对比结果一起被包括进来。必要时对比结果是可以被编辑的，并且如果数据库条目有相似的特征，这些特征可被附加给用户序列。

（3）用查询序列搜索数据库，将找到的条目与查询序列进行对比并产生进化系统树。克隆并测序一个未知功能基因的用户可能希望在一个数据库中搜索相似的序列。如果搜索到了，用户可能进一步希望创建与查询序列最相似的序列的多序列对比并产生数据的种系图。

往 SeqLab Editor 中添加一个查询序列并从 Functions 菜单中选取 FASTA 程序。FASTA 程序在数据库中搜索与查询序列相似的序列。输出文件可从 Output Manager 窗口中加以显示并直接添加到 SeqLab Editor 中。在这个输出文件中数据库条目与查询序列局部相似性最好的区域被加以标记。如果要显示的话，每个数据库条目只有这种区域可以显示在 SeqLabEditor 中。不要的条目可以从 SeqLab Editor 中一起被删除。从 Functions 菜单中选中 PileUp 程序创建这些序列的多序列对比。输出可从 OutputManager 窗口中加以显示并添加到 SeqLab Editor 中更新已经存在的未对比序列。必要时可对这一对比结果进行编辑，并且数据库条目的有用的特征表格信息也可以添加给查询序列。

从 Functions 菜单中选取 PaupSearch 程序，程序提供了一个 PAUP（进化系统简约性分析（Phylogenetic Analysis Using Parsimony）中树搜索方式的 GCG 接口。PaupDisplay 程序为 PAUP 中的树操作，鉴定以及显示方式提供了一个 GCG 接口。

（4）拼接交叠序列片段产生一连续序列，寻找并翻译这一序列的编码区域并在数据库中搜索相似序列。克隆了一个基因，把它分解克隆为一组有交叠的序列片段并进行了测序的用户可能希望把这些序列片段重新组装为一条连续的序列。一旦 contig 拼接完成，用户可能希望在序列中寻找阅读框架，翻译并在数据库中搜索相似序列。Fragment Assmbly System 的程序可用于拼接交叠序列片段。GelStart 程序创建一个项目。GelEnter 程序把序列片段复制到项目中。GelMerge 程序寻找片段之间的交叠并把它们拼接成 contig。GelAssemble 程序是一个编辑器，可用于编辑这些连续的部分并解决片段之间的冲突问题。所有这些程序都可以从 Functions 菜单中选取。一旦拼接完成，最终构成此 contig 的连续序列可以被保存为一个序列文件并添加到 SeqLab Editor 中。

使用 Map、Frames、TestCode 或 Codon Preference 程序可预测序列中的编码区（所有这些程序可以从 Functions 菜单中选中）。使用 Edit 菜单的 Select Range 功能选择这些程序预测的区域并使用 Edit 菜单中的翻译操作把它们翻译为蛋白质。这些提出的翻译区域也可以作为核酸共有序列的特征被加入。

选取蛋白质序列然后选择 Functions 菜单中 BLAST。BLAST 程序在数据库中搜索与查询序列相似的条目，此程序既可以进行远程搜索也可以进行本机搜索。搜索结果可以从 OutputManager 窗口中加以显示。如果被搜索的是一个本机的数据库，结果文件可以加入 SeqLabEditor 或 Main List 窗口中，并允许对找到的序列进行进一步分析。

（5）对比相关的蛋白质序列，计算对比结果的共有序列，辨识序列中新的特征序列模式，在数据库中搜索包含此模式的序列或在对比结果的共有序列中搜索已知的蛋白质模式。

辨识了一组相关序列的用户可能希望对其进行对比并计算对比结果的共有序列。如果可以在对比结果中找到保守模式，用户可能希望在数据库中搜索包含这种模式的其他序列。用户可能还希望在计算出的共有序列搜索已知的蛋白质模式。

选取待对比的序列，从 Functions 菜单中选取 PileUp 程序创建多序列对比，PileUp 程序的输出文件可从 Output Manager 窗口中加以显示并添加到 SeqLab Editor 中。用户可以对比结果的某个区域重新加以对比并以此替换原有的对比结果。只要选取一个区域并重新运行 PileUp 即可。从 PileUp Options 窗口中选取“realign a portion of an existing alignment（重新对比一个已存在的对比结果的一部分）”，这可能有利于选择一个替代评分矩阵或不同的创建和扩展处罚。新的输出文件将包含最初的对比结果以及替换原始对比结果的重新对比的区域。

用 Edit 菜单中 Consensus 操作计算对比结果的共有序列。如果保守模式可被辨识，从 Functions 菜单中选取 FindPatterns 选项。从共有序列中剪切下此特征序列模式并把它粘贴到 FindPatterns 模式选择器中，并在数据库中搜索包含这一模式的序列。

此外，运行 Motif 程序可在共有序列中搜索已知的蛋白质模式。Motif 在蛋白质序列中搜索在 PROSITE，蛋白质位点和模式的 PROSITE 字典中已知的蛋白质模式。如果辨识出一个 Motif，则给所有序列增加一个特征，并标出它的位置。

（6）使用 Profile 进行相似性搜索并对比相关序列。序列分析的一个新的扩展领域是 Profile 技术。一个 profile 是一个位置特定的评分矩阵，它包含了一个序列对比结果中每个位置的所有残基信息。这一点与共有序列不同，共有序列中只包含每个位置的保守残基的信息。Profile 做好后可用于搜索数据库、数据库划分或在一个集合中搜索与原始对比结果中的序列相似的序列。它也可以用于把一条单独的序列与一个对比结果进行对比。

使用 ProfileMake 程序可创建一个序列对比结果的 profile。使用 ProfileSearch 程序可用 profile 对数据库进行搜索，ProfileSegment 程序可以显示搜索结果。使用 ProfileGap 程序可将一个序列与 profile 进行对比。ProfileMake、ProfileSearch、ProfileSegments 以及 ProfileGap 程序都可以从 Functions 菜单中启动。

GCG 的主页 http://www.gcg.com。

2. ACEDB

ACEDB 是一种被广泛应用的管理和提供基因组数据的工具组，适用于许多动物和植物的基因组计划。该软件是免费的，并且可运行在 Unix 和 Macintosh OS 系统下，Windows 版本马上就会推出。数据库以丰富的图形界面提供信息，包括有具体显示的基因图谱，物理图谱，新陈代谢的途径和序列等。数据用流行的对象的形式进行组织，使用大家熟悉的类别如，相关的文献、基因、描述和克隆的 DNA 等。可用于专用的数据分析以及许多永久性数据的采集，而且使用者不需要经过专门的计算机和数据库的训练就可以使用 ACEDB。对于资源有限的计划，这往往是决定使用 ACEDB 的关键因素。

3. 其他工具

不同的基因组测序中心都有其特有的一套序列管理分析方案及工具，并且在不断发展完善之中，具体细节可访问这些测序中心的网站了解。

二、人类和鼠类公共物理图谱数据库的使用

1. 物理图谱的类型

物理图谱有许多结构和形式。限制性图谱（restriction map），用于对小区域、如 kb 量级做精细结构制图，细胞遗传学图（cytogenetic map），用于对以 10^4 kb 为长度量级的区域制图。最常用的两种类型是 STS 含量图（STS content map）和放射性杂交图（radiation hybrid map），它们的分辨区域都大于 1Mb，并且有能使用简易 PCR 中的定位标记物的优点。

在 STS 含量图中，STS 标记物通过多聚酶链反应所监测，在反应中它与一个大的插入克隆基因库反应，如酵母人工染色体（TACs），细菌人工染色体（BACs）和黏粒等。如果两个或多个 STS 被发现是存在于同一个克隆之中，那么这些标记位点紧密相邻的机会就很高（不是 100%，因为在制图过程中存在一些假象，如出现嵌合克隆体）。一段时期以来，根据 STS 含

量图已经建立起一系列重叠群，如含有 STS 的重叠簇克隆。这样一张图的分辨率和覆盖度由一些因子决定，如 STS 的密度、克隆群体的大小以及克隆文库的深度。通常 STS 含量图以长 1Mb 的插入 YAC 库为基础，分辨率为几百个 bp。如果使用插入部分较小的克隆载体，图谱就会有一个更高的理论分辨率，但是覆盖基因组同样大小面积就需要更多的 STS。虽然一般有可能从 STS 含量图上得到标记物的相对顺序，但是相邻标记物之间的距离还是无法精确测得。尽管如此，STS 含量图还是有与克隆原相关的优点，并且可将其用于更进一步的研究，如次级克隆或 DNA 测序。到目前为止，STS 含量图制图简单而使用最多的来源是巴黎的 CEPH（centred Etudes du Polymorphisme Humain）中的 YAC 库。它是一个 10 × 覆盖率的文库，平均插入长度为 1Mb。

放射性杂交图即对片段 DNA 的断点作图。在此技术中，一个人体细胞系被致死性的 gamma 射线照射，染色体 DNA 分成片段。然后该细胞系与一个仓鼠细胞系融合而被救，并能繁殖几代。在这期间，人类细胞和仓鼠细胞的杂合体随机丢失其人类染色体片段。这样一百个或更多的杂合细胞系克隆体中，每一个都有不同数量的染色体片段，筛选生长后，就可以形成一套杂合组，供接下来的制图实验用了。

如果要在一个放射性杂交组中对一个 STS 作图，那就要将每种杂交组细胞系中的 DNA 进行 STS 的 PCR 操作。细胞系中如果含有该 STS 的染色体片段，那么就能得到一个正的 PCR 信号。在基因组中相邻很近的 STS 有相似的固位模式（retention pattern），因为放射性引起的断点落在它们中间的几率很小。相邻较远的 STS 固位模式相似性降低，相邻很远的 STS 的固位模式将会截然不同。与基因图谱所用方法类似，算法类的软件也能推出 STS 在放射性杂交图上的相对顺序，并通过断点落在其中间的可能性，用某一距离系统计算相邻标记物之间的距离。放射性杂交图还能提供一个标记物位于某一个特殊位点的可能值（优势对数值）。一个放射性杂交图的分辨率依赖于杂交体片断的大小，而这又依赖于人体细胞系所受的辐射量。一般对基因组大小作图的细胞系分辨率为 1M。

除 STS 含量图和放射性杂交图外还有几个方法可用于制作人类物理图谱。克隆图谱使用与 STS 含量图不同的技术来决定克隆体的接近程度。例如，CEPH YAC 图谱法综合利用指纹法（fingerprinting）、间 –Alu 产物杂交法（inter–Alu product hybridization）和 STS 含量图法来制作一张重叠的 YAC 克隆体图谱。缺失和体细胞杂交图依赖于大型基因组重组（可以人工引进或由实验本身引起），从而将标记物放在由染色体断点所限定的 bin 中。FISH 图谱使用一个荧光信号来探测克隆体的间期 DNA 扩散时的杂交情况，从而以细胞遗传学图中一条带的位置定出克隆体的位置。

研究者捕捉致病基因时对转录序列图谱有特别的兴趣。这些序列是由已表达序列，和那些从已转化成 STS 并置于传统物理图谱的已知基因衍生而来的。近来一些制作大量 EST 的工程已经使制图实验室能够得到数以万计的单一表达序列。一旦一个致病位点被鉴定出来后，这些转录序列图谱就能明显加快对目标基因的研究速度。YAC 库可用于 STS 的排序，但其克隆体中的高嵌合率和高删除率使它们不能用于 DNA 测序。去年高分辨率可用于测序的质粒和

BAC 图谱则发展很快。因为它们所需的克隆工艺水平很低。除了几个特例，如染色体 19 的 Lawrence Livemore 实验室质粒图外，其他图谱都还只处在初级阶段。

2. 大型公用数据库中的基因组图谱

人类基因组物理图谱信息的主要来源是由 NCBI 和 GDB 提供的大型公用数据库。这些数据库提供各种图谱的来源，使研究者能够用一个多用户界面交互系统在图谱中进行比较。在一定程度下，这些数据库还能进行图谱的综合及分析。

（1）NCBI Entrez 的染色体图谱。Entrez 的基因组部分是最容易获得物理图谱信息的来源之一。此服务由 NCBI 所提供。Entrez 试图以一种可理解的方式将几种遗传学图谱和物理图谱、DNA 和蛋白序列信息、以及一个目录型引用数据库和三维晶体结构信息融合起来。因为它的内部连接多，而且界面简单，Entrez 可作为搜索图谱的一个起始点。

除人类基因组，Entrez 还提供关于鼠类、果蝇、线虫、酵母以及一些原生动物的图谱。尽管可比较的（同线性）图仍不可获得，但它代表了现在最大和最完整的一套多生物体的图谱信息。

（2）GDB 的浏览染色体图谱。另一种常见的人类物理图谱数据的来源是 GDB。尽管 GDB 是基于当时基因图谱的重要性才构建起来的，但是最近几年来，GDB 也已经进行了扩建重组，现在同样可以算是物理图谱数据的仓库。不像 NCBI，GDB 只限于人类图谱数据。它不含序列数据，也没有其他种类生物的信息。同 NCBI 一样，GDB 可以由 WWW（在网址）上得到。GDB 提供了一种全功能的对其数据库的查询式界面。

（3）来自个体来源的基因组图谱。尽管一级数据库，如 Entrez 和 GDB 是已发表的图谱的重要来源，但是它们还没有能替代原始数据的东西。有能力制作自己的物理图谱的实验室一般都有自己的网址，连向它们的图谱数据库。通过从这一渠道直接获取资料，我们可以看到制图实验室所使用的图的形式、下载原始数据、并且了解实验室制图时的协议。另外，一些图在出现于 Entrez 和 GDB 前经常被丢掉。Entrez 和 GDB 数据库选择的表达方式，对那些希望将新的标记物定位于已知物理图谱上的研究者来说，只提供了最小的帮助。

三、基因组的基因图谱

基因图谱是制作许多物理图谱时工作的基本骨架，也是许多制图项目的起点。有两种基因组范围的基因图谱可供选择。Genethon 图含 5 264 个多样性微卫星重复片断，间隔 1.6cM。完整的数据库文件，以及图谱的 PostScript 方式图形表示，在 Genethon 的 FTP 站点上均可获得，这些图通过 GDB 也可以获得。

第二大基因图谱由人类连锁合作中心（Cooperative Human Linkage Center）制造，CHLC 由 10 775 个标记物组成，大多数为微卫星重复片断，间隔 3.7cM。

1. 人类基因组的转录物图

在 1996 年 10 月，Horno sapiens 的一个全基因组转录物图由一个国际合作的研究实验室发表于 Science 上。这个图由 15 000 个不同的表达序列组成，由放射性杂交法定位，与 Genethon

基因图谱衍生的框架相近。通过对酵母人工染色体作 STS 含量法又增添了 1 000 个表达序列。在这张图中，大约 1/5 的标记物有已知的或是假定的功能，而余下的代表了未知功能的表达序列。制成图的序列一般由 UniGeneset 衍生而来，它是一个由 NCBI 管理的公用重复 ESTs 数据库。

转录物图是通过将 8 家不同实验室的图谱数据综合而得到的。为协调制图方法的细微不同，表达序列被放在由 Genethon 基因图谱衍生的框架上。结果，该图的最大分辨率为 2cM 。很多情况下，可以从各个实验室的数据库里得到针对某一部分数据更好的制图信息，特别是 the Whitehead Institute 和 Stanford University。

2. 浏览 NCBI 转录物图

转录物图可在两个网址上得到。数据的“亲本”站点为 NCBI。在那儿可以找到含有全基因组转录物图的 Science 文章的全文，以及彩色的图像，但一般都只有装饰性的墙面图案。另外，也有搜索页可以让浏览者对特别感兴趣的基因进行查询，或是通过对功能未知，但其读码框与某已知功能的蛋白质相近的表达序列图谱进行搜索。

NCBI 网址的一个限制就是它不能在低分辨率标记物分布柱形图上提供转录物图的图形。但是通过 Mapview 微程序就可以得到其图形显示。从 GDB 的首页，沿着 What's New 的链接，可找到全基因组转录物图（到本书出版时链接形式可能已有所不同）。同样，可以认为转录物图也是 Entrez 网将要制作的一部分。

3. White head Institute 提供的人类物理图谱

The White head Intitute/MIT Center for Genome Research 是两张基因组范围物理图谱的最初来源。其中一张是 STS 含量图，内含指定为 YAC 的 10 000 多个标记物，以及一张含 12 000 个左右标记物的放射性杂交图。Whitehead 所用的 G4 杂交板（Genebridge 4 radiation hybrid panel）分辨率为 1Mbp，而以 YAC 为基础作的图分辨率大约为 200kbp。这些图已经和 Genethon 基因图相结合，产生了一张合图，在平均 150kb 范围内有 20 000 个 STSs。Whitehead 图上大约有一半的标记物是表达序列，它们在人类转录物图上也会出现。

WI（Whitehead Institute）图可通过网络从 Whitehead Center for Genome Research 的主页上得到。沿着“人类物理图项目”（Human Physical Mapping Project）的链接就可以得到感兴趣的图，这些图可通过几种方法浏览。选择一系列 pop-up 菜单可以产生所选染色体的图，选择选项按钮可以综合放射性杂交图、STS 含量图和基因图。与 Entrez 一样，这些图不是固定不变的。点击一个 STS 或是重叠群，会弹出关于该图素详细信息的页面。图形式图谱在网址上可按 GIF 或 Macintosh 最初模式（PICT）下载。Whitehead 网址上还提供了对图谱数据库进行查询的搜索页。这些搜索数据的链接可按名称、GenBank 通道号、STS 型号、染色体分配进行搜索。另外，Whitehead 网页也可根据功能关键字搜索制图转录序列，并提供与 NCBI 中的主转录物图的链接。

Whitehead 也为那些希望建立他们自己的 STS 的研究者提供服务，并将之放在 1 个或多个图上，这些服务包括：

一个在线的引物选择程序，引物 3；

将一个 STS 放在 STS/YAC 含量图上的服务；

将一个 STS 放在放射性杂交图上的服务。

Whitehead 图远未完善，对合图进行监督性测试就能显示出在基因图、放射性杂交图和 STS/YAC 图上的 STSs 位置间存在矛盾。这些矛盾表现在合图上仍存在交叉线。解释这些图的一个关键点在于理解这些图在可靠性与分辨率水平不一。基因图骨架在数十兆时能可靠地连接标记物，但在低于约 2 兆时就无法准确解决两个 STS 的顺序问题了。放射性杂交图能够测知约 10Mb 的连接，有效分辨率达 1Mb（更小的间隔也能排序，但是不可靠性逐步增加）。STS/YAC 图可以测知两个相互间隔 1Mb 的 STS 的连接，估计分辨力达 100~300kb。理解图谱时头脑中应有这些尺度上的差异。一般在 1Mb 的范围以下，STS/YAC 图是说明顺序的图谱中最可靠的一种。

在 STS 含量图中，由于 STS 和 YAC 的不等分布，可靠性也会有地域差异。在 YAC 密集的区域（每一个 STS 有 5 个或更多的 YAC），在排序信息的重要性上，图谱结果是相对更可靠的。在低密度区，图谱结果中就会有几种同时可能替代的 STS 顺序，并会附上数据。最后，因为在所有 YAC 库中都存在嵌合现象的问题，双键（例如，一对 STS 同时与 2 个或更多 YAC 连接）比单键（STS 只由 1 个 YAC 连接）更能可靠说明相邻关系。尽管只有在基因图或放射性杂交图中存在支持性数据时，图上才能构建单键信息，但单由两个 STS 相连形成的连接仍保留怀疑。这些元素在任何制图区域被详细检查的时候都应考虑在内。

4. Whitehead 放射性杂交图

STS 也能被置于 Whitehead 放射性杂交图中，这比 STS/YAC 含量图的问题简单很多，因为在放射性杂交图上搜索一个 STS 只用 93 次 PCR，而不是 1 000 次。Whitehead 放射性杂交图使用 Genebridge 4 radiation hybrid panel。与 CEPH YAC 库一样，这些细胞谱系的 DNA 也可以从一些生物技术公司那儿得到。而有些公司还提供搜索服务。为得到最好的结果，PCR 必须在与制作 Whitehead 图的相同条件下进行，并应在复制时进行。复制 PCR 间出现的不同结果说明应继续重复或以未知物对待。

5. Stanford University 放射性杂交图

Stanford Human Genome Center 已经用 G3 制图板发展了一张基因组放射性杂交图。由于比 G4 板所用放射量更高，G3 板的分辨率更高，但是代价是在探测长距离连接时限制很大。Stanford 图一般在平均 375kb 的范围内存在 8 000 个 STS，这些标记物中，3 700 个左右是表达序列，存在于 NCBI 转录物图中。同以往一样，在基因组很多部分中，Stanford 图中的表达序列比“全包容”NCBI 图中的准确性更高。

Stanford 提供一个放射性杂交图制图服务器。如同 Whitehead 服务，这个服务器允许对从 Research Genetics 和其他业主处得到的 G3 板进行 STS 扫描。输入数据，服务器将会尝试将 STS 与 Stanford 图相连，并用 Email 返回结果。因为 G3 板不能探测长距离连接，在无其他图谱信息时，Stanford 服务器只能将 75% 的 STS 定位在一条染色体上。但是如果要在可选区域内提供标记物的染色体分布。服务器就能够在一个低优势对数连接值时进行分析，并可对 90%的情况作出分布图谱。

6. CEPH YAC 图

1993 年，巴黎的 CEPH（Centre détudes du Polymorphisme Humain），与 Genethon 合作，发表了人类基因组的第一张物理图谱。这张图由几套重叠 YAC 组成，形成连接邻近基因标记物的途径。YAC 重叠可由几种技术鉴定，包括 YAC 指纹印迹法（YAC fingerprinting）、与 inter-Alu PCR 结果杂交法、荧光原位杂交（FISH）和 STS 含量图。尽管 YAC 克隆图大部分已被更方便的以 STS 为基础的图谱替代，对于要包括 CEPH YAC 库或以克隆为基础的反应物的制图项目还是有用的。

由于 YAC 库中的高嵌合率，在两个通过指纹法或 inter-Alu PCR 杂交法确定相互重叠的 YAC 之间，每一小步可能都很可能跨过基因组的一个物理距离。基于这一点，短距离比长距离更可靠，这一概念已植入 CEPH 的词条“level”中。1 个 1 级（level）途径，由两个锚定 STS 组成，它们应至少有 1 个 YAC 直接连接。这类途径，与平面 STS 含量图中用于确定相邻关系的键或单键相类同。可以让研究者从 1 个 STS 跳到另 1 个，而无须跳过任何 YAC/YAC 连接点。相反，1 个 2 级途径，由两个锚定 STS 组成，不直接由单个 YAC 连接，而是由 inter-Alu PCR 或指纹法确定在包含它们的 2 个或多个 YAC 间有一个重叠，所以 2 级途径需要跳过 1 个 YAC/YAC 连接点。3 级途径需跳过 2 个。4 级需跳过 3 个等。尽管每一种的可靠性尚未经验性证明，通过对一套 CEPH 数据的分析暗示 4 级或更高时可能不精确。而幸好 CEPH 途径中近 90%的基于间距为 3 级的或更低。

7. 特定人类染色体图谱

除基因组图谱外，许多个体染色体物理图谱也由研究实验室和基因组中心构建起来了。在很多情况下，这些图谱能比相应基因组范围图谱提供更详尽的信息。在 GDB 的来源页面上可得到一个最新的表。另一张表由 NHGRI 的网址保存。

四、鼠类图谱来源

现在对鼠类作物理图活动最多的地点是 Whitehead Institute/MIT Center for Genome Research，而且一张 murine STS/YAC 含量图已经被构建起来了。这张图最终将在 24 000 个 YAC 上含有 10 000 个 STS。

MIT 的物理图谱可以在 Whitehead 的主页上在线浏览。先按下 Mouse Genetic and Physical Mapping Project（鼠类基因图和物理图制图项目）的链接，然后向下滚动到标有鼠类 STS 物理图谱的部分。这一部分与 Whitehead 人类物理图谱有相同的搜索项和用户界面，但是放射性杂交图数据还不可得。

在 Whitehead 网址上还可以得到基于 6 331 个简单相邻长度多态性的鼠类物理图谱，以及这张图与 Copeland/Jenkins 限制性片断长度多态性图的整合。这些 RFLP 图，分辨率为 1.1cM。分辨率更高的鼠类基因图正由 European Collaborative Interspecific MouseBackCros 项目得到。该图最大的理论分辨率将会达 0.3cM，并且可以在 ECJMBC 的主页上在线得到。到 1997 年 5 月已完成 5 条染色体。

The Mouse Genome Database（MGD）是由 Bar Harbor 的 Jackson Laboratory 维持的一个大型鼠类基因信息的公用数据库。尽管它基本上还是一个基因图库，MGD 还是保留了很多物理图谱信息，包括细胞遗传图谱和 synteny 图，将来一旦得到数据就会加进去。MGD 可在 Jackson Laboratory 的主页上得到。按下标有 Mouse Genome Informatics 的链接，然后是标有 Mouse Genome Database 的链接，可得到用于不同研究的一个起始网页。在所列选项中包括目录检索、基因和标记物符号检索以及多态性检索。

CEPH YAC 图	http://www.cephb.fr/ceph-genethon-map.html
CHLC 图	http://www.chlc.org
ECIMBC 主页	http://www.hgmp.mrc.ac.uk/MBx/MbxHomepage.html
Entrez 主页	http://www.ncbi.nlm.nih.gov/Entrez/
Entrez 全览页	http://www.ncbi.nlm.nih.gov/Entrez/nentrez.overview.html
GDB 主页	http://gdbwww.gdb.org/
GDB 来源页	http://gdbwww.gdb.org/gdb/hgp_resources.html
Genethon FTP 站点	ftp://ftp.genethon.fr/pub/Gmap/Nature-1995
I.M.A.G.E. Consortium	http://www.bio.llnl.gov/bbrp/image/iresources.html
Jackson 实验室	http://www.jax.org/
NHGRI 来源页	http://www.nhgri.nih.gov/Data/
Science 转录物图谱	http://www.ncbi.nlm.nih.gov/Science96/
Stanford 主页	http://shgc.stanford.edu/
Stanford RH 协议	http://shgc.stanford.edu/Mapping/rh/procedure/
Whitehead 主页	http://www.genome.wi.mit.edu/
Whitehead FTP 站点	ftp://www.genome.wi.mit.edu/pub/human_STS_releases

在不同物种、不同进化水平的生物的相关基因之间进行比较分析，是基因研究的重要手段。目前，我们有了越来越多的模式生物全基因组序列数据，因此，基因的比较研究，也必须从基因的比较，上升到对不同进化水平的生物在全基因组水平上的比较研究。这样的研究将更有效地揭示基因在生命系统中的地位和作用，解释整个生命系统的组成和作用方式。

对伴随人类基因组而完成的大量微生物完整基因组的信息分析，不仅将直接帮助破译人类遗传密码，其本身也可能解决重大的科学问题。因此，由完整基因组研究所导致的比较基因组学必将为后基因组研究开辟新的领域。

五、SNP 的发现

人类基因组计划持续产生大量序列数据，清楚表明不同个体在整个基因组有许多点存在 DNA 序列的基本变异。最常见的变异发生在分散的单个核苷酸位置，即单核苷酸多态性（SNPs），估计发生频率大约每 1 000 个核苷酸有 1 个。那么，设每 1 000 个核苷酸，具有 1 个群体的基本频率的任何 1 个双拷贝染色体之间的在任一个位置平均核苷酸的一致性是不同的。SNPs 是双等位基因多态性，即多原则上态性位点的核苷酸一致性通常在人类中倾向于 1/2 的几率，而不是四核苷酸几率。

SNPs 在人类遗传学研究中有重要意义。首先，一组 SNPs 发生在蛋白质编码区。特定的 SNPs 等位基因可被认为是人类遗传疾病的致病因子。在个体中筛选这类等位基因可以检查其对疾病的遗传易感性。其次，SNPs 可作为遗传作图研究中的遗传标记，帮助定位和鉴定功能基因。推算 3 000 个双等位 SNP 标记将足够进行人类全基因组作图；100 000 或更多的 SNPs 能够在更大的群体中进行有效的遗传作图研究。因此，需要发展进行大量 SNP 分析的廉价高效技术，包括 DNA 芯片技术，MALDI-TOF 质谱等。

SNPs 是人类遗传多样性最丰富的形式，可用做复杂遗传性状作图。通过高通量的测序项目的得到的大量数据是丰富的大部分没接上的 SNP 来源。这里介绍一种认一 DNA 来源的遗传序列数据变异发现的整体途径。计划用迅速出现的基因组序列作为模板放置没有作图片段化的序列数据，并用碱基质量数值区别真正的等位基因变异与测序错误。

第三章 蛋白质

蛋白质组学，这个概念最早是在1995年提出的，它在本质上指的是在大规模水平上研究蛋白质的特征，包括蛋白质的表达水平、翻译后的修饰、蛋白与蛋白相互作用等，由此获得蛋白质水平上的关于疾病发生，细胞代谢等过程的整体而全面的认识。

目前，在蛋白质功能方面的研究是极其缺乏的。大部分通过基因组测序而新发现的基因编码的蛋白质的功能都是未知的，而对那些已知功能的蛋白而言，它们的功能也大多是通过同源基因功能类推等方法推测出来的。有人预测，人类基因组编码的蛋白至少有一半是功能未知的。因此，在未来的几年内，随着至少30种生物的基因组测序工作的完成，人们研究的重点必将转到蛋白质功能方面，而蛋白质组的研究正可以完成这样的目标。在蛋白质组的具体应用方面，蛋白质在疾病中的重要作用使得蛋白质组学在人类疾病的研究中有着极为重要的价值。

疾病的产生可能仅仅是因为基因组中一个碱基对的变化，如β-血红蛋白第六位上的Glu变为Val就导致了镰刀型细胞贫血症的发生。然而，对于大多数疾病来说，其疾病发生机制要复杂的多。因此，对于疾病发生的分子机制的认识就需要一些能够解决这些复杂性的方法来完成。而作为细胞中的活性大分子，蛋白质无疑是与疾病相关的主要分子，蛋白表达水平的改变是与疾病，药物作用或毒素作用直接相关的。因此，基于蛋白质整体水平的蛋白质组学在人类疾病研究中无疑将发挥重要作用。

现在，蛋白质组学在人类疾病中的应用已经在一些疾病如皮肤病、癌症和心脏病中广泛开展了，而这些研究则主要集中在这样几个方面：寻找和疾病相关的单个蛋白，整体研究某种疾病引起的蛋白表达或修饰的变化，利用蛋白质组寻找一些致病微生物引起的疾病的诊断标记和疫苗等。下面我们将就蛋白质组学的基本技术和这些领域的应用作一些介绍。

蛋白质组学研究的基本技术对于蛋白质组学的研究来说，它的最基本的实验手段就是利用双向凝胶电泳（two-dimensional protein electrophoresis，2DE），在整个基因组水平上检测蛋白质表达的情况。双向凝胶电泳首先利用等电点聚焦来分离不同等电点的蛋白，再利用SDS-PAGE来分离不同分子量的蛋白，其分辨率是非常高的。微克级的蛋白质就可以被很好的分辨开了，如在微克级水平上，有人从一个蛋白混合物中最多分开了11 200种蛋白质，数量是非常可观的。因而，微克级的蛋白的双向凝胶电泳常被用来初步检测表达或修饰有变化的蛋白。然后，同样的蛋白混合物样品可用于毫克级的2DE，这样，电泳图谱上的每一个多肽就可被纯化并进行下一步的分析，如质谱，末端或中间的氨基酸序列分析等。

仅仅进行双向凝胶电泳显然是远远不够的，因为由双向电泳得到的蛋白质表达情况的变化并不能和具体的何种蛋白表达出了变化联系起来。而一些如蛋白质印迹或凝集素亲和印迹等传统技术对于这方面的信息也帮助不大。为了鉴定这些由电泳得来的蛋白，质谱（MS，mass spectrometry）被广泛应用在蛋白质组学中。对于蛋白质的鉴定，有两种方法用的最为广泛，即MALDI-MS（matrix-assisted laser desorption ionization）和ESI-MS（electrospray ionization）。这两种方法各有自己的适用范围，通常前者对于分析高分子量的蛋白更有效，而后者对于蛋白的检测灵敏度更高，常可达到微克级水平以下。质谱可以用于蛋白质分析主要是因为它可以提供特定蛋白的不同方面的结构信息，如它可直接测定蛋白或多肽的分子量信息，也可用来获得一些蛋白质序列信息等。同时，质谱也可通过多肽片段分子量的改变来得到一些关于糖型、磷酸化和其他翻译后修饰的数据。因此，质谱对于蛋白质的鉴定是非常重要的，而它的进展也无疑会大大促进蛋白质组学的研究单个的疾病相关蛋白的寻找在疾病发生过程中，由于和疾病相关的遗传信息的变化常常会导致蛋白的种类和数量发生变化，而这些变化是可以被高解析度的双向凝胶电泳所检测到的，这就是利用蛋白质组学寻找和鉴定疾病相关蛋白的依据。结肠癌的产生是一个包含了多个基因突变的多步过程，这其中包括抑癌基因的功能丧失，癌基因的活化等。然而，肿瘤发生的具体机制仍不清楚。对于这样一种涉及多种蛋白的疾病，人们已经开始利用蛋白质组学来分析结肠黏膜发生恶性转化后的多肽的变化了。对照15例结肠癌病人和13例正常人的结肠表皮的双向凝胶电泳结果发现，二者分别含有882个点和861个点，而这些点中，有一个蛋白，其分子量为13kDa，等电点为5.6，它只在肿瘤组织中专一性的表达。在15个癌症样品中，有13例的此蛋白表达上调，占到了87%。进一步的研究也证实了这个蛋白在不同程度的癌症引起的发育异常中也有明显的表达水平上的差异。由双向电泳发现的这个可能与癌症相关的蛋白到底是什么蛋白呢？从电泳的凝胶上得到的这个点经胰蛋白酶水解后，得到的肽段由μ-HPLC分离后测序。测序的结果拿到两个序列，LGHPDTLNQ和VIEHMEDLDTNADK，这与钙粒蛋白B的情况完全吻合。进一步的用MALDI-MS分析的结果也证实了这个蛋白就是钙粒蛋白B。同时，结合以前的发现，即由钙粒蛋白B和钙粒蛋白A组成的异源二聚体蛋白钙防卫蛋白在胃肠肿瘤病人的粪便样品中含量有很大提高，钙粒蛋白B在肿瘤性转化的组织中的高专一性存在显示出它在结肠癌的产生中具有重要的作用。尽管蛋白的具体功能还需要进一步的阐明，但这个例子已经可以证明，由蛋白质组学方法寻找疾病相关蛋白肯定是可行的。

这方面的另一个例子是关于肝细胞癌的研究。双向凝胶电泳已经被成功的用于发现化学诱导的鼠的肝癌相关蛋白中。而双向电泳和蛋白质化学方法的联合应用也更深化了对这些癌症相关蛋白的具体特征的认识。在用N-甲基-N-亚硝基脲诱导了鼠的肝癌后，利用双向电泳发现了一些表达有变化的蛋白，经氨基酸序列分析后，分析其中一个蛋白是来源于肝癌的醛糖还原酶样蛋白（hepatoma-derived aldose reductase-like protein）。这个蛋白分子量为35KDa，等电点为7.4，它是一种在肝癌和胚胎的肝中特异性表达的蛋白。利用双向电泳得到了这样一种可能和癌症相关的蛋白后，一些蛋白质化学的方法可用来对这种蛋白和疾病的相关性作进一步的研究。有人利用免疫组化的方法发现，直接针对来源于肝癌的醛糖还原酶样蛋白的抗体FR-1表

明，这个蛋白在化学诱导的肝癌小鼠的发生肿瘤转化的前期和转化的早期就已经有很强的表达了，而正常肝组织中并无表达。这都是该蛋白涉及肝癌发生过程的有力证据。

已有的一些关于此蛋白的研究表明，醛糖还原酶是还原酶超家族的成员，在山梨糖醇途径中它可以催化葡萄糖向山梨糖醇的转化，而且在一些糖尿病并发症的发生中它也起作用。作为一种酶，它可以水解一些生物异源物质等，因此，它也参与了一些解毒过程。而在肝癌发生过程中，一些解毒酶的表达水平或活力增高已是公认的事实了。对于醛糖还原酶这一类有解毒功能的蛋白来说，只有由双向电泳发现的肝癌来源的醛糖还原酶样蛋白是与肝癌相关的。它首先在胚胎肝中表达，但在成年的肝中就不表达了。肝癌发生时，它又重新表达了。因此，目前可以初步推断，醛糖还原酶样蛋白在肝癌发生过程中是与肝的解毒过程相关的。现在，在人的肝癌中，也找到了鼠的醛糖还原酶样蛋白的同源蛋白，它同样是在人的不同组织中选择性表达的。

一、疾病相关蛋白的整体研究

对于大多数疾病来说，疾病造成的往往不只一个或几个蛋白的变化，参与疾病过程的蛋白的数目也是很大的，因此除了通过双向凝胶电泳来寻找与疾病相关的单个蛋白外，通过蛋白质组对表达情况有变化的蛋白在整体水平上的研究同样是非常重要的。目前，在利用双向凝胶电泳进行的蛋白整体水平的研究方面，扩张性的心肌病（Dilated cardiomyopathy，DCM）是一个较好的例子。

扩张性的心肌病是一种严重的心脏疾病，对于这种疾病的致病机理和涉及的分子都还不清楚，而且，对于这样一种复杂的疾病来说，也不可能仅由一种致病机理造成。因此，对于这样的疾病，从整体的蛋白质组水平来研究是极为必要的。另外，相对其他组织而言，主要由心肌细胞组成的心脏是一种相对均一的组织，这也为用双向凝胶电泳进行蛋白质组的研究提供了良好的基础。对 DCM 的蛋白质组的研究在 20 世纪 90 年代初就已经开始了，目前，心肌的双向凝胶电泳的数据库已经建立。尽管国际上各实验室之间的数据之间有着如不同的样品制备，不同的等电聚焦条件，不同的凝胶大小等差异，但这些数据的比较证明，在大多数情况下，不同蛋白的点的位置还是相对稳定的，可以进行大规模的比较研究。

在 Knecht 等人的研究中，得到了一个高解析度的具有大约 3 300 个心肌蛋白点的双向电泳结果，并对其中的 150 个蛋白进行了氨基酸分析，N 端和中间的 Edman 降解以及 MALDI-MS 等一系列鉴定。而对几百个正常和扩张性心肌病的病人的 2-DE 结果比较发现，两者的蛋白条带具有可比性。除去一些可能由不同的疾病有关参数如患病程度，用药情况，病人年纪等因素造成的无重复性的点的多少和强度的变化外，患病者和正常人有 25 种蛋白在统计学上具有显著差异。这些即是 DCM 相关蛋白。而这个结果是在对几百个样品的大规模研究的基础上得来的，而也只有大规模的研究，才能体现出这个结果在实际应用前景上的价值。对于这几十种疾病相关蛋白，我们可以用一些其他方法，如免疫组化、酶活测定等来作进一步的鉴定，确认它们与疾病的相关性以及它们在疾病中的作用等。这些工作都是在基于蛋白质组的研究基础上进一步的深入而进行的，显然，在几百个 DCM 患者和正常对照的样品的大规模水平上对疾病相关蛋白的整体研究无疑是最为基础和有效的。

二、病原微生物的蛋白质组学分析

近几年来，关于传染病的研究变得比原来更为重要。一些新的传染原，如 Borrelia burgdorferi、HIV 和 Ebola 病毒等的出现，使得一些原来认为已被控制的疾病如结核，多抗药性的链球菌属感染等又有所增加。因此，对于有毒力的微生物和病毒进行蛋白质组学的分析就显得非常必要，它可以用来寻找和研究毒力因子、抗原和疫苗等，而这些对于疾病的诊断，治疗和防治是极为重要的。目前，已经有 18 种微生物的基因组测序已经完成，而另有 60 多种的微生物的基因组测序正在进行当中，这些基因序列的信息和相对真核组织来说少得多的基因数量都为蛋白质组的研究提供了良好的基础。

疏螺旋体属的 Borrelia burgdoferi 是引起多系统疾病人类 Lyme 氏疏螺旋体病的主要致病因子。这种疾病的症状开始时常表现为一些环状红斑样皮疹以及流感样症状，发展下去也会造成一些神经系统的并发症和关节炎等。目前，对这种疾病的诊断主要是通过临床症状的判断并辅以血清学实验如 ELISA，免疫印迹等来证实。由于这些实验具有不同程度的敏感性和特异性，诊断并不是标准化的。利用蛋白质组学的研究提供一些新的较为标准的诊断标记就显得尤为必要了。

Borrelia burgdoferi 的染色体上有 853 个基因，它的 11 个质粒上有额外的 430 个基因。它的双向凝胶电泳图谱大约有 300 个点，由这些蛋白点就可以寻找免疫相关抗体等蛋白了。将银染的 Borrelia burgdoferi 的 2DE 凝胶上的其中 217 个点编号后，用来源于兔子的多克隆抗体采用免疫杂交的方法鉴定了一些抗原在胶上的位置，如外表面蛋白 A（OspA）、OspB、OspC、p83/100、p39 和 flagellin p41 等。除了 p83/100 外，所有抗原在 2DE 图上都存在于不止一个点上。利用不同表现症状的 Lyme 氏疏螺旋体病病人的血清与疏螺旋体的 2DE 图进行印迹分析发现，具有红斑迁移症状的 10 个病人的血清中分别含有 60 种和 88 种抗原的 IgM 型和 IgG 型抗体，而关节炎病人的血清中含有 15 种抗原的 IgM 抗体和 76 种不同抗原的 IgG 抗体，晚期神经疏螺旋体病人的血清中则含有 33 种抗原的 IgM 抗体和 76 种抗原的 IgG 抗体，但在这三种不同疾病时期的病人血清中都含有这样几种抗原的抗体，OspA、OspB、OspC、flagellin、p83/100 和 p39 等，这几个抗原同时也是原来血清学实验中用来诊断的标记，蛋白质组的结果验证了原来诊断的合理性，同时，2DE 的结果也发现了一些原来并没有发现的抗原，这些正是一些新的潜在的诊断标记。更多诊断标记的发现对于诊断的标准化和准确性的提高大有帮助。

弓形虫病是由原生动物 Toxoplasma gondil 寄生感染引起的，全世界约有 30% 的人携带此种寄生虫，而在欧洲，弓形虫病是发生频率最高的传染病之一，因此，这种疾病的危害是相当高的。在健康人群中，寄生虫的感染通常是无症状的或症状极其轻微的，但如果是怀孕期间感染，寄生虫就会通过胎盘，并造成胎儿的死亡。随着怀孕时间的增加，寄生虫穿透的可能性也会增加。因此，确定感染的时间就显得非常重要了。另一方面，怀孕不同时期的感染后果也是

不同的，在怀孕早期，器官形成过程时的感染危害可能是致死的，而怀孕的后期，胎儿的感染经常会导致一些并发症的出现如视网膜色素异常等。如果在怀孕期间感染的妇女得到了充分的治疗，胎儿感染的可能和后果的严重性都会大大降低。因此，及时的诊断和准确判断感染时间对于弓形虫病的治疗是非常重要的。

但实际上，90% 以上的怀孕妇女的初期感染都不能被及时发现。目前的诊断主要是依靠血清学手段和 PCR 方法，而用血清学的方法来检测抗体对于一些无免疫应答的和怀孕的病人显然是不够的，而潜伏性感染致病恰恰是经常发生在无免疫应答的人中。如在艾滋病患者中，弓形虫病就是导致脑内病变并致死的主要原因。由这些都可看出，疾病有效的诊断对于有效的治疗是非常关键的。同样，蛋白质组水平上的研究为这方面的进展提供了非常有力的方法。我们可以用不同感染情况的病人的血清和弓形虫病的 2DE 图进行免疫印迹来寻找和感染相关的抗原来作为诊断标记。这些不同的血清包括：急性感染弓形虫病的怀孕妇女的血清，急性弓形虫病的非怀孕病人的血清，潜伏性感染弓形虫的尚未发病者的血清。结果显示，2DE 图上的 9 个点可以和感染者血清中的任一类型的免疫球蛋白反应，且这种反应和感染的状态和发病与否无关，这 9 个点就可用来作为弓形虫病感染的标记。另外有 7 个点和抗体的反应则与抗体类型或发病情况有关，可用来区分不同疾病状况如潜伏期和急性期等，它们同样可作为进一步判断感染状态的诊断标记使用。

第一节　定量蛋白质组学

一、实验原理

定量蛋白质组学是把一个基因组表达的全部蛋白质或一个复杂的混合体系中所有蛋白质进行精确的定量和鉴定的一门学科。其实验技术有蛋白质组学非标记定量技术、SILAC、ICAT。Label-free 蛋白质组学非标记定量技术。

二、DeCyder MSTM

DeCyder MSTM 软件对液相色谱串联质谱数据非标记定量分析是将质谱数据由谱峰形式转化为直观的类似双向凝胶的图谱，谱图上每一个点代表一个肽段，而不是蛋白质；再比较的不同样本上相应肽段的强度，从而对肽段对应的蛋白质进行相对定量。

特点如下。

第一，对液相色谱串联质谱的稳定性和重复性要求较高。

第二，无须昂贵的同位素标签做内部标准，实验耗费低。

第三，对样本的操作也最少，从而使其最接近原始状态，并且不受样品条件的限制，克服了标记定量技术在对多个样本进行定量方面的缺陷。

三、SILAC（Stable Isotope Labeling with Amino Acids in Cell Cultures）

SILAC 的基本原理是分别用天然同位素（轻型）或稳定同位素（重型）标记的必需氨基酸取代细胞培养基中相应氨基酸，细胞经 5~6 个倍增周期后，稳定同位素标记的氨基酸完全掺入到细胞新合成的蛋白质中替代了原有氨基酸。不同标记细胞的裂解蛋白按细胞数或蛋白量等比例混合，经分离、纯化后进行质谱鉴定。

优缺点如下。

第一，SILAC 是体内标记技术，稳定同位素标记的氨基酸与天然氨基酸化学性质基本相同，对细胞无毒性，因而它所标记的细胞和未标记细胞在生物学行为上几乎没有差异，标记效率可高达 100%。

第二，与化学标记相比，SILAC 方法蛋白需要量明显减少。

第三，活体标记，更接近样品真实状态。

第四，只适用于活体培养的细胞对于生物医学研究中常用的组织样品，体液样品等无法分析。

第五，对于动物模型的标记成本太大，无法实现。

第二节　植物蛋白的提取

一、实验原理

植物蛋白提取一般遵循如下基本原则：尽可能提高样品蛋白的溶解度，抽提最大量的总蛋白，减少蛋白质的损失；减少对蛋白质的人为修饰；破坏蛋白与其他生物大分子的相互作用，并使蛋白质处于完全变性状态。根据该原则，植物蛋白制备过程中一般需要有 4 种试剂：一是离液剂：尿素和硫脲等；二是表面活性剂：SDS、胆酸钠、CHAPS 等；三是还原剂：DTT、DTE、TBP、Tris-base 等；四是蛋白酶抑制剂及核酸酶：EDTA、PMSF、蛋白酶抑制剂混合物等，如为了去除缓冲液中存在的痕量重金属离子，可在其中加入 0.1~5mmol/L EDTA，同时使金属蛋白酶失活。

孔径较小，有分子筛效应，由于变性蛋白质分子所带负电荷基本一致，泳动速度主要决定于蛋白分子量。

二、实验操作

（一）氯醋酸—丙酮沉淀法

（1）在液氮中研磨叶片。

（2）加入样品体积 3 倍的提取液在 -20℃的条件下过夜，然后离心（4℃ 8 000rpm/min 以上 1h）（弃）上清液。

（3）加入等体积的冰浴丙酮（含 0.07% 的 β- 巯基乙醇），摇匀后离心（4℃ 8 000rpm/min 以上 1h），然后真空干燥沉淀，备用。

（4）上样前加入裂解液，室温放置 30min，使蛋白充分溶于裂解液中，然后离心（15℃ 8 000rpm/min 以上 1h 或更长时间以没有沉淀为标准），可临时保存在 4℃待用。

（5）用 Brandford 法定量蛋白，然后可分装放入 -80℃备用。

药品：提取液：含 10%TCA 和 0.07% 的 β- 巯基乙醇的丙酮。裂解液：2.7g 尿素 0.2g CHAPS 溶于 3ml 灭菌的去离子水中（终体积为 5ml），使用前再加入 1mol/L 的 DTT65μl/ml。

（二）从 Trizol 裂解液中分离总蛋白

（1）Trizol 溶解的样品研磨破碎后，加氯仿分层，2~8℃下 10 000g 离心 15min，上层水相用于 RNA 提取，体积约为总体积的 60%。

（2）用乙醇沉淀中间层和有机相中的 DNA。每使用 1ml Trizol 加入 0.3ml 无水乙醇混匀，室温放置 3min，2~8℃不超过 2 000g 离心 5min。

（3）将上清液移至新的 EP 管中，用异丙醇沉淀蛋白质。每使用 1ml Trizol 加入 1.5ml 异丙醇，室温放置 10min，2~8℃下 12 000g 离心 10min，弃上清液。

（4）用含有 0.3mol/L 盐酸胍的 95% 乙醇洗涤。每 1ml Trizol 加入 2ml 洗液，室温放置 20min，2~8℃下 7 500g 离心 5min，弃上清液，重复洗涤 2 次。最后加入 2ml 无水乙醇，涡旋后室温放置 20min，2~8℃下 7 500g 离心 5min，弃上清液。

（5）冷冻干燥 5~10min，1% SDS 溶液溶解，反复吹打，50℃温浴使其完全溶解，2~8℃下 10 000g 离心 10min 去除不溶物。

（6）替代方案：将（3）中的酚醇上清液移至小分子量透析袋中，在 2~8℃的 1% SDS 溶液中透析 3 次，1 000g 离心 10min 去除沉淀，上清液可直接用于蛋白实验。

（三）从新鲜样品中提取疏水性膜蛋白（Triton X-114 去污剂法）

（1）配制疏水性蛋白提取液（非裂解液）：1% Triton X-114，150mmol/L NaCl，10mmol/L Tris-HCl，1mmol/L EDTA，调 pH 值至 8.0 备用。

（2）菌液于 4℃条件下 15 000g 离心 15min 收集菌体；用 1ml 含有 5mmol/L $MgCl_2$ 的 PBS 洗涤 3 次，最后于 4℃条件下 15 000g 离心 15min 收集菌体。

（3）菌体沉淀加入 1ml 冷提取液，于 4℃条件下放置 2h，17 000g 离心 10min，去除沉淀取上清液。

（4）将上述上清液中的 Triton X-114 含量增加到 2%，再加入 20mmol/L 的 $CaCl_2$ 抑制部分蛋白酶活性，37℃条件下放置 10min 使其分层。室温下 1 000g 离心 10min 使液相和去污相充分分层。

（5）将液相和去污相分开，分别用 10 倍体积的冷丙酮在冰上沉淀 45min。

（6）于 4℃条件下 17 000g 离心 30min，用去离子水洗涤沉淀 3 次。

（7）将沉淀溶解在 1% SDS 溶液中，测定蛋白浓度，比较液相和去污相中蛋白提取效率，一般是去污相中疏水性膜蛋白较多，适于进一步蛋白实验。

（8）SDS-PAGE 进一步分析液相和去污相的蛋白图谱。

（四）植物蛋白提取试剂盒 Plant Total Protein Extraction Kit

产品说明：该试剂盒在利用液氮充分磨碎植物组织的同时，采用特殊的试剂对植物细胞释放出来的蛋白进行沉淀，并使用广谱蛋白酶抑制剂抑制蛋白酶活性，最大程度地保持所抽提蛋白质的完整性，而且最终的蛋白抽提物呈干粉状，有利于蛋白质的长期稳定保存。提取的蛋白，包括膜蛋白、核蛋白和胞质蛋白以及在植物组织中含有的稀有蛋白在内的全蛋白。分离得到的蛋白组分可应用于 SDS-PAGE、Western blot 等。每次可以提取 100mg 植物组织，本试剂盒可以使用 50 次。储存条件：2~8℃。

产品特点：

（1）提取的蛋白质是包括稀有蛋白在内植物细胞的全蛋白质。

（2）可以进行 50mg × 100mg 植物组织。

（3）经过适当处理后，可以用于 2D 电泳，等电点聚焦等实验。

（4）对植物细胞的裂解效果和植物细胞的非蛋白质成分去除效果高。

（5）不需要超速度离心，可以同时处理多个样品。

植物蛋白裂解液 Plant Total Protein Lysis Buffer。

产品说明：采用各种表面活性剂，使样品快速充分破裂，从而释放蛋白质，内含作用强烈的蛋白酶抑制剂，从而保证了蛋白的活性和完整。同时，去除酚和糖类物。该产品由裂解液和蛋白酶抑制剂组成。可以用于 SDS-PAGE 和 Western blot 等，为 1 倍溶液，可以处理 3g 植物组织样品。储存条件：2~8℃。

（五）一步法植物活性蛋白质提取试剂盒

该试剂盒可以在 10min 内从植物组织中提取可溶性活性蛋白质，提取的蛋白质可以用 SDS-PAGE、2D 电泳、Western blotting 和免疫共沉淀，Pull Down，EMSA 等蛋白活性分析，亲和纯化等。试剂盒含有 3 种试剂：有机溶剂裂解植物组织、水溶性试剂溶解蛋白质和 DTT 稳定蛋白质。该方法已经用拟南芥、番茄、菠菜、豌豆和大豆等植物的叶、根、花和种子实验过，方法快速有效，可以从 20 mg × 40 mg 新鲜或冻存的植物组织，或者 20 mg × 10 mg 的干燥的植物组织中提取所需要的蛋白质，可以使用 20 次，由溶液 A、溶液 B 和 DTT 和蛋白酶抑制试剂组成。

产品特点：

（1）方法快速有效，可以在 10min 内完成整个实验过程。

（2）可以从 20 mg × 40 mg 新鲜或冻存的植物组织，或者 20 mg × 10 mg 的干燥的植物组织中提取所需要的蛋白质。

（3）可以从各种植物的叶、根、花和种子等植物组织中提取所需要的蛋白质。

（4）提取的蛋白质可以最大程度的保持蛋白质的活性。

第三节 动物蛋白质的提取

一、实验原理

由于蛋白质种类很多性质上的差异很大，即或是同类蛋白质因选用材料不同使用方法差别也很大且又处于不同的体系中，因此，不可能有一个固定的程序适用各类蛋白质的分离。但多数分离工作中的关键部分基本手段还是共同的大部分蛋白质均可溶于水、稀盐、稀酸或稀碱溶液中少数与脂类结合的蛋白质溶于乙醇、丙酮及丁醇等有机溶剂中。因此，可采用不同溶剂提取、分离及纯化蛋白质。首先，蛋白质在不同溶剂中溶解度的差异主要取决于蛋白分子中非极性疏水基团与极性亲水基团的比例；其次，取决于这些基团的排列和偶极矩。故分子结构性质是不同蛋白质溶解差异的内因。温度、pH 值、离子强度等是影响蛋白质溶解度的外界条件。提取蛋白质时常根据这些内外因素综合加以利用，将细胞内蛋白质提取出来并与其他不需要的物质分开。但动物材料中的蛋白质有些以可溶性的形式存在于体液如血浆、消化液等中可以不必经过提取直接进行分离。蛋白质中的角蛋白、胶原及丝蛋白等不溶性蛋白质只需要适当的溶剂洗去可溶性的伴随物如脂类、糖类以及其他可溶性蛋白质最后剩下的就是不溶性蛋白质。蛋白质经细胞破碎后用水、稀盐酸及缓冲液等适当溶剂将蛋白质溶解出来，再用离心法除去不溶物即得粗提取液。

二、实验操作

1. 培养的贴壁动物细胞的蛋白质抽提步骤

（1）从贴壁细胞培养瓶中小心倾去培养液。

（2）预冷的 PBS 清洗贴壁的细胞 2 次，小心倾去 PBS。

（3）配制含抑制剂的蛋白质抽提试剂（1ml 抽提试剂中加入 5 μl 蛋白酶抑制剂混合液，5 μl PMSF 和 5 μl 磷酸酶混合液）。

（4）细胞瓶中加入预冷的含抑制剂的蛋白质抽提试剂（10^7 个细胞中加入 1ml 抽提试剂；5×10^6 个细胞中加入 0.5ml 抽提试剂），轻轻摇动 5min。

（5）用一预冷的橡胶和塑料细胞刮将培养瓶壁上贴壁细胞刮下来，转移细胞悬浮液到离心管中，冰浴下摇动 15min 进行裂解。

（6）裂解液于预冷的离心机中 14 000μg 离心 15min。弃去沉淀，上清液立刻转移入新的离心管中保存待用。

2. 培养的悬浮动物细胞的蛋白质抽提步骤

（1）2 500μg 离心 10min 沉淀悬浮的细胞，弃去上清液。

（2）预冷的 PBS 悬浮沉淀细胞，2 500μg 离心 10min 沉淀细胞，去上清液。

（3）配制含抑制剂的蛋白质抽提试剂（1ml 抽提试剂中加入 5 μl 蛋白酶抑制剂混合液，

5 μl PMSF 和 5 μl 磷酸酶混合液）。

（4）加入含抑制剂的预冷蛋白质抽提试剂（10^7 个细胞中加入 1ml 抽提试剂；5×10^6 个细胞中加入 0.5ml 抽提试剂）

（5）轻轻摇动混和 15min 进行裂解。

（6）裂解液于预冷的离心机中 14 000μg 离心 15min。弃去沉淀，上清液立刻转移入新的离心管中保存待用。

3. 哺乳动物组织的蛋白质抽提步骤

（1）组织称重，切小块放入管中。

（2）配制含抑制剂的蛋白质抽提试剂（1ml 抽提试剂中加入 5 μl 蛋白酶抑制剂混合液，5 μl PMSF 和 5μl 磷酸酶混合液）。

（3）加入预冷的含抑制剂的蛋白质抽提试剂（250mg 组织中加入 1ml 抽提试剂）。

（4）用匀浆器每次 30s 低速匀浆，每次匀浆间隔冰浴 1min，至组织完全裂解。

（5）裂解液于预冷的离心机中 14 000μg 离心 15min。上清液立刻转移入新的离心管中保存待用。

第四节　动物细胞器蛋白的提取

一、实验原理

用简易的差分离心结合各种型式的密度梯度离心可以分离和纯化各种亚细胞器。研究者也可以根据自己的设备情况对实验参数作一定的改动，也可以更多地利用速率—区带密度梯度离心或等密度离心来简化实验过程和提高分离纯度。

二、实验操作

1. 鼠肝匀浆的差分分离程序

该实验流程中：

沉Ⅰ：细胞核、质膜大片断，重线粒体，少量未破碎细胞及极少量沉Ⅱ→沉Ⅳ的成分。

沉Ⅱ：重线粒体、质膜片断，及少量沉Ⅲ→沉Ⅳ成分。

沉Ⅲ：线粒体、溶酶体，高尔基膜，部分粗内质网及极少量沉Ⅳ成分。

沉Ⅳ：所有的细膜质可溶部分。

离心Ⅰ为低速冷凝冻离心机，50ml 管。离Ⅱ和离Ⅲ为高速冷冻离心机 8 × 50ml 角转头。

离Ⅳ为超速机或高速机 8 × 50ml 角转头。

2. 从沉Ⅱ中纯化线粒体

匀浆保持在 200mmol/L 甘露醇，50mmol/L 蔗糖，1mmol/L EDTA，10mmol/L Hepes-Naoh（pH 值为 7.4）中，全部操作均应使匀浆在冰溶中，产生沉Ⅱ后去除上清液表面以及离心管壁部的脂肪（这一点很重要）加 20ml 保持液到沉Ⅱ中稀释到 30ml，3 000g × 10min 再次离心并重复以上过程 2 次以上，最后的沉淀保持在 10ml 保持液中。

3. 从沉Ⅳ中部份纯化光滑微粒体

保持液为 0.25mol/L 蔗糖，5mmol/L Tris-HCl（pH 值为 7.4）沉淀中光滑微粒体成松软状态位于紧密状态的粗糙微粒体沉淀之上。小心地倒掉上清液Ⅳ后，在沉Ⅳ中加入 2~3ml 保持液，轻摇，大部分光滑微粒体（沉Ⅳ A）将分散到清液中，而沉Ⅳ B（粗糙微粒体，紧密沉淀）仍在沉降中，倒出沉Ⅳ A，余下的沉Ⅳ B 加入 2~3ml 保持液即完成。

4. 从沉Ⅰ中部分纯化质膜

保持液用 1mmol/L $NaHCO_3$

鼠肝加 25ml 保持液在研钵中撞击 15 次，仍用 1mmol/L $NaCHO_3$ 稀释在 100ml，搅拌 2min 并用孔径为 75μm 的尼龙布过滤。然后离心得到Ⅰ加 5ml 1mmol/L $NaHCO_3$ 到沉Ⅰ中再放入匀浆器，慢速往复 2~3 次。再用 1mmol/L $NaHCO_3$ 稀释到 15ml，用甩平转头 10ml 玻璃锥形管，1 200g 离心 10min，不用制动减速到停车，沉淀很明显由三层组成。轻轻摇动或搅动即可使最上层的线粒体溶入上清液。中间层富含质膜，最下层是细胞核。倒去上清液加 5ml1mmol/L $NaHCO_3$ 轻摇使中间层进入溶液，注意要尽可能少地扰动最下层核沉淀。将再次倒出的上清液稀释到 15ml 并重复以上离心过程即可进一步纯化质膜。

5. 从上Ⅲ中分离粗糙和光滑微粒体

从已经去掉线粒体的上Ⅲ中可以比从沉Ⅳ中更有效地分离粗糙及光滑微粒体，配制溶液 0.6mol/L 蔗糖，5mmol/L Tris-HCl，（pH 值为 8.0），15mmol/L CSCL，1.3mol/L 蔗糖，0.25mol/L 蔗糖。用角式转头，10~13ml 厚壁 PC（聚碳酸脂）离心管，先注入 3ml 1.3mol/L 蔗糖 -5mmol/L Tris-HCl 再注入 1.5ml 0.6mol/L 蔗糖 -5mmol/L Tris-HCl 从而形成了一个在离心管下部的阶梯形密度梯度。在梯度上部注入上Ⅲ直至充满离心管。100 000g × 90min。离心后得到 2 个主要部分：在 0.6mol/L 蔗糖界面处或稍下一点是光滑微粒体，沉淀是粗糙微粒体。

要针筒吸出光滑微粒体。沉淀用三倍空积的 5mmol/L Tris-HCl（pH 值为 8.0）稀释后再次离心 160 000g × 30min，得到粗糙微粒体沉淀，再用 2~3ml 的 0.25mol/L 蔗糖与 5mmol/L Tris-HCl（pH8.0）稀释即可。

6. 从匀浆中纯化细胞核

配制溶液：0.25mol/L 蔗糖在 TKM（0.05mol/L Tris-HCl，pH 值为 7.5）中及 2.3mol/L 蔗糖在 TKM 中，25mmol/L KCL，5mmol/L $MgCl_2$

将鼠肝放在研钵中加 0.25mol/L 蔗糖 -TKM，冲研 10~152 次，用纱布过滤后加入二倍容积的 2.3mol/L-TKM，这样就使蔗糖的浓度为 1.62mol/L（该浓度最好用光折射仪检测确认，20℃时折射率约为 1.4115，5℃时，折射率为 1.4137）。

将此溶液 9ml 注入 PC 离心管，在溶液下属注入 3~4ml 2.3mol/L 蔗糖 -TKM。130 000g × 30min，5℃，甩平转头。

离心后倒去上清液即为核沉淀。它可以根据研究者需要用合适的缓冲剂稀释。

7. 从沉Ⅰ中纯化细胞核

取沉Ⅰ，用旋涡混合器分散沉淀并加入容积的60%（W/W）蔗糖—TKM，放入匀浆器上下抽动2~3次，继续加入60%（W/W）蔗糖-TKM直至蔗糖浓度达到56%（W/W），用折射仪检测（5℃折射率1.4356，20℃时，折射率1.4328）。取该溶液9ml移入14ml聚碳酸脂（PC）离心管管下部铺3~4ml 60%（W/W）蔗糖液，在甩平转头中120 000g，5℃时，离心30min，倒去上清液。余下的核沉淀可用合适的缓冲液稀释。为了消除沉淀中的膜，在制备匀浆时可用0.5% Triton X-100清洗。这种做法既消除了膜，又不影响核的结构。

8. 从沉Ⅰ中纯化质膜

配制溶液：60%（W/W）蔗糖液，37.2%（W/W）蔗糖液均分别加在5mmol/L Tris-HCl（pH值为8.0）中将已制备好的沉Ⅰ剩余的缓冲液一起用温旋混合器混合后再加入60%（W/W）蔗糖使蔗糖终浓度为48%，并用折射仪检测（5℃，折射率1.4181；20℃，折射率1.4158）。取以上溶液6ml注入14ml PC离心管，上铺6ml 37.2%W/W蔗糖液以1m pH值为7.4缓冲液。在甩平转头中160 000g，5℃，离心3h。

质膜聚集在37.2%W/W蔗糖液的上部，用注射器吸出，并用3倍容积的5mmol/L Tris-HCl（pH值为8.0）稀释后再在100 000g，5℃，离心40min，沉淀即为质膜。

9. 沉淀Ⅰ中纯化重线粒体

配制溶液：0.25mol/L蔗糖，10mmol/L Hepes-NaOH（pH值为7.5），1mmol/L EDTA，1mmol/L $MgCl_2$，2.4mol/L蔗糖，将沉Ⅰ用0.25mol/L蔗糖，10mmol/L Hepes-Naoh（pH值为7.5），1mmol/L $MgCl_2$稀释到15ml。要尽可能避免动及沉淀最底部的红色部分。将已稀释部分倒出，混匀后加入23ml 2.4mol/L蔗糖，10mmol/L Hepes-Na（OH）（pH值为7.5），1mmol/L $MgCl_2$。所得到的最终蔗糖浓度为1.0mol/L。

用光折射仪测定（5℃，1.3827；20℃，1.3812）如需要，进行调节，将此液体倒入一个50ml PC管，上铺8ml 0.25mol/L蔗糖，10mmol/L Hepes-Naoh（pH值为7.5）在35 000g，5℃，离心10min，倒去上清液重擦净沾在离心管壁上的物质。沉淀很清楚有二层，须离心管内壁加入10ml 0.25mol/L蔗糖10mmol/L Hepes-Naoh（pH值为7.5），1mmol/L EDTA，轻轻晃动并稀释沉淀的上部褐色重线粒体层。

对于其他组织材料的线粒体纯化问题，请参照"Methods in Enzymology"第55卷。

10. 从沉Ⅲ中纯化溶酶体及线粒体

配制溶液：0.3mol/L、1.1mol/L和2.1mol/L蔗糖分别溶入1mmol/L EDTA与5mmol/L Tris-HCl（pH值为7.0）在14mlPC管中制备好2个10ml、1.1mol/L和2.1mol/L蔗糖的线性梯度可以用梯度形成仪做成，也可以用不连续梯度（1.1mol/L、1.4mol/L、1.7mol/L和2.1mol/L，每种2.5ml）在5℃静置12~16 h也会形成连续的1.1~2.1mol/L近线性梯度。

在沉Ⅲ中加入10ml，0.3mol/L蔗糖液，轻摇，慢慢地可以看到离心管底部沉积了暗褐色的沉淀（溶酶体）倒去上清液，加入4ml 0.3mol/L蔗糖液在匀浆器中磨匀（注意：活塞与器壁要松一些）。取2ml以上匀浆置于线性梯度（1.1~2.1mol/L蔗糖）之上，轻搅匀浆使其与梯度液之间的界面尽可能减少密度的不连续，在甩平转头中 95 000g，5℃离心 4h。

离心后，溶酶体区带形成于 1.20~1.26 g/cm^3 密度之间（在离心管下部）而线粒体则形成于 1.17~1.21g/cm^3 密度之间（在离心管中部），溶酶体区带中密度较高的部分相对较纯。

用光折射仪测定（5℃，折射率 1.3827；20℃，折射率 1.3812）如需要进行调节，将此液体例入 1 个 50ml PC 管，上铺 8ml 0.25mol/L 蔗糖，10mmol/L Hepes-NaOH（pH 值为 7.5）在 35 000g，5℃，离心 10min，倒去上清液重擦净沾在离心管壁上的物质。沉淀很清楚有两层，顺离心管内壁加入 10ml 0.25mol/L 蔗糖 10mmol/L Hepes-NaOH（pH 值为 7.5）1mmol/L EDTA，轻轻晃动并稀释沉淀的上部褐色重线粒体层。

对于其他组织材料的线粒体纯化问题，请参照“Methods in Enzymology”第 55 卷。

11. 从沉Ⅲ中纯化溶酶体及线粒体

配制溶液：0.3mol/L、1.1mol/L 和 2.1mol/L 蔗糖分别溶入 1mmol/L edta 与 5mmol/L Tris-HCl（pH 值为 7.0）。

在 14ml PC 管中制备好 2 个 10ml、1.1mol/L 和 2.1mol/L 蔗糖的线性梯度可以用梯度形成仪做成，也可以用不连续梯度（1.1mol/L、1.4mol/L、1.7mol/L 和 2.1mol/L，每种 2.5ml）在 5℃静置 12~16h 也会形成连续的 1.1~2.1mol/L 近线性梯度。

在沉Ⅲ中加入 10ml，0.3mol/L 蔗糖液，轻摇，慢慢地可以看到离心管底部沉积了暗褐色的沉淀（溶酶体）倒去上清液，加入 4ml 0.3mol/L 蔗糖液在匀浆器中磨匀（注意：活塞与器壁要松一些）。取 2ml 以上匀浆置于线性梯度（1.1~2.1mol/L 蔗糖）之上，轻搅匀浆使其与梯度液之间的界面尽可能减少密度的不连续，在甩平转头中 95 000g，5℃，离心 4h。

离心后，溶酶体区带形成于 1.20~1.26 g/cm^3 密度之间（在离心管下部）而线粒体则形成于 1.17~1.21g/cm^3 密度之间（在离心管中部）。溶酶体区带中密度较高的部分相对较纯。

12. 从沉Ⅱ及沉Ⅲ中纯化高尔基膜

配制梯度溶液：38.9%、36%、33% 和 29%（W/W）蔗糖液每种均加入 5mmol/L Tris-HCl（pH 值为 8.0）。

用上清液Ⅰ离心，10 000g，5℃，20min 待到沉Ⅱ + 沉Ⅲ。

用 5ml 0.25mol/L 蔗糖，5mmol/L Tris-HCl（pH 值为 8.0）稀释沉淀，恒湿搅拌并使溶液的蔗糖浓度上升到 43.07%（W/W），用光折射仪检测（5℃，折射率 1.1979；20℃，折射率 1.1957）。

在 PC 离心管中（13ml）由下往上依次铺设如下层次：3ml 样品（蔗糖浓度 43%W/W），4ml 38.7% 蔗糖液，2ml 36% 蔗糖液，2ml 37% 蔗糖液，2ml，29% 蔗糖液。在甩平转头中 160 000g，5℃，离心 1h，用注射器收集含有高尔基膜的上部 2 个区带。

我们也可以用这个方法从全匀浆中来分离纯化高尔基膜，匀浆中蔗糖浓度配到 43.7%，然后用以上不连续梯度来分离纯化，但是大于大容量匀浆，直接法是不合适的。

第五节　细菌蛋白质的提取

一、实验操作

1. 从新鲜样品中提取总蛋白（简易法）

（1）自配裂解液（pH 值为 8.5~9.0）：50 mmol/L Tris-HCl，2 mmol/L EDTA，100 mmol/L NaCl，0.5% Triton X-100，调 pH 值至 8.5~9.0 备用；用前加入 100 μg/ml 溶菌酶，1μl/ml 的蛋白酶抑制剂 PMSF。该裂解液用量为 10~50ml 裂解液 /1g 湿菌体。

（2）将 40ml 菌液在 12 000g，4℃下离心 15min 收集菌体，沉淀用 PBS 悬浮洗涤 2 遍，沉淀加入 1ml 裂解液悬浮菌体。

（3）超声粉碎，采用 300W，10s 超声 /10s 间隔，超声 20min，反复冻融超声 3 次至菌液变清或者变色。

（4）1 000g 离心去掉大碎片，上清液可直接变性后 PAGE 电泳检测，或者用 1% SDS 溶液透析后冻存。

缺点：Western blotting 结果表明，疏水性跨膜蛋白提取效率有限。

2. 分离细菌膜蛋白的方法

（1）于 20ml 营养肉汤中过夜培养细菌，37℃，200rpm/min。

（2）10 000g、20min、4℃离心，去上清液。

（3）20ml 预冷的 Tris-Mg 缓冲液重悬，同样条件离心，再重悬于预冷的 Tris-Mg 缓冲液。

（4）超声波破碎细菌。

（5）3 000g，10min、室温下离心去除未破碎细菌。小心吸取上清液（含有胞质成分和细菌外被成分）。

（6）超速离心Ⅰ：100 000g，60min，4℃，去除上清液（胞质成分），收集细菌外被成分。

（7）用 10ml 含 2%的 SLS 的 Tris-Mg 缓冲液重悬沉淀物，室温温育 20~30min。

（8）超速离心Ⅱ：70 000g，60min，室温沉淀收集外膜蛋白，去除上清液（含细胞质膜）。重复（7）、（8）两步。

（9）充分吸除上清液，并根据沉淀体积大小用 0.1~0.2 ml 的 ddH_2O 重悬沉淀物。根据公式：蛋白浓度（mg/ml）=1.450 D280-0.740 D260 测定外膜蛋白浓度，调节蛋白浓度至 40μg/μl，该蛋白质样品 -70℃贮存。

第六节　原核表达

一、实验原理

原核表达是提高外源基因表达水平的基本技术之一，就是将宿主菌的生长与外源基因的表达分两个阶段，以减轻宿主菌的负荷。常用的诱导条件有温度和异丙基硫代-β-D-半乳糖苷（IPTG）。不同的表达质粒表达方法不尽相同，诱导表达要根据具体情况而定。

大肠杆菌是重要的原核表达体系。将重组质粒转化入菌株以后，通过温度或IPTG的控制，诱导其在宿主内表达目的蛋白质，将表达样品进行SDS-PAGE以检测表达目标蛋白质。

二、实验操作

1. 融合基因在大肠杆菌BL21中的诱导表达

（1）随机挑取重组质粒转化BL21的单菌落，接入含100 μg/ml羧苄的LB 5 ml液体培养基中，使用$p^{ET-22b(+)}$载体作为阳性对照，37℃振荡培养12 h。

（2）取出活化好的菌种，各自按1∶100稀释到40 ml LB液体培养基中，230 rpm/min，37 ℃，培养至OD600=0.5~0.6h，加入IPTG至终浓度为0.4 mmol/L（0.2mmol/L），继续于20℃，180 rpm/min振荡培养8 h。

（3）4 000 rpm/min，4 ℃离心25 min收集菌液于200 ml离心瓶中，再分别加入100 ml 25 mmol/L的Tris-HCl（pH值为8.0），置冰上30min，而且间隔地振荡重悬。

（4）然后冰上超声至菌液澄清。

（5）4℃，20 000 rpm/min离心20 min，收集上清液，为了除掉尽可能多的杂质，同样条件重复离心，此时收集的上清液用于后续的纯化过程。

2. 菌的生长测定

以加入IPTG诱导的时间点为起点（0），诱导后每小时测定菌液的OD600值，观察融合基的表达对宿主菌株生长的影响情况。

3. 纯化蛋白

试剂的配制：

（1）1 L结合缓冲液Ⅰ（Na_2HPO_4：7.16 g，终浓度为20 mmol/L；NaCl：29.25 g，终浓度为0.5 mol/L；imidazole：0.68 g，终浓度为10 mmol/L；pH值为7.4）。

（2）1 L洗脱缓冲液Ⅱ（Na_2HPO_4：7.16 g，终浓度为20 mmol/L；NaCl：29.25 g，终浓度为0.5 mol/L；imidazole：34 g，终浓度为0.5 mol/L；pH值为7.4 ）。

（3）1 L 25 mmol/L Tris-HCl（pH值为8.0）：称取Tris 3.025 g，用HCl调pH值为=8.0，定容至1L。

（4）50 ml灭菌的离心管。

（5）2 支 10 ml 移液管，2 个吸耳球和 1 L 超纯水。

操作步骤：

（1）菌体用缓冲液 25 mmol/L Tris-HCl（pH 值为 8.0）重悬后超声破碎，然后用 0.45 μm 滤膜过滤除菌。

（2）将金属螯合琼脂糖（Chelating sepharose fast flow）摇匀，取出适量体积（每 ml 琼脂糖结合 5 mg 蛋白计算），然后 500 g 离心 2~5 min 沉淀琼脂糖。

（3）将上清液弃去加入 5 倍体积去离子水重悬琼脂糖（上下颠倒 5 min），再如上离心，弃上清液。

（4）加入 0.5 倍体积的 0.1 mol/L $NiSO_4$ 后上下颠倒重悬 5 min，再如上离心，弃上清液。

（5）加入 5 倍体积的去离子水，然后上下颠倒重悬 5 min，再如上离心，弃上清液。并重复上述操作 2 次。

（6）用 1 倍体积的结合缓冲液 Ⅰ 重悬。

（7）将适量菌体破碎液加入到上述螯合金属琼脂糖中，室温摇荡 5~30 min。

（8）加入 5 倍体积的结合缓冲液 Ⅰ，然后上下颠倒重悬 5 min，再如上离心，弃上清液。并重复操作 2 次。

（9）加入 2 倍体积的洗脱缓冲液 Ⅱ，然后上下颠倒重悬 5 min，再如上离心，回收上清液。上清即为纯化的蛋白。

4. 蛋白浓缩

将上述纯化的蛋白加入离心超滤管（Amicon Ultra-15），4 500 g 离心 35 min，截留部分用于蛋白浓度测定。

5. 蛋白浓度测定

蛋白浓度测定的标准曲线采用 BCA 法制作。

6. SDS-PAGE（polyacrylamide gel electrophoreses）凝胶电泳检测

（1）溶液的配制。

① 30% 丙烯酰胺凝胶母液：

丙烯酰胺	30 g；
甲叉双丙烯酰胺	0.8 g；
用 H_2O 定容至	100 ml。

② 4 × 分离胶缓冲液：

Tris-HCl	1.5 mol/L（pH 值为 8.8）；
Tris	18.2 g；
SDS	0.4 g；

调 pH 值到 8.8，用 H_2O 定容至 100 ml。

③ 4 × 浓缩胶缓冲液：

Tris-HCl	0.5 mol/L（pH 值为 6.8）；

Tris 6.0 g；

SDS 0.4 g；

调 pH 值到 6.8，用 H_2O 定容至 100 ml。

10% 过硫酸铵：0.5 g 过硫酸铵，用 H_2O 定容至 5 ml。

④ Tris- 甘氨酸电泳缓冲液：

Tris 25 mmol/L；

SDS 0.1%；

甘氨酸 192 mmol/L（pH 值为 8.8）；

用 H_2O 定容至 1 L。

⑤ 5 × 上样缓冲液：

Tris 0.35 g；

SDS 1 g；

蔗糖 4.5 g；

β- 巯基乙醇 0.5 g；

溴酚蓝 0.025 g；

HCl 调 pH 值为 6.8，用水定容至 25 ml。

⑥ 染色液（1 L）：

考马斯亮兰 R-250 1 g；

甲醇 250 ml；

冰醋酸 100 ml；

水 650 ml。

⑦ 脱色液（1 L）：

甲醇 450 ml；

冰醋酸 100 ml；

水 450 ml。

（2）灌胶。

① 配制 5 ml12.5% 的分离胶溶液

水 1.60 ml；

30% 丙烯酰胺母液 2.08 ml；

1.5 mol/L Tris-HCl（pH8.8） 1.25 ml；

10% SDS 0.05 ml；

10% 过硫酸铵 0.025 ml；

TEMED 0.0025 ml；

总体积 5 ml。

迅速灌胶，留出灌注浓缩胶所需空间，小心用注射器在分离胶上覆盖 1 cm 高的正丁醇，室温聚合 30 min。

②配制 2 ml 浓缩胶溶液：

水	1.13 ml；
30% 丙烯酰胺母液	0.335 ml；
1.0 M Tris-HCl（pH 值为 6.8）	0.5 ml；
10% SDS	0.02 ml；
10% 过硫酸铵	0.015 ml；
TEMED	0.0025ml；
总体积	2 ml。

用注射器吸出正丁醇，在分离胶上灌注浓缩胶，插入梳子，室温聚合 45min。

（3）样品的处理。

取 1 ml 培养液于 1.5 ml 离心管，离心收集菌体，用 1 ml 20 mmol/L Tris-HCl（pH 值为 8.0）重悬，置于冰上，然后超声破菌，超声时间 3 min，将超声后的菌液分 2 份，每份 500μl，其中一份 4℃，10 000 rpm/min，离心 10min，取上清液备用；取超声上清液和超声原液各 50 μl，分别加入 50 μl 2 × 上清液样缓冲液，100℃煮沸 3 min，取 10 μl 上清液样电泳。

（4）电泳 。8 V/cm 电泳至染料前沿进入分离胶，将电压提高至 15 V/cm，继续电泳至染料到达分离胶底部，下胶。

（5）染色、脱色。加至少 5 倍体积的染色液浸泡凝胶，放在平缓摇动的小摇床上室温染色 4 h 以上；换脱色液，平缓摇动 4~8 h，其间换 3~4 次脱色液；脱色后的凝胶可短期保存于双蒸水中。

三、实验结果分析

目标基因经原核表达后，SDS-PAGE 凝胶电泳检测结果如 3-1 图所示，在约 32 kd 处有诱导蛋白产生。

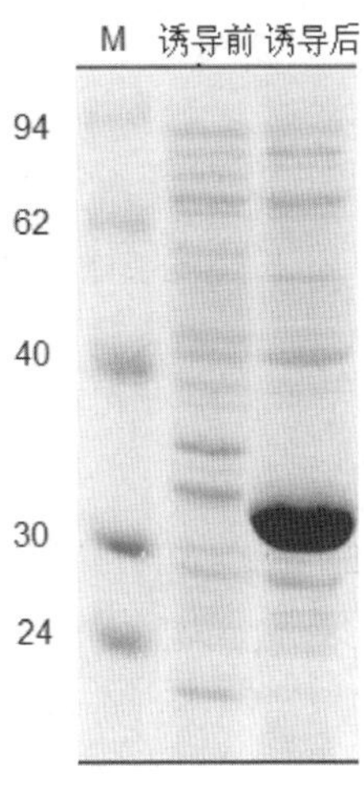

图 3-1　SDS-PAGE 凝胶电泳检测

第七节　用 IPTG 诱导大肠杆菌表达重组绿色荧光蛋白

一、实验原理

pET 系统是有史以来在 *E.coli* 中克隆表达重组蛋白的功能最强大的系统。目的基因被克隆到 pET 质粒载体上，受噬菌体 T7 强转录及翻译（可选择）信号控制；表达由宿主细胞提供的 T7 RNA 聚合酶诱导。T7 RNA 聚合酶机制十分有效并具选择性：充分诱导时，几乎所有的细胞资源都用于表达目的蛋白；诱导表达后仅几个小时，目的蛋白通常可以占到细胞总蛋白的 50% 以上。尽管该系统极为强大，却仍能很容易地通过降低诱导物的浓度来削弱蛋白表达。降低表达水平可能可以提高某些目的蛋白的可溶部分产量。该系统的另一个重要优点是在非诱导条件下，可以使目的基因完全处于沉默状态而不转录。用不含 T7 RNA 聚合酶的宿主菌克隆目的基因，即可避免因目的蛋白对宿主细胞的可能毒性造成的质粒不稳定。如果用非表达型宿主细胞克隆，可以通过两种方法启动目的蛋白的表达：用带有受 λpL 和 pI 启动子控制的 T7 RNA 聚合酶的 λCE6 噬菌体侵染宿主细胞，或者将质粒转入带有受 lacUV5 控制的 T7 RNA 聚合酶基因的表达型细胞。在第二种情形下，可以通过在细菌培养基中加入 IPTG 来启动表达。尽管有时（例如非毒性目的蛋白）可以直接将目的基因克隆到表达型宿主细胞中，但这种策略并不是通用做法。两种 T7 启动子以及多种拥有不同抑制本底表达水平的宿主细胞共同构成了一个极为灵活而有效的系统，使各种目的蛋白得以最优化表达。

二、实验操作

试剂：LB 培养基、IPTG、氨苄青霉素、草酸铵结晶紫染色液、路哥氏（Lugol）碘液、95% 乙醇和 0.5% 沙黄染色液。

器材：摇床、显微镜等。

1. 诱导

许多研究表明细胞生长速率严重影响外源蛋白的表达，因此必须对接种菌量、诱导前细胞生长时间和诱导后细胞密度进行控制。生长过度或过速都会加重细菌合成系统的负担，导致形成包涵体。

（1）对照菌和重组菌分别挑取 1~2 个菌落，接入 1 ml 含氨苄青霉素（50μg/ml）的 LB 培养液，37℃培养过夜。

大肠杆菌在室温的生长速率比在 37℃慢 4 倍，所以 ~20℃培养过夜（16 h）可能达不到饱和。但低温时细菌代谢缓慢，不容易形成包涵体。

（2）取 400μl 过夜培养物接入 40 ml 含氨苄青霉素（50μg/ml）的 LB 培养液，37℃振荡培养 2 h 以上，至对数中期（A550=0.5~1.0）。

（3）在 40 ml 培养物中加入 IPTG 至终浓度 1 mmol/L，37℃继续振荡培养。

IPTG 的浓度对表达水平影响非常大。1 mmol/L 只是一个起点，也是一个比较高的浓度。实验中，应在 0.01~5.0 mmol/L 的范围内改变 IPTG 浓度，寻找最佳使用浓度。对于有些蛋白，必须诱导表达质粒慢转录，才不致于使细菌的生物合成系统过载。

（4）在诱导的前后取 1 ml 样品放于微量离心管中，测定 A550，室温高速离心 1 min。留样并观察形态。

2. 形态观察

（1）涂片。将诱导前后的大肠杆菌分别作涂片（注意涂片切不可过于浓厚），干燥、固定。固定时通过火焰 1~2 次即可，不可过热，以载玻片不烫手为宜。

（2）染色。

① 初染。加草酸铵结晶紫 1 滴，约 1min，水洗。

② 媒染。滴加碘液冲去残水，并覆盖约 1min，水洗。

③ 脱色。将载玻片上的水甩净，并衬以白背景，用 95% 酒精滴洗至流出酒精刚刚不出现紫色时为止，约 20~30min，立即用水冲净酒精。

④ 复染。用番红液染 1~2min，水洗。

⑤ 镜检。干燥后，置油镜观察。革兰氏阴性菌呈红色，革兰氏阳性菌呈紫色。以分散开的细菌的革兰氏染色反应为准，过于密集的细菌，常常呈假阳性。

革兰氏染色的关键在于严格掌握酒精脱色程度，如脱色过度，则阳性菌可被误染为阴性菌；而脱色不够时，阴性菌可被误染为阳性菌。此外，菌龄也影响染色结果，如阳性菌培养时间过长，或已死亡及部分菌自行溶解了，都常呈阴性反应。

三、注意事项

革兰氏染色成败的关键是脱色时间，如脱色过度，革兰氏阳性菌也可被脱色而被误认为是革兰氏阴性菌；如脱色时间过短，革兰氏阴性菌也会被误认为是革兰氏阳性菌。因此，必须严格把握脱色时间。

第八节　蛋白质的定量

一、实验原理

蛋白质的定量分析是生物化学和其他生命学科最常涉及的分析内容是临床上诊断疾病及检查康复情况的重要指标也是许多生物制品药物、食品质量检测的重要指标。在生化实验中对样品中的蛋白质进行准确可靠的定量分析则是经常进行的一项非常重要的工作。 蛋白质是一种十分重要的生物大分子，它的种类很多结构不均一分子量又相差很大，功能各异，这样就给建立一个理想而又通用的蛋白质定量分析的方法代来了许多具体的困难。

蛋白质测定的方法很多，但每种方法都有其特点和局限性。因而需要在了解各种方法的基础上根据不同情况选用恰当的方法以满足不同的要求。

Folin 酚试剂法又名 Lowry 法，目前实验室较多用 Folin- 酚法测定蛋白质含量。此法的特点是灵敏度高，较双缩脲高两个数量级，较紫外法略高，操作稍微麻烦。

应约在 15min 有最大显色并最少可稳定几个小时。其不足之处是干扰因素较多，有较多种类的物质都会影响测定结果的准确性。蛋白质中含有酚基的酪氨酸可与酚试剂中的磷钼钨酸作用产生兰色化合物，颜色深浅与蛋白含量成正比。

考马斯亮蓝法测定蛋白质浓度是利用蛋白质与染料结合的原理。定量测定微量蛋白质浓度具有快速、灵敏的特点。 考马斯亮蓝 G-250 存在两种不同的颜色形式红色和蓝色。当染料与蛋白质结合后由红色转变成蓝色形式。蛋白质与 G250 的结合是通过范德华力实现的并且在一定浓度范围内，二者的结合显色符合朗伯—比尔定律。结合后的产物在 595nm 处具有最大吸收峰，通过对溶液的光吸收测定可获得与其结合蛋白质的量。

紫外光谱吸收法测定蛋白质含量是将蛋白质溶液直接在紫外分光光度计中测定的方法不需要任何试剂，操作很简便而且样品可以回收。蛋白质溶液在 280nm 附近有强烈的吸收这是由于蛋白质中酪氨酸、色氨酸残基而引起的，所以光密度受这两种氨基酸含量的支配。另外，核蛋白或提取过程中杂有的核酸，对测定结果引起极大误差，其最大吸收在 260nm。所以同时测定 280nm 及 260nm 两种波长的吸光度，通过计算可得较为正确的蛋白质含量。

双缩脲法是利用半饱和硫酸铵或 27.8 硫酸钠——亚硫酸钠可使血清球蛋白沉淀下来而此时血清白蛋白仍处于溶解状态。因此可把两者分开这种利用不同浓度的中性盐分离蛋白的方法称为盐方法。盐析分离蛋白质的方法不仅用于临床医学而且还广泛地用于生物化学研究工作中如一些特殊蛋白质—酶、蛋白激素等的分离和纯化。 蛋白质和双缩脲一样在碱性溶液中能与铜离子形成紫色络合物。

双缩脲反应且其呈色深浅与蛋白质的含量成正比因此可于蛋白质的定量测定。 但必须注意此反应并非蛋白质所特有，凡分子内有两个或两个以上的肽键的化合物以及分子内有—CH_2—NH_2 等结构化合物双缩脲反应也呈阳性。本实验用 27.8 硫酸钠—亚硫酸钠溶液稀释血清，取出一部分用双缩脲反应测定蛋白质的含量剩余部分，则用滤纸过滤使析出的球蛋白与白蛋白分离，取出滤液用同一反应测定白蛋白的含量。总蛋白与白蛋白含量之差即球蛋白的含量。白蛋白与球蛋白之比即所谓的白蛋白 / 球蛋白比值。

二、实验操作

（一）Folin 酚试剂法，又名 Lowry 法

1. 标准曲线的制备

按表 3-1 操作：在试管中分别加入 0ml、0.2ml、0.4ml、0.6ml、0.8ml 和 1ml 蛋白标准溶液用生理盐水补足到 1ml。加入 5ml 的碱性酮试剂混匀后室温放置 20min 后，再加入 0.5ml 酚试剂混匀。

表 3-1　Folin 酚试剂制备

类别	1	2	3	4	5	6
蛋白标准(ml)	0	0.2	0.4	0.6	0.8	1.0
0.9%NaCl(ml)	1.0	0.8	0.6	0.4	0.2	0
混匀后室温静置（25℃）放置 20min						
酚试剂（ml）	0.5	0.5	0.5	0.5	0.5	0.5

30min 后　以第 1 管为空白，在 650nm 波长比色，读出吸光度，以各个的标准蛋白浓度为横坐标，以其吸光度为纵坐标绘出标准曲线。

2. 血清蛋白质测定

稀释血清或其他蛋白样品浓度准确吸取 0.1ml 血清，置于 50ml 容量瓶中用生理盐水释释至刻度此为稀释 500 倍液，其他蛋白样品酌情而定。再取 3 支试管，分别标以 1 号、2 号和 3 号按表 3-2 操作。

表 3-2　血清蛋白质测定

类别	测定管	标准管	空白管
稀释标本（ml）	0.2	—	—
稀释标准液（ml）	—	0.2	—
0.9%NaCl（ml）	—	—	0.2
碱性酮液（ml）	1.0	1.0	1.0
混匀后于室温放置 20min	—	—	—
酚试剂（ml）	0.1	0.1	0.1

混匀各管，30min 后，在波长 650nm 比色，读取吸光度。

3. 计算

（1）以测定管读数查找标准曲线求得血清蛋白含量。

（2）无标准曲线时可以与测定管同样操作的标准管按下式计算蛋白含量。

$$\text{血清蛋白含量（g\%）}=\frac{A_{rt}}{A_{rf}}\times 0.1\text{mg}\times\frac{100\text{ml}\times 500}{1\text{ml}\times 1\,000}=\frac{A_{rt}}{A_{rf}}\times 5$$

4. 注意事项

（1）Tris 缓冲液、蔗糖、硫酸胺、基化物、酚类、柠檬酸以及高浓度的尿素、胍、硫酸钠、三氯乙酸、乙醇、丙酮等均会干扰 Folin- 酚反应。

（2）当酚试剂加入后，应迅速摇匀，加一管摇一管，以免出现浑浊。

（3）由于这种呈色化合物组成尚未确立，它在可见光红外光区呈现较宽吸收峰区。不同实验室选用不同波长有选用 500nm 或 540nm, 有选用 640nm、700nm 或 750nm，选用较高波长样品呈现较大的光吸收。本实验选用波长 650nm。

（二）考马斯亮蓝法

1. 标准曲线的制备

按表 3-3 操作在试管中分别加入 0μg、20μg、40μg、80μg 和 100μg 蛋白标准溶液，用水补足到 100μl 加入 3ml 的染色液混匀后室温放置 15min。

表 3-3　考马斯亮蓝法制剂制备

类别	1	2	3	4	5	6
蛋白标准（ml）	0	0.02	0.04	0.06	0.08	0.1
蒸馏水（ml）	0.1	0.08	0.06	0.04	0.02	0
染色液（ml）	3	3	3	3	3	3

在 595nm 波长比色，读出吸光度，以各管的标准蛋白浓度为横坐标，以其吸光度为纵坐标绘出标准曲线。

2. 血清蛋白质测定

稀释血清或其他蛋白样品溶液，准确吸取 0.1ml 血清置入 50ml 容量瓶中，用生理盐水稀释至刻度。此为稀释 500 倍其他蛋白样品酌情而定。再取 3 支试管分别标以 1 号、2 号和 3 号按表 3-4 操作。混匀后室温放置 15min，在 595nm 波长比色计算蛋白质浓度。

表 3-4　血清蛋白质测定

类别	空白管	标准管	样品管
蒸馏水（ml）	0.1	—	—
蛋白质标准（ml）	—	0.1	—
染色液（ml）	3.0	3.0	3.0

3. 计算

每 100ml 血清中蛋白质的含量（g %）$= \frac{A_{rt}}{A_{rf}} \times 0.1\text{mg} \times \frac{100\text{ml} \times 500}{1\text{ml} \times 1\,000} = \frac{A_{rt}}{A_{rf}} \times 5$

4. 注意事项

（1）常用试剂的干扰有些常用试剂在测定中会受到不同程度的干扰。Tris、巯基乙醇、蔗糖、甘油、EDTA 及少量去垢剂有较少影响，而 1SDS、1 TritonX-100 及 1Hemosol 的干扰严重。

（2）显色结果受时间与温度影响较大，须注意保证样品与标准的测定控制在同一条件下进行。

（3）考马斯亮蓝 G250 染色能力很强，特别要注意比色杯的清洗。颜色的吸附对本次测定影响很大。可将测量杯在 0.1mol/L HCl 中浸泡数小时，再冲洗干净即可。

（三）紫外分光光度法

（1）将待测蛋白质溶液适当稀释 K 倍，在紫外分光度计中分别测定样品在 10mm 光径石英比色皿中，分别在 280nm 及 260nm，2 种波长下的吸光度值 A280 和 A260。

（2）计算。

① 当蛋白样品的吸光收比值 A280/A260 约为 1.8，可用下面的公试进行计算：蛋白质浓度（mg/ml）=（1.45A280−0.74A260）×K。

② 也可以先计算出 A280/A260 的比值后从下表中查出校正因子“F”值。由下面的经验公式计算出溶液的蛋白质浓度。同时从表中还可以查出样品中混杂的核酸的百分含量：蛋白质浓度（mg/ml）=F×A280 ×K。

（3）方法评价

操作简便、样品溶液可回收，同时可估计核酸含量。但核酸含量小于 20 或溶液混浊、则测定结果误差较大。在使用前述表格和公式计算时，也应注意各种蛋白质和各种核酸在 280nm 及 260nm 处的光吸收值也不尽相同，故计算结果会有一定误差。

（四）双缩脲法

1. 操作

（1）取中试管 4 支，分别标以“1”、“2”、“3”、“4” 吸取 27.8mg 硫酸钠—亚硫酸钠 1ml 置“1”管中备用。

（2）吸取血清 0.2ml 于另一试管中加 27.8mg 硫酸钠—亚硫酸钠 4.8ml，用拇指压住管口倒转混合 5~6 次放置约 15s，用 1ml 刻度管吸取 1ml 置于管“4”中总蛋白测定管。

（3）将剩余的血清混悬液如滤液不清可重复过滤直至澄清为止。用另一支 1ml 刻度吸管取此液 1ml 置于管“3”白蛋白测定管。

（4）另用一支 1ml 刻度吸管吸取标准血清 1ml 置管“2”中标准管。

（5）于上述 4 支试管中分别加入双缩脲试剂 4ml 混匀。

（6）在室温下放置 10min 后，以管“1”空白管调零。在 540nm 的波长下进行比色，分别记录“2”、“3”、“4”管的光密读数。

2. 计算

血清总蛋白含量（g/100ml）= $\frac{D_a}{D}\times C$。

血清白蛋白含量（g/100ml）= $\frac{D_a}{D}\times C$。

血清球蛋白含量（g/100ml）= 总蛋白含量 − 白蛋白含量。

白蛋白：球蛋白比值 = 白蛋白含量 / 球蛋白含量。

3. 临床意义

正常人每 100ml 血清中含蛋白质达 6~8g，平均 7g 左右，白蛋白 / 球蛋白比为

（1.5~2.5）: 1。长期营养不良、肝脏疾病和慢性肾炎时，总蛋白含量降低；大量失水（如呕吐、腹泻）时则升高。肝脏疾病、慢性肾炎以及慢性传染病有大量抗体生成时，白蛋白 / 球蛋白比值变小甚至倒置。

第九节　聚丙烯酰胺变性凝胶电泳

一、实验原理

SDS–PAGE 电泳法，即十二烷基硫酸钠 – 聚丙烯酰胺凝胶电泳法。

在聚丙烯酰胺凝胶系统中，加入一定量的阴离子表面活性剂十二烷基硫酸钠（SDS），能使蛋白质的氢键和疏水键打开，并结合到蛋白质分子上（在一定条件下，大多数蛋白质与 SDS 的结合比为 1.4g SDS/1g 蛋白质），使各种蛋白质 –SDS 复合物都带上相同密度的负电荷，其数量远远超过了蛋白质分子原有的电荷量，从而掩盖了不同种类蛋白质间原有的电荷差别。此时，蛋白质分子的电泳迁移率主要取决于它的分子量大小，而其他因素对电泳迁移率的影响几乎可以忽略不计。

采用 SDS– 聚丙烯酰胺电泳法测定蛋白质的分子量，简便、快速、重复性好，只需要廉价的仪器设备和微克量的蛋白质样品；在分子量为 15 000~200 000 的范围内所测得的结果与用其他方法测得的分子量相比，误差一般不超过 10%。

SDS–PAGE 也有不足之处，尤其是电荷异常或结构异常的蛋白、带有较大辅基的蛋白（如糖蛋白）及一些结构蛋白等测出的相对分子质量不太可靠。尤其对一些由亚基或两条以上肽链组成的蛋白质，由于 SDS 及 DTT 的作用，肽链间的二硫键被打开，解离成亚基或者单个肽链，因此测定结果只是亚基或单条肽链的相对分子质量，而不是完整蛋白质分子的相对分子质量，故还需要其他方法测定其相对分子质量及分子中肽链的数目等参数，与 SDS–PAGE 结果相互验证。

SDS–PAGE 按照缓冲液 pH 值和凝胶孔径差异分为连续系统和不连续系统两大类：

（1）连续系统。电泳体系中缓冲液 pH 值及凝胶浓度相同，带电颗粒在电场作用下，主要靠电荷和分子筛效应。

（2）不连续系统。缓冲液离子成分、pH 值、凝胶浓度及电位梯度均不连续，带电颗粒在电场中泳动不仅有电荷效应，分子筛效应，还具有浓缩效应，因而其分离条带清晰度及分辨率均较前者佳。

蛋白质或多肽与 SDS 等变性剂结合，经热变性和二硫键的还原，不同蛋白质的荷质比相同，在电泳的涌动速度只跟分子量成正相关。

PAGE 凝胶由分离胶和浓缩胶组成：上层为浓缩胶，pH 值为 6.8，凝胶孔径较大，没有分子筛效应，由于快慢离子所形成的高电压梯度，使得变性蛋白质分子在泳动中被压缩为很薄的一层，大大提高了分辨率。下层为分离胶，pH 值为 8.8，凝胶孔径较小，有分子筛效应，由于变性蛋白质分子所带负电荷基本一致，泳动速度主要决定于蛋白分子量。

二、实验操作

1. 实验步骤

（1）玻璃板的清洗。用洗涤灵把玻璃板反复擦洗干净，用酒精擦干，其中玻璃板用 2% 的 Repel Silane 擦一遍后，再用酒精擦一遍；另一块玻璃板用 3 μl 醋酸 +3 μl Binding silane + 1.5 ml 酒精擦洗后，再用酒精擦干。操作过程中防止两块玻璃板相互污染，彻底干燥后再进行组装、灌胶。

（2）灌胶。取 50 ml 变性胶 + 60 μl TEMED + 200 μl 10% 的过硫酸铵摇均后，沿灌胶口轻轻灌进，并轻轻敲打玻璃板，防止气泡出现。待胶流到底部，在灌胶口轻轻将梳背插入上下玻璃板中间，让其聚合 1~2h。

（3）预电泳。用 BIO-RAD 电泳槽，电极缓冲液为 1 × TBE（由 10 × TBE 稀释），50~80 W 恒功率预电泳 15~30min，预电泳时将梳子拔出。

（4）扩增产物的变性。在扩增产物中加入 4 μl Loading Buffer，95℃变性 5~8min 后立即置于冰浴中待用。

（5）点样。关闭电泳槽电源，清除玻璃板灌胶口处的气泡，然后将梳齿朝下再次插入，至梳齿的尖端刚好进入胶面，最后加扩增样品 3~5 μl，50~80 W 恒功率电泳约 1h（视分子量大小及差异带型的可变程度调整电泳时间）。

（6）脱色与固定。电泳后将凝胶板放入 10% 的冰乙酸中，轻摇至凝胶指示剂无色，约 30min。

（7）银染。换用蒸馏水洗 2 次，每次 3~5 min 后，然后放入染色液中，轻摇 30 min。

（8）显影。再用蒸馏水洗 5 sec 后立刻放入预冷的显影液，轻摇至 DNA 条带出现（约 5 min 左右）。

（9）定影。将显影好的凝胶板放入第 6 步用过的脱色液中固定 10min，再用蒸馏水洗 1 遍，室温干燥后统计结果并照相。

2. 试剂配制

（1）聚丙烯酰胺变性凝胶的配制。变性凝胶的配方为：6%（M/V）聚丙烯酰胺凝胶（T：C=19：1），7 mol/L 尿素，溶于 0.5 × TBE，如表 3-5 所示。

表 3-5　聚丙烯酰胺变性凝胶配制

试剂	40% Acrylamide	6% Acrylamide	5% Acrylamide
Arco	380 g	—	—
Bis 20 g	—	—	
40% Acry	—	150 ml	125 ml
尿素	—	420.4 g	420.4 g
10 × TBE	—	50 ml	100 ml
加水至	1 L	1 L	1 L

（2）10 × TBE 配方。

Tris Base　108 g；

Boric acid　55 g；

0.5 mol/L EDTA（pH 值为 8.0）　37.25ml；

Add H_2O to　1 L。

（3）Loading Buffer 配制。

98% Formamide（甲酰胺）　49 ml；

10 mmol/L EDTA（pH 值为 8.0）　1 ml；

0.25% BePH Blue（溴酚蓝）　0.125 g；

0.25% X.Cynol（二甲苯蓝）　0.125 g。

（4）染色液。

$AgNO_3$　1 g；

37% 甲醛　1.5 ml；

Add H_2O to　1 L。

（5）显影液。

无水碳酸钠（4℃预冷）　30 g；

37% 甲醛　1.5 ml；

硫代硫酸钠（10 mg/ml）　200 ml。

3. 聚丙烯酰胺凝胶中 DNA 片段的回收

（1）取一洁净的刀片，在酒精灯上烘烤后，从聚丙烯酰胺凝胶中挖取目的 DNA 片段。

（2）将目的 DNA 片段转入 0.5 ml 离心管中，加入 50 μl AddH_2O，100℃煮沸 20 min。

（3）短暂离心，上清液中就含有目的 DNA 片段，上清液可作为模板进行第二次 PCR，PCR 反应体系与第一次相同。

附：各种浓度 PAGE 胶的配制（DNA 电泳）。

① 50 ml 体系（表 3-6）。

表 3-6　50ml 各种浓度 PAGE 胶的配制

丙烯酰胺（%）	有效分离（bp）	二甲苯蓝	溴酚蓝	丙烯酰胺 30%（ml）	10 × TBE（ml）	AddH_2O（ml）	TEMED（μl）	过硫酸铵 10%（μl）
3.5	100~1 000	460	100	5.83	5	39.17	25.0	250
5.0	100~500	260	65	8.33	5	36.67	25.0	250
8.0	60~400	160	45	13.33	5	31.67	25.0	250
12.0	40~200	70	20	20.0	5	25.00	25.0	250
15.0	25~150	60	15	25.0	5	20.00	25.0	250
20.0	5~100	45	12	33.33	5	11.67	25.0	250

② 5 ml 体系（表 3-7）。

表 3-7　5ml 各种浓度 PAGE 胶的配制

丙烯酰胺（%）	丙烯酰胺 30%（ml）	10 × TBE（ml）	AddH_2O（μl）	TEMED（μl）	过硫酸铵 10%（μl）
3.5	0.583	0.5	3.917	2.5	25
5.0	0.833	0.5	3.667	2.5	25
8.0	1.333	0.5	3.167	2.5	25
12.0	2.00	0.5	2.5	2.5	25
15.0	2.50	0.5	2.0	2.5	25
20.0	3.333	0.5	1.167	2.5	25

注：丙烯酰胺 30% 为 29 : 1（质量比，丙烯酰胺：双甲叉丙烯酰胺）；TEMED 可以加到 1 μl/ml

③不同浓度丙烯酰胺和 DNA 的有效分离范围（表 3-8）。

表 3-8　不同浓度丙烯酰胺和 DNA 的有效分离范围

丙烯酰胺（%）	有效分离范围（bp）	溴酚蓝 *	二甲苯蓝 *
3.5	100~2 000	100	460
5.0	80~500	65	260
8.0	60~400	45	160
12.0	40~200	30	70
15.0	25~150	15	60
20.0	10~100	12	45

注：* 给出的数字为与指示剂迁移率相等的双链 DNA 分子所含碱基对数目（bp）

三、实验结果分析

当目标基因中存在 SNP 位点，PCR 扩增产物无多态性，需要用内切酶酶解产物产生多态性，多态性条带小于 100 bp 时，常用聚丙烯酰胺凝胶检测。图 3-2 为酶切扩增多态性序列（Cleaved Amplified Polymorphic Sequence，CAP）的检测结果。

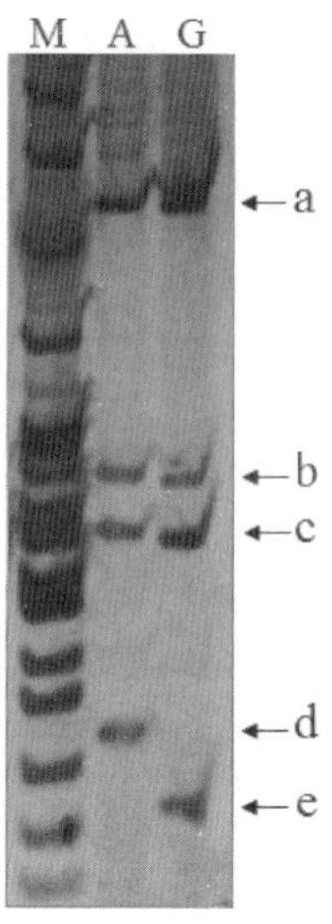

图 3-2 酶切扩增多态性序列检测

第十节 非变性聚丙烯酰胺凝胶电泳

一、实验原理

非变性聚丙烯酰胺凝胶电泳（Native-PAGE）或称为活性电泳是在不加入 SDS 和巯基乙醇等变性剂的条件下，对保持活性的蛋白质进行聚丙烯酰胺凝胶电泳，常用于酶的鉴定、同工酶分析和提纯。未加 SDS 的天然聚丙烯酰胺凝胶电泳可以使生物大分子在电泳过程中保持其天然的形状和电荷，它们的分离是依据其电泳迁移率的不同和凝胶的分子筛作用，因而可以得到较高的分辨率，尤其是在电泳分离后仍能保持蛋白质和酶等生物大分子的生物活性，对于生物大分子的鉴定有重要意义，其方法是在凝胶上进行两份相同样品的电泳，电泳后将凝胶切成两半，一半用于活性染色，对某个特定的生物大分子进行鉴定，另一半用于所有样品的染色，以分析样品中各种生物大分子的种类和含量。

非变性聚丙烯酰胺凝胶和变性 SDS-PAGE 电泳在操作上基本上是相同的，只是非变性聚丙烯酰胺凝胶的配制和电泳缓冲液中不能含有变性剂如 SDS 等。一般蛋白进行非变性凝胶电泳要先分清是碱性还是酸性蛋白。分离碱性蛋白时候，要利用低 pH 值凝胶系统，分离酸性蛋白时候，要利用高 pH 值凝胶系统。酸性蛋白通常在非变性凝胶电泳中采用的 pH 值是 8.8 的缓冲系统，蛋白会带负电荷，蛋白会向阳极移动；而碱性蛋白通常电泳是在微酸性环境下进行，蛋白带正电荷，这时候需要将阴极和阳极倒置才可以电泳分离碱性蛋白。

二、实验操作

1. PAGE 胶电泳缓冲液配制

（1）丙烯酰胺单体贮液。14.55g 丙烯酰胺加上 0.45g N，N’－甲叉双丙烯酰胺，先用 40ml 双蒸水搅拌溶解，直到溶液变成透明，再用双蒸水稀至 50ml，过滤。用棕色瓶 4℃保存备用。

（2）浓缩胶缓冲液贮液（0.5mol/L Tris-HCl，pH 值为 6.8）。3.03gTris 溶解在 40ml 双蒸水中，用 4mol/L 盐酸调 pH 值为 6.8。再用双蒸水稀至 50ml。保存在 4℃备用。

（3）分离胶缓冲液贮液（1.5mol/L Tris-HCl，pH 值为 8.9）。18.16gTris 溶解在 80ml 双蒸水中，用 4mol/L 盐酸调 pH 值为 8.9。再用双蒸水稀至 100ml，保存在 4℃备用。

（4）10%（AP）过硫酸铵。0.1g 过硫酸铵溶入 1.0ml 双蒸水，使用前新鲜配制。

（5）电极缓冲液（0.025mol/L Tris，0.2mol/L 甘氨酸，pH 值为 8.3）。15.14gTris 加上 72.07g 甘氨酸，用双蒸水稀释到 5L。可在室温保存 1 个月。

（6）样品缓冲液（0.1mol/L Tris-HCl，pH 值为 6.8）。2ml 浓缩胶缓冲液贮液加上 1ml 87% 甘油、0.1mg 溴酚蓝，用双蒸水稀释至 10ml，可在 -20℃保存 6 个月。

2. Native-PAGE 配方

（1）分离胶。

双蒸水	6.6ml；
30% 丙烯酰胺溶液	8.0ml；
1.5mol/L Tris（pH 值为 8.8）	5.0ml；
10% 过硫酸铵溶液（W/V）	200μl；
TEMED	15μl。

（2）浓缩胶。

双蒸水	6.8ml；
30% 丙烯酰胺溶液	1.7ml；
1 mol/L Tris（pH 值为 6.8）	1.25ml；
10% 过硫酸铵溶液（W/V）	100μl；
TEMED	10μl。

3. Native-PAGE 电泳

将玻璃板、胶垫、梳子用双蒸水洗干净，用酒精棉球擦拭，将电泳槽安装好，配制分离胶（12%）和浓缩胶（5%）。过硫酸铵和 TEMED 最后加入，加入后聚合即开始，应立即混匀倒入两块玻璃板之间。分离胶倒入两块玻璃板间，应该留下适合的高度，使点样孔前端离分离胶有 2.5cm 左右的距离，在胶顶部缓缓加入约 0.5cm 高的双蒸水，待分离胶聚合完全后，倾去上层的双蒸水，用双蒸水清洗凝胶顶层，用吸水纸吸去残余的水滴。将浓缩胶倒入玻璃板夹层，插上梳子，待浓缩胶聚合完全后，拔去梳子，立即用双蒸水清洗点样孔。加入电极缓冲液，将样品用微量进样器点入点样孔底部，200V 电泳。当溴酚蓝到达分离胶时，电压改为 250V，继续电泳至溴酚蓝到达凝胶底部。将凝胶剥下，浸泡在 100ml 的底物液中，染色 1h，待胶带显色后立即照相。然后将凝胶进行常规的考马斯亮蓝染色。

三、注意事项

第一，非变性聚丙烯酰胺凝胶电泳的过程中，蛋白质的迁移率不仅和蛋白质的等电点有关，还和蛋白质的分子量以及分子形状有关，其中蛋白质的等电点是最重要的影响因子，要根据蛋白质的等电点来选择对应的电泳缓冲系统。

第二，非变性聚丙烯酰胺凝胶电泳的过程中，要注意电压过高引起发热而导致蛋白质变性，所以最好在电泳槽外面放置冰块以降低温度。

第三，蛋白质的分子量较大，则电泳时间可以适当延长，以使目的蛋白质有足够的迁移率和其他的蛋白质分开，反之亦然。

第四，变性样品的离子强度不能太高（I<0.1mmol/L）。上样 buffer 中没有 SDS 之外，加入样品后不能加热。

第十一节　双向凝胶电泳

一、实验原理

双向凝胶电泳由 O' Farrel 以及 Klose 和 Scheele 等人于 1975 年发明的，原理是第 1 向基于蛋白质的等电点不同用等电聚焦分离，具有相同等电点的蛋白质无论其分子大小，在电场的作用下都会用聚焦在某一特定位置即等电点处；第 2 向则按分子量的不同用 SDS-PAGE 分离，把复杂蛋白混合物中的蛋白质在二维平面上分开。

目前，随着技术的飞速发展，已能分离出 10 000 个斑点（spot），当双向电泳斑点的全面分析成为现实的时候，蛋白质组的分析变得可行。

第一，根据蛋白质的等电点（第一向）和分子量（第二向）的不同进行分离。

第二，电泳后根据蛋白质的上样量对胶进行考马斯亮兰染色、银染或荧光染色，然后用相关软件对电泳图像进行分析。

二、实验操作

1. 折叠第一向等电聚焦

（1）从冰箱中取 -20℃冷冻保存的水化上样缓冲液（I）（不含 DTT，不含 Bio-Lyte）一小管（1ml/ 管），置室温溶解。

（2）在小管中加入 0.01g DTT、Bio-Lyte 4-6 和 Bio-Lyte 5-7 各 2.5ml，充分混匀。

（3）从小管中取出 400ml 水化上样缓冲液，加入 100ml 样品，充分混匀。

（4）从冰箱中取 -20℃冷冻保存的 IPG 预制胶条（17cm pH 值为 4~7），室温中放置 10min。

（5）沿着聚焦盘或水化盘中槽的边缘至左而右线性加入样品。在槽两端各 1cm 左右不要加样，中间的样品液一定要连贯。注意：不要产生气泡。否则影响到胶条中蛋白质的分布。

（6）当所有的蛋白质样品都已经加入到聚焦盘或水化盘中后，用镊子轻轻的去除预制 IPG 胶条上的保护层。

（7）分清胶条的正负极，轻轻地将 IPG 胶条胶面朝下置于聚焦盘或水化盘中样品溶液上，使得胶条的正极（标有 +）对应于聚焦盘的正极。确保胶条与电极紧密接触。不要使样品溶液弄到胶条背面的塑料支撑膜上，因为这些溶液不会被胶条吸收。同样还要注意不使胶条下面的溶液产生气泡。如果已经产生气泡，用镊子轻轻地提起胶条的一端，上下移动胶条，直到气泡被赶到胶条以外。

（8）在每根胶条上覆盖 2~3ml 矿物油，防止胶条水化过程中液体的蒸发。需缓慢的加入矿物油，沿着胶条，使矿物油一滴一滴慢慢加在塑料支撑膜上。

（9）对好正、负极，盖上盖子。设置等电聚焦程序。

（10）聚焦结束的胶条。立即进行平衡、第二向 SDS-PAGE 电泳，否则将胶条置于样品水化盘中，-20℃冰箱保存。

2. 折叠第二向 SDS-PAGE 电泳

（1）配制 10% 的丙烯酰胺凝胶两块。配 80ml 凝胶溶液，每块凝胶 40ml，将溶液分别注入玻璃板夹层中，上部留 1cm 的空间，用 MilliQ 水（没有 MilliQ 的话，AddH_2O 也行）、乙醇或水饱和正丁醇封面，保持胶面平整。聚合 30min。一般凝胶与上方液体分层后，表明凝胶已基本聚合。

（2）待凝胶凝固后，倒去分离胶表面的 MilliQ 水、乙醇或水饱和正丁醇，用 MilliQ 水冲洗。

（3）从 -20℃冰箱中取出的胶条，先于室温放置 10min，使其溶解。

（4）配制胶条平衡缓冲液 I。

（5）在桌上先放置干的厚滤纸，聚焦好的胶条胶面朝上放在干的厚滤纸上。将另一份厚滤纸用 MilliQ 水浸湿，挤去多余水分，然后直接置于胶条上，轻轻吸干胶条上的矿物油及多余样品。这可以减少凝胶染色时出现的纵条纹。

（6）将胶条转移至溶涨盘中，每个槽一根胶条，在有胶条的槽中加入 5ml 胶条平衡缓冲液 I。将样品水化盘放在水平摇床上缓慢摇晃 15min。

（7）配制胶条平衡缓冲液 Ⅱ。

（8）第一次平衡结束后，彻底倒掉或吸掉样品水化盘中的胶条平衡缓冲液 I。并用滤纸吸取多余的平衡液（将胶条竖在滤纸上，以免损失蛋白或损坏凝胶表面）。再加入胶条平衡缓冲液 Ⅱ，继续在水平摇床上缓慢摇晃 15min。

（9）用滤纸吸去 SDS-PAGE 聚丙烯酰胺凝胶上方玻璃板间多余的液体。将处理好的第二向凝胶放在桌面上，长玻璃板在下，短玻璃板朝上，凝胶的顶部对着自己。

（10）将琼脂糖封胶液进行加热溶解。

（11）将 10× 电泳缓冲液，用量筒稀释 10 倍，成 1× 电泳缓冲液。赶去缓冲液表面的气泡。

（12）第二次平衡结束后，彻底倒掉或吸掉样品水化盘中的胶条平衡缓冲液Ⅱ。并用滤纸吸取多余的平衡液（将胶条竖在滤纸上，以免损失蛋白或损坏凝胶表面）。

（13）将 IPG 胶条从样品水化盘中移出，用镊子夹住胶条的一端使胶面完全浸没在 1× 电泳缓冲液中。然后将胶条胶面朝上放在凝胶的长玻璃板上。其余胶条同样操作。

（14）将放有胶条的 SDS-PAGE 凝胶转移到灌胶架上，短玻璃板一面对着自己。在凝胶的上方加入低熔点琼脂糖封胶液。

（15）用镊子、压舌板或是平头的针头，轻轻地将胶条向下推，使之与聚丙烯酰胺凝胶胶面完全接触。注意不要在胶条下方产生任何气泡。在用镊子、压舌板或平头针头推胶条时，要注意是推动凝胶背面的支撑膜，不要碰到胶面。

（16）放置 5min，使低熔点琼脂糖封胶液彻底凝固。

（17）在低熔点琼脂糖封胶液完全凝固后。将凝胶转移至电泳槽中。

（18）在电泳槽加入电泳缓冲液后，接通电源，起始时用的低电流（5mA/gel/17cm）或低电压，待样品在完全走出 IPG 胶条，浓缩成一条线后，再加大电流（或电压）（20~30mA/gel/17cm），待溴酚蓝指示剂达到底部边缘时即可停止电泳。

（19）电泳结束后，轻轻撬开两层玻璃，取出凝胶，并切角以作记号（戴手套，防止污染胶面）。

（20）进行染色。

三、注意事项

1. 样品新鲜

说明：组织样本及细胞采样后应立即放入液氮中速冻或加入样品稳定剂，运输过程中血液、血清样品 4℃保存，其他样品 -20℃保存，不超过 48h（若外地邮寄，除血液、血清及细胞外请用干冰）。

2. 样品蛋白的总量不少于 1mg

说明：组织样本每份约 250~500mg。

细胞样品每份 10^6~10^7 细胞数（一块胶）。

血液、血清等样品大于 5ml，且不能溶血。

蛋白提取物要求蛋白浓度大于 5mg/ml，总量不少于 1mg，且均匀无沉淀，样品中无盐成分。

植物或真菌样品量湿重不少于 2g。

富含杂质或蛋白质含量低的样品量湿重不少于 3g。

四、实例

1. 有关细胞胞外蛋白双向电泳

即银染表达结果（图 3-3）。

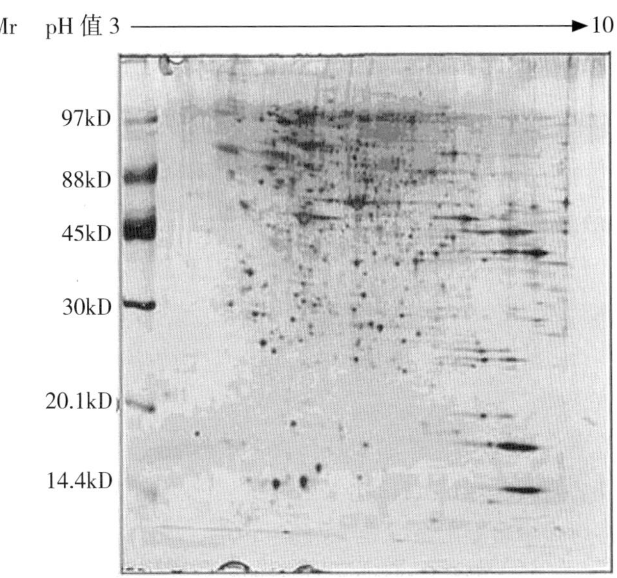

图 3-3　胞外蛋白双向电泳图——银染

2. 有关样品细菌双向电泳

即考染表达结果（图 3-4）。

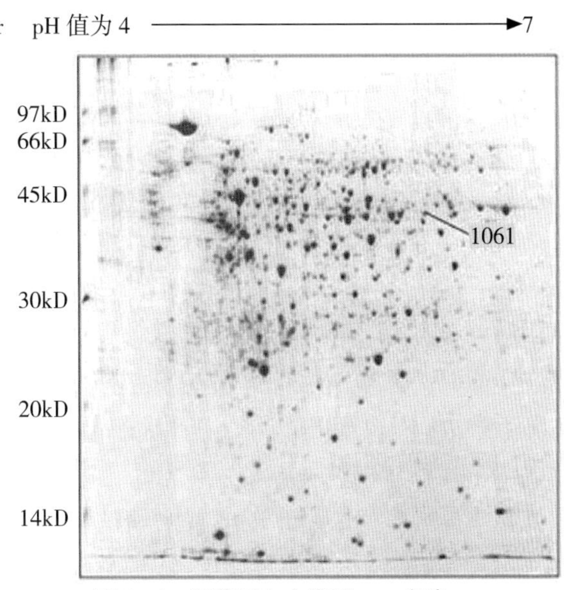

图 3-4　细菌双向电泳图——考染

第十二节　Western bolting 技术

一、实验原理

Western bolting 是将蛋白质电泳、印迹和免疫融为一体的特异蛋白质的检测技术。其原理是：从转基因材料中提取总蛋白或者目的蛋白，将蛋白质样品溶于含有去污剂和还原剂的溶液中，经 SDS 聚丙稀酰胺凝胶电泳把蛋白质按分子量大小分离，再将分离的蛋白质转移到固体膜上（硝酸纤维素膜或尼龙膜），将膜浸泡带高浓度的蛋白质溶液中温育（如牛奶），以封闭其非特异位点。然后加入特异抗体（一抗）。膜上的目的蛋白与一抗结合，再加入带标记的二抗，最后通过二抗上的标记物的性质进行检测。

二、实验操作

1. 实验操作步骤

（1）采用 Bio-Rad 公司的 MINI-BLOT 电转仪进行蛋白质转移。

（2）以适量的转移缓冲液室温平衡凝胶 30 min。

（3）将转移盒放入一个较大的托盘中，加入足量的能浸没整个转移盒的转移缓冲液。

（4）在塑料转移盒的底边，依次将下面物品组装转印夹层：Scotch-Brite 垫或海绵一张如凝胶大小并预先以转移缓冲液湿润的滤纸，凝胶用一试管或玻璃棒在凝胶表面缓慢滚动，以排去凝胶和滤纸间的气泡。凝胶朝向滤纸的一面绝对应是凝胶的阴极面（也就是当放进转移槽时，最终是朝向负极）。

（5）准备硝酸纤维素膜，按凝胶大小但各边都比凝胶大约 1 mm 剪膜，成 45° 角地慢慢将凝胶放入蒸馏水中，水将会渗进膜中并湿润整个表面。然后在转移缓冲液中平衡 10~15 min 后，短暂地在 100% 甲醇中放一下，然后再于转移缓冲液中平衡 10~15 min。

（6）用转移缓冲液湿润凝胶表面，直接将已湿润的膜放在凝胶顶部（即阳极面），排去气泡。

（7）湿润另一张滤纸，并置于膜的阳极面，排去所有气泡，在滤纸的顶部放另一块 Scotch-Brite 垫或海绵。

（8）将转移盒顶部的半面放置适当，扣紧，完成组装。

（9）往转移槽中加入转移缓冲液，按正确的极性方向将转移盒放进电转仪中，连接电源。

（10）在室温条件下 13 V 电转膜 30~60 min。

（11）关闭电源，拆卸转印装置，取出转印膜，并在膜上剪一小角或软性铅笔作上标记定位。

（12）膜可待干后用于下一步操作，或放在可密封的塑料袋中保存 1 年以上（在进一步操作前，干的硝酸纤维素膜须在小量 100% 甲醇中湿润，然后用蒸馏水洗去甲醇）。

（13）转印膜的可逆染色：室温中将转印膜放入丽春红 S 染料溶液中染色 5 min，在水中脱色 2 min，用铅笔标记蛋白质分子量标准的位置所在，然后在水中再浸泡 10 min，使完全脱色。

（14）将膜放入可热密封的塑料袋中，加 100 ml 含 5% 脱脂奶粉的 TTBS 溶液（封闭液），密封塑料袋，在旋转摇床上摇动 30~60 min。

（15）用 TTBS 溶液稀释第一抗体（His・Tag® 单克隆抗体以 1∶30 稀释）。

（16）打开袋子，倾去封闭液，以稀释的第一抗体工作液代替之，在室温下摇动 30~60 min。

（17）戴着手套从塑料袋子中取出膜，放在塑料盒中摇动着用 200 mlTTBS 溶液洗 4 次，每次 10~15 min。

（18）用 TTBS 溶液稀释碱性磷酸酶标记的羊抗鼠二抗（IgG–AP）偶联物（1∶500）。

（19）将膜放进一新的可密封塑料袋子，加入稀释的第二抗体工作液，在室温摇动 30~60 min。

（20）戴着手套从塑料袋子中取出膜，放在塑料盒中摇动着用 200 mlTTBS 溶液洗 4 次，每次 10~15 min。

（21）用 TBS 溶液洗 5 min 以去除过量的 Tween 20。

（22）用 BCIP/NBT 显迹液显色，条带应在 10~30 min 内出现，用蒸馏水冲洗终止反应。

（23）待膜彻底晾干后拍照记录试验结果，膜可避光保存一段时间。

2. 实验试剂的配制

（1）Tris– 甘氨酸电泳缓冲液：25 mmol/L Tris，250 mmol/L 甘氨酸，0.1% SDS，pH 值为 8.3。

（2）转膜缓冲液：每 1 L 含 Tris 3.03 g，甘氨酸 14.4 g，甲醇 15%，pH 值为 8.3~8.4。

（3）丽春红 S 染色液：丽春红 S 0.5 g，冰乙酸 1 ml，加水至 100 ml，现用现配。

（4）TBS 溶液：100 mmol/L Tris–HCl（pH 值为 7.5），0.9% NaCl。

（5）TTBS 溶液：含 0.1% Tween 20 的 TBS 溶液。

（6）碱性磷酸酶底物缓冲液：100 mmol/L Tris–HCl（pH 值为 9.5）、100 mmol/L NaCl 和 5 mmol/L $MgCl_2$。

（7）BCIP/NBT 显迹液。

① NBT 贮存液（1.4 mlDMF，100 mg NBT，600 μl H_2O）66 μl。

② 碱性磷酸酶底物缓冲液 10 ml。

③ BCIP 贮存液（2 mlDMF，100 mg BCIP）34 μl 。

④ 使用前现配，室温 1 h 内稳定。

三、实验结果分析

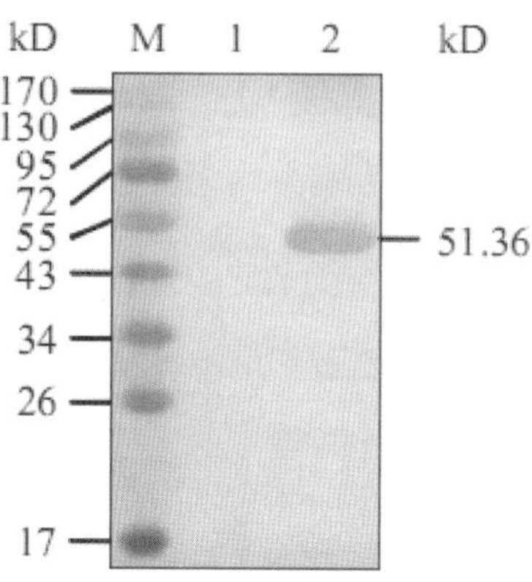

图 3-5　蛋白质电泳显示

如图 3-5 所示，对比蛋白的低分子量 Marker，以 his 蛋白为抗体进行 Western blot 分析结果显示，杂交带位于 43~55 kD。

第十三节　蛋白质转印实验　半干式

一、实验原理

蛋白质印迹 Western blotting 是将蛋白质电泳分离技术与免疫标记技术结合所形成的一种鉴定特异性抗原的方法。蛋白质转印应先将含某抗原的蛋白混合物进行 SDS- 聚丙烯酰胺凝胶 SDS-PAGE 电泳，使各种蛋白成分根据分子量的不同分离开来，再通过电转移将各种蛋白成分转印到硝酸纤维素膜 NC 或 PVDF 膜上，通过特异试剂抗体作为探针与膜上的相应抗原发生结合，再与酶标记的抗 Ig 抗体结合，洗涤后加入底物进行显色。根据显色条带的位置和深浅可以对抗原及其分子量或相对含量进行检测。蛋白质的 Western 印迹技术结合了凝胶电泳的高分辨率和固相免疫测定的特异敏感等多种优点，可检测到低至 1~5ng 的靶蛋白。

该实验的主要目的是采用半干式电转移将 SDS-PAGE 凝胶电泳分离后的蛋白质从凝胶转移至固相支持材料上。裁剪与凝胶一样大小的硝酸纤维素膜，用去离子水浸湿后，再浸入转移缓冲液内，随后取出进行转移半干式电转移。在室温操作所需时间较短，将凝胶及与之相贴的硝酸纤维素膜夹于事先用转移缓冲液浸泡过的滤纸之间，平放在电转仪上负极在上，正极在下，凝胶在阴极端，薄膜在阳极端，转移方向从阴极到阳极。根据凝胶面积设置电流，室温下进行转移。转移结束，取出薄膜丽春红染色检测转印效果。

二、实验操作

（1）将电泳后的 SDS-PAGE 凝胶浸在转印缓冲液中洗 10 min。

（2）去掉浓缩胶测量剩余胶的尺寸大小。

（3）剪 1 张和胶大小一致的硝酸纤维素膜，用铅笔在膜的右下角做一个标记用于定位。剪 6 张和胶大小一致的滤纸，尺寸一定不能大于胶的尺寸，否则多出的部分会在胶的边缘接触形成短路导致转移不充分。

（4）将膜及滤纸在转印缓冲液中浸润 10 min 。

（5）将 3 张湿滤纸放到半干电转仪的底部平板电极上负极然后依次放置胶、硝酸纤维素膜、滤纸 3 张。

注意堆放整齐同时注意每层之间避免气泡存在一般可用试管碾压赶走气泡。注意：一旦胶和膜接触位于胶表面的蛋白就会结合到膜上所以胶一定要一次成功不要试图调整胶的位置，否则蛋白质色带可能会印上去最后产生重叠影像。

（6）待所有的膜和胶都放好后盖上转印仪的上盖让上部的平板电极压紧由滤纸、膜、胶形成的三明治结构注意正负极转印结束后才可以打开上盖。

（7）连接转移电泳仪电流通常设为 1 mA/2cm 左右。8 cm × 7 cm 的胶通常使用 100 mA 恒流转移。大胶必须限制电流在 0.8 mA/2cm 防止电流过大产生过多热量影响转印。

（8）转印结束取出转印三明治打开后依次取出转印膜及凝胶。

（9）将转印膜浸入丽春红染色液中观察是否有红色蛋白条带出现转印后的凝胶可以进行考马斯亮蓝染色看有无蛋白质残留若电泳时加有预染标准蛋白质 marker 则可在转印膜上看到相应色带帮助确定转印成功并可评估转印效率。

（10）若继续进行免疫杂交实验则用去离子水漂洗转印膜后可进行封闭。

三、注意事项

（1）不要切去胶的一角以作标记因为这样容易导致短路或转移不充分。尽可能在电泳结束后就进行转印防止样品在胶内弥散开来。

（2）丙烯酰胺浓度越低蛋白越容易转移下来。所以应选择可以分离蛋白最低浓度的凝胶进行电泳。梯度胶适用于转印一系列不同大小的蛋白因为凝胶的孔与不同大小的蛋白匹配良好。

（3）蛋白质结合到硝酸纤维素膜上主要是通过疏水键对于常规使用效果非常好。但对于小的多肽，建议使用小孔径（0.2 μm）的膜。

（4）PVDF 膜比硝酸纤维素膜更疏水，在转印过程中结合蛋白更紧密，可以耐受更多的 SDS。目前，PVDF 膜一般比硝酸纤维素膜需要更严谨的封闭条件适用于蛋白测序。尼龙膜通过疏水和静电相互作用结合其 SDS 耐受度甚至高于 PVDF 膜但也需要更严谨的封闭条件。主要建议用于 Northern 和 Southern 杂交。

第十四节　蛋白质转印实验 电泳液式

一、实验原理

蛋白质印迹 Western blotting 是将蛋白质电泳分离技术与免疫标记技术结合所形成的一种鉴定特异性抗原的方法。蛋白质转印应先将含某抗原的蛋白混合物进行 SDS- 聚丙烯酰胺凝胶 SDS-PAGE 电泳，使各种蛋白成分根据分子量的不同分离开来，再通过电转移将各种蛋白成分转印到硝酸纤维素膜 NC 或 PVDF 膜上。通过特异试剂抗体作为探针，与膜上的相应抗原发生结合，再与酶标记的抗 Ig 抗体结合，洗涤后加入底物进行显色。根据显色条带的位置和深浅可以对抗原及其分子量或相对含量进行检测。蛋白质的 Western 印迹技术结合了凝胶电泳的高分辨率和固相免疫测定的特异敏感等多种优点，可检测到低至 1~5ng 的靶蛋白。

二、实验操作

1. 转膜操作

（1）制备足够的转移缓冲液以充满电转槽，一次大概 1L 就行。

（2）从玻璃板上取下凝胶，去除所有浓缩胶。

（3）将凝胶侵入电转缓冲液 30min。

（4）滤纸在电转缓冲液中浸泡 1 min。

（5）准备膜，在甲醇中浸泡 15s，膜均匀地由不透明变成透明，然后将膜放于 DD 水中 5min，再小心将放于转移缓冲液中平衡 10min。

2. 组装转移叠层

（1）打开转移夹子，黑孔板朝下，放一块泡沫（纤维）垫子，泡沫垫子用缓冲液泡一下。

（2）在泡沫垫上放一张滤纸。

（3）将凝胶放在滤纸上。

（4）将膜放在凝胶上（如果有气泡，可以用玻璃棒轻轻赶一下）。

（5）在叠层上再放一层滤纸。

（6）在滤纸上再放一块泡沫垫子。

（7）合上转移夹子。此操作最好放在转移缓冲液中进行。

3. 蛋白质转移

（1）将转移夹放入转移槽中，黑孔板面对准支撑板的负极（黑色），白孔板对准支撑板的正极（红色）。

（2）在转移槽中加入适量缓冲液，确保将转移槽全部浸没。

（3）将黑色阴极引线插入转移装置的阴极插孔，红色阳极插入阳极插孔。

（4）连接阳极和阴极引线对应的电源输出端。

（5）装置冷却单元，确保电转在低温下进行。

（6）电流：恒流 85mA，2h 即可。

4. 膜染色

（1）转移完成后从槽中取出转移夹。

（2）用镊子小心打开转移叠层。

（3）在 DD 水中漂洗膜，然后浸入甲醇数秒，放入染色液中染色 30~60s。

（4）在水中漂洗，洗掉多余的燃料，置膜于脱色液中脱色，脱至背景无蓝色即可。

（5）用 DD 水漂洗膜，置膜于滤纸自然干燥。剪下目的条带装在 1.5ml 的离心管中，4℃存放，待测序。

第十五节　蛋白质染色

一、实验原理

凝胶中蛋白质的定位可用考马斯亮蓝染料染色或银染色。前者简便且快捷，而银染法具有相当高的灵敏度，能用于检出更少量的蛋白质。

二、实验操作

（一）考马斯亮蓝染色

（1）将聚丙烯酰胺凝胶放在塑料容器并以 3~5 倍体积的固定液覆盖，在旋转摇床中缓慢摇动 2h。

（2）倾去固定液，以考马斯亮蓝染色液覆盖凝胶，并缓慢摇动 4h。

（3）倾去染色液，用约 50ml 固定液冲洗凝胶。

（4）倾去固定液，以脱色液覆盖凝胶，缓慢摇动 2h，倾去脱色液，再加入新脱色液同时至获得蓝色条带及干净的背景。凝胶可放置在乙酸或水中保存。

（5）需要时，给凝胶拍照。

（二）银染法

（1）将聚丙烯酰胺凝胶放在塑料容器并以 5 倍体积的固定液覆盖，在旋转摇床中缓慢摇动 30min 以上。

（2）倾去固定液，加 5 倍凝胶体积的脱色液，缓慢摇动 60min 以上。

（3）倾去脱色液，加 5 倍凝胶体积的 10% 戊二醛，在通风橱中缓慢摇动 30min。

（4）倾去戊二醛溶液，用水洗凝胶 4 次以上，每次 30min 以上，最后一次洗涤以过夜为佳。缓慢摇动。

（5）倾去水，将凝胶置于约 5 倍凝胶体积的硝酸银溶液中平衡（完全盖没凝胶），剧烈振荡 15min。

（6）将凝胶移至另一塑料盒，用去离子水洗 5 次，每次精确 5min，缓慢摇动。

（7）用 500ml 水稀释 25ml 显影液，将凝胶移至另一塑料盒，加入足够的稀释显影液盖没凝胶，并剧烈摇动至条带达到需要的强度。如果显影液变成棕色，须换新鲜的显影液。

（8）换快速定影液，定影 5min，必要时，用湿润了的棉花擦去凝胶表面沉积的残余银沉积物。顿去定影液，用水彻底冲洗凝胶。

（9）凝胶拍照，干胶或在可密封的塑料袋中保存。

（三）非铵盐银染法

（1）将凝胶置于玻璃或聚乙烯容器中，加入 100ml 固定液，在旋转摇床中缓慢摇动 30min。

（2）倾去固定液，将凝胶浸没在脱色液中，缓慢摇动 30min。

（3）倾去脱色液，加 50ml10% 戊二醛，在通风橱中缓慢摇动 10min。

（4）倾去戊二醛，用水彻底洗凝胶 2h，期间换水几次以保证获得低本底水平。

（5）倾去水，以 100ml μg/ml 的 DTT 浸泡凝胶 30min。

（6）倾去 DTT 溶液，不用冲洗，直接加入 100ml 0.1% 硝酸银溶液，缓慢摇动 30min。

（7）倾去硝酸银溶液，用小量水快速洗凝胶 1 次，然后用小量碳酸盐显影液快速洗 2 次。

（8）将凝胶浸泡在 100ml 碳酸盐显影液中缓慢摇动，直至获得所需的显色水平。

（9）每 100ml 碳酸盐显影液中加入 2ml2.3mol/L 柠檬酸，并缓慢摇动 10min 以终止染色。

（10）倾去液体，用水洗几次，缓慢摇动 30min。

（11）凝胶拍照，凝胶在 0.03% 碳酸钠中浸泡 10min，用塑料保鲜膜包裹或密封于可热密封的袋子中保存。

（四）快速银染法

（1）将凝胶置于塑料容器中，加入 50ml 甲醛固定液，在旋转摇床中缓慢摇动 10min。

（2）倾去固定液，用水洗两次，每次 5min，缓慢摇动。

（3）倾去水，凝胶浸泡在 0.2g/L 硫代硫酸钠溶液中 1min，缓慢摇动。

（4）倾去硫代硫酸钠溶液，用水洗凝胶两次，每次 20s。

（5）倾去水，将凝胶浸泡在 50ml 硝酸银中 10min。缓慢摇动。

（6）倾去硝酸银溶液，用水洗胶，然后用小量体积的硫代硫酸盐显影液洗。

（7）将凝胶浸泡在 50ml 新配制的硫代琉酸盐显影液中，缓慢摇动，直至获得足够的条带显色强度，在下一步停影前继续显影一会儿，或显影到此为止。

（8）每 100ml 硫代硫酸盐显影液加入 5ml 2.3mol/L 柠檬酸，缓慢摇动 10min。

（9）倾去液体，用水洗凝胶，缓慢摇动 10min。

（10）倾去水，将凝胶浸泡在 50ml 干胶液中 10min。

（11）将凝胶放在两张湿润的透析膜之间，夹在玻璃平板中，平板的边缘用夹子夹好，在室温干燥过夜。

第十六节　染色质免疫沉淀技术（ChIP）

一、实验原理

真核生物的基因组 DNA 以染色质的形式存在。因此，研究蛋白质与 DNA 在染色质环境下的相互作用是阐明真核生物基因表达机制的基本途径。染色质免疫沉淀技术（chromatin immunoprecipitation assay，CHIP）是目前唯一研究体内 DNA 与蛋白质相互作用的方法。它的基本原理是在活细胞状态下固定蛋白质 -DNA 复合物，并将其随机切断为一定长度范围内的染色质小片段，然后通过免疫学方法沉淀此复合体，特异性地富集目的蛋白结合的 DNA 片段，通过对目的片段的纯化与检测，从而获得蛋白质与 DNA 相互作用的信息。CHIP 不仅可以检测体内反式因子与 DNA 的动态作用，还可以用来研究组蛋白的各种共价修饰与基因表达的关系。而且，CHIP 与其他方法的结合，扩大了其应用范围：CHIP 与基因芯片相结合建立的 CHIP-on-chip 方法已广泛用于特定反式因子靶基因的高通量筛选；CHIP 与体内足迹法相结合，用于寻找反式因子的体内结合位点；RNA-CHIP 用于研究 RNA 在基因表达调控中的作用。由此可见，随着 CHIP 的进一步完善，它必将会在基因表达调控研究中发挥越来越重要的作用。

染色体免疫共沉淀（Chromatin Immunoprecipitation，ChIP）是基于体内分析发展起来的方法，也称结合位点分析法，在过去 10 年已经成为表观遗传信息研究的主要方法。这项技术帮助研究者判断在细胞核中基因组的某一特定位置会出现何种组蛋白修饰。ChIP 不仅可以检测体内反式因子与 DNA 的动态作用，还可以用来研究组蛋白的各种共价修饰与基因表达的关系。近年来，这种技术得到不断的发展和完善。采用结合微阵列技术在染色体基因表达调控区域检查染色体活性，是深入分析癌症、心血管疾病以及中央神经系统紊乱等疾病的主要通路的一种非常有效的工具。

它的原理是在保持组蛋白和 DNA 联合的同时，通过运用对应于一个特定组蛋白标记的生物抗体，染色质被切成很小的片段，并沉淀下来。IP 是利用抗原蛋白质和抗体的特异性结合以及细菌蛋白质的“protein A”特异性地结合到免疫球蛋白的 FC 片段的现象活用开发出来的方法。目前多用精制的 protein A 预先结合固化在 argarose 的 beads 上，使之与含有抗原的溶液及抗体反应后，beads 上的 prorein A 就能吸附抗原达到精制的目的。实验最需要注意点就是抗体的性质。抗体不同和抗原结合能力也不同，免染能结合未必能用在 IP 反应。首先，建议仔细检查抗体的说明书。特别是多抗的特异性是问题。其次，要注意溶解抗原的缓冲液的性质。多数的抗原是细胞构成的蛋白，特别是骨架蛋白，缓冲液必须要使其溶解。为此，一方面，必须使用含有强界面活性剂的缓冲液，尽管它有可能影响一部分抗原抗体的结合；另一面，如用弱界面活性剂溶解细胞，就不能充分溶解细胞蛋白。即便溶解也产生与其他的蛋白结合的结果，抗原决定族被封闭，影响与抗体的结合，即使 IP 成功，也是很多蛋白与抗体共沉的悲惨结果（图 3-6）。再次，为防止蛋白的分解、修饰，溶解抗原的缓冲液必须加蛋白酶抑制剂，低温下进行实验。每次实验之前，首先考虑抗体 / 缓冲液的比例。抗体过少就不能检出抗原，过多则就不能沉降在 beads 上，残存在上清液。缓冲液太少则不能溶解抗原，过多则抗原被稀释。

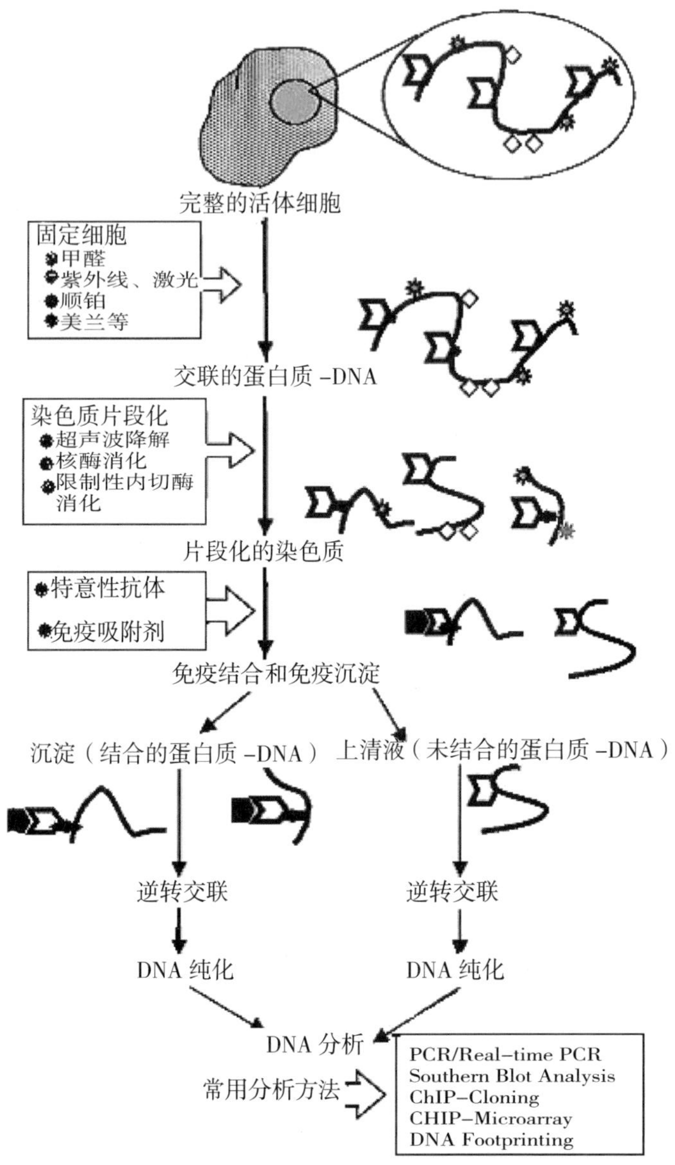

图 3-6　染色质免疫沉淀（CHIP）技术示意

二、实验操作

甲醛处理细胞——收集细胞，超声破碎——加入目的蛋白的抗体，与靶蛋白 -DNA 复合物相互结合——加入 ProteinA，结合抗体 - 靶蛋白 -DNA 复合物，并沉淀——对沉淀下来的复合物进行清洗，除去一些非特异性结合——洗脱，得到富集的靶蛋白 -DNA 复合物——解交联，纯化富集的 DNA- 片段——PCR 分析。

（1）细胞中加入 1% 的甲醛，8ml 的培养液加入 216 μl 的甲醛，37℃ 10min。

（2）配制含有蛋白酶抑制剂的 PBS 20 ml 和含有蛋白酶抑制剂的 SDS 溶液 1ml。

（3）将细胞拿出来，迅速的移除含甲醛的培养基，加入含蛋白酶抑制剂的 PBS 洗两遍。胰酶消化 20s，加入含蛋白酶抑制剂的 PBS 1ml。用细胞刮刀把细胞刮下，收集到 1.5ml 的离心管里面。

（4）4℃ 2 000rpm/min 离心 10min，弃上清液，加入 200μl 含蛋白酶抑制剂的 SDS 溶液。吹打重悬细胞，冰上孵育 10min。

（5）超声切割 DNA，总切割时间 4min30s，超声 10s，间隙 10s。

（6）4℃ 13 000rpm/min 离心 10min，转移上清液到一个新的 2ml 的离心管，弃沉淀。

（7）稀释超声后的上清液到 10 × 的 CHIP 稀释液，200μl 的上清液加入 1.8ml 的 CHIP 稀释液，达到最终体积 2ml。

（8）为去除非特异性，加入 75μl 的 Salmon Sperm DNA/Protein A Agarose-50% Slurry，4℃旋转 30min。

（9）1 000rpm/min 离心 3min 沉淀 Salmon Sperm DNA/Protein A Agarose-50% Slurry，收集上清液。

（10）上清液加入 1 抗，4℃振荡过夜。

（11）加 60 μl 的 Salmon Sperm DNA/Protein A Agarose-50% Slurry，沉淀抗体 / 抗原复合物，4 度旋转 1h。

（12）1 000rpm/min 4 度旋转 3min 收集沉底，移除上清液，开始洗脱过程。

（13）低盐免疫复合物洗脱液，旋转 5min，1 000rpm/min 离心 3min 收集沉淀。

（14）高盐免疫复合物洗脱液，旋转 5min，1 000rpm/min 离心 3min 收集沉淀。

（15）Licl 免疫复合物洗脱液，旋转 5min，1 000rpm/min 离心 3min 收集沉淀。

（16）TE Buffer，旋转 5min，1 000rpm/min 离心 3min 收集沉淀，两次。

（17）现在得到的是 protein A/antibody/histone/DNA complex，新制备 elution buffer（1%SDS，0.1mol/L $NaHCO_3$）。加 250μl elution buffer 到沉淀，混匀后室温旋转 15min。1 000rpm/min 离心 3min 沉淀，移上清液到新的离心管，重复上面的过程，最后上清液体积大约 500μl。

（18）加入 20μl 的 5mol/L 的 nacl 反转交联，65℃过夜。

（19）加 10μl 的 0.5mol/L EDTA，20μl 的 1mol/L Tris-HCl，pH 值为 6.5 和 2μl 的 10mg/ml 的 Proteinase K 到液体。45 度旋转 1h。

（20）加入等体积的苯酚 / 氯仿抽提 DNA，5 000g 离心 10min，收集上清液，不要吸到丝状蛋白。

（21）加入 2.5 倍的纯乙醇和 1/10 体积的乙酸钠，沉淀 DNA，5 000g 离心 10min，收集沉淀，用 70% 的酒精洗涤，开盖晾干。

（22）用 10μl 的 TE 缓冲液溶解。测浓度。

（23）开机预热半个小时，加入 200ml 的 TE 缓冲液调零，倒掉。加入 198ml 的 TE 缓冲液和 2ml 的样本，测 260nm 的吸光度。得出值是 μg/μl。

三、qPCR 分析

（1）选与所用定量 PCR 仪配套的 PCR 管或板，做好标记。注意加入阳性对照组蛋白 H3 样品组，阴性对照正常兔 IgG 样品组，以及监控 DNA 污染的不加 DNA 模板的空白组对照。另外在加入反应体系前，将 2% 样品输入对照做一系列稀释（不稀释，1∶5、1∶25、1∶125），据此可以产生标准曲线并测算 PCR 扩增效率。

（2）在每个反应管或孔（板上）中加入 2 μl 相应 DNA 模板。

（3）按下面配比配制 PCR 反应液总管，记住计算时多算两份以补偿分管时的体积损失。配好后，向每个 PCR 管中加入 18 μl 反应液混合物。

① 试剂：每个 PCR 反应（20 μl）所需体积；

② 无核酸酶的水：6 μl；

③ 5 μmol/L RPL30 引物：2 μl；

④ SYBR-Green 反应体系：10 μl。

（4）按下面程序执行 PCR

① 预变性：95℃ 3 min；

② 变性：95℃ 10s；

③ 退火及延伸：60℃ 30s；

④ 重复第 2 步及第 3 步，共 40 个循环。

（5）用定量 PCR 仪自带的程序分析定量结果。

四、qPCR 分析中的注意事项

（1）实验中使用带滤芯的枪头以尽可能减少污染的可能性。

（2）建议使用热启动 Taq 聚合酶以减少产生非特异 PCR 产物的风险。

（3）PCR 引物的选择很关键。引物应尽可能按照下列标准来设计。

① 引物长度：24 个核苷酸；

② 最佳 Tm 值：60℃；

③ 最佳 GC 含量：50%；

④ 扩增片段长度：150~200 bp（用于常规 PCR）；

⑤ 80~160 bp（用于实时定量 PCR）。

五、Chip-Seq

染色质免疫共沉淀技术（Chromatin Immunoprecipitation，ChIP）也称结合位点分析法，是研究体内蛋白质与 DNA 相互作用的有力工具，通常用于转录因子结合位点或组蛋白特异性修饰位点的研究。将 ChIP 与第二代测序技术相结合的 ChIP-Seq 技术，能够高效地在全基因组范围内检测与组蛋白、转录因子等互作的 DNA 区段。

ChIP-Seq 的原理是：首先通过染色质免疫共沉淀技术（ChIP）特异性地富集目的蛋白结合的 DNA 片段，并对其进行纯化与文库构建；然后对富集得到的 DNA 片段进行高通量测序。研究人员通过将获得的数百万条序列标签精确定位到基因组上，从而获得全基因组范围内与组蛋白、转录因子等互作的 DNA 区段信息。

六、Chip 技术的应用

（1）组蛋白修饰酶的抗体作为“生物标记”。

（2）转录调控分析。

（3）药物开发研究。

（4）有丝分裂研究。

（5）DNA 损失与凋亡分析。

第十七节　凝胶迁移实验（EMSA）

一、实验原理

凝胶迁移实验有称凝胶阻滞实验或电泳迁移率实验（EMSA，electrophoretic mobility shift assay），是一种用于蛋白与核算相互作用的技术。最初是用于转录因子与启动子相互作用的验证性实验，也可应用与蛋白 -DNA、蛋白 -RNA 互作研究。

EMSA 主要基于蛋白 - 探针复合物在在凝胶电泳过程中迁移较慢的原理。根据实验设计特异性和非特异性探针，当核酸探针与样本蛋白混合孵育时，样本中可以与核酸探针结合的蛋白质与探针形成蛋白 - 探针复合物；这种复合物由于分子量大，在进行聚丙烯酰胺凝胶电泳时迁移较慢，而没有结合蛋白的探针则较快；孵育的样本在进行聚丙烯酰胺凝胶电泳并转膜后，蛋白 - 探针复合物会在膜靠前的位置形成一条带，说明有蛋白与目标探针发送互作。

二、实验操作

1. 探针的标记

（1）如下设置探针标记的反应体系。待标记探针（1.75pmol/μl）2μl。

T4 Polynucleotide Kinase Buffer（10 ×）1μl。

Nuclease-Free Water 5μl。

[γ-32P]ATP（3 000Ci/mmol at 10mCi/ml）1μl。

T4 Polynucleotide Kinase（5~10μg/μl）1μl。

总体积 10μl。

按照上述反应体系依次加入各种试剂，加入同位素后，Vortex 混匀，再加入 T4 Polynucleotide Kinase，混匀。

(2)使用水浴或 PCR 仪，37℃反应 10min。

(3)加入 1μl 探针标记终止液，混匀，终止探针标记反应。

(4)再加入 89μl TE，混匀。此时可以取少量探针用于检测标记的效率。通常标记的效率在 30%以上，即总放射性的 30% 以上标记到探针上。为实验简便起见，通常不必测定探针的标记效率。

(5)标记好的探针最好立即使用，最长使用时间一般不宜超过 3d。标记好的探针可以保存在 -20℃。

2. 探针的纯化

通常为实验简便起见，可以不必纯化标记好的探针。在有些时候，纯化后的探针会改善 EMSA 的电泳结果。如需纯化，可以按照如 下步骤操作：

(1)对于 100μl 标记好的探针，加入 1/4 体积即 25μl 的 5mol/L 醋酸铵，再加入 2 体积即 200μl 的无水乙醇，混匀。

(2)在 -80~-70℃沉淀 1h，或在 -20℃沉淀过夜。

(3)在 4℃，12000~16000g 离心 30min。小心去除上清液，切不可触及沉液。

(4)在 4℃，12000~16000g 离心 1min。小心吸去残余液体。微晾干沉淀，但不宜过分干燥。

(5)加入 100μl TE，完全溶解沉淀。标记好的探针最好立即使用，最长使用时间一般不宜超过 3d。标记好的探针可以保存在 -20℃。

3. EMSA 胶的配制

(1)准备好倒胶的模具。可以使用常规的灌制蛋白电泳胶的模具，或其他适当的模具。最好选择可以灌制较薄胶的模具，以便于干胶等后续操作。为得到更好的结果，可以选择可灌制较大 EMSA 胶的模具。

(2)按照如下配方配制 20ml 4%的聚丙烯酰胺凝胶（注意：使用 29∶1 等不同比例的 Acr/Bis 对结果影响不大）(表 3-9)。

表 3-9　聚丙烯酰胺凝胶配制

类别	用量
5×TBE	1ml
30% Acrylamide/Bis	2.2ml
deionized，sterilewater	6.62ml
80% Glycerol	80μl
10%AP	90μl
TEMED	10μl
总体积	10ml

（3）按照上述次序加入各个溶液，加入 TEMED 前先混匀，加入 TEMED 后立即混匀，并马上加入到制胶的模具中。避免产生气泡，并加上梳齿。如果发现非常容易形成气泡，可以把一块制胶的玻璃板进行硅烷化处理。

4. 准备跑预电泳

（1）用 0.5 × TBE 配制聚丙烯酰胺凝胶或者使用预制的 DNA 凝胶。聚丙烯酰胺凝胶的浓度取决于靶 DNA 和结合蛋白的大小。大部分情况下使用 4%~6% 的胶。

（2）向电泳槽中倒入 0.5 × TBE 高于泳道底（用以减少电泳中产生的热）。冲洗泳道并预电泳 30~60mins。对于 8cm × 8cm × 0.1cm 的胶使用 100V 电压即可。

5. 准备进行结合反应

（1）将结合反应的组分、EBNA 对照组分和试验样品融化后置于冰上。避免过度加热 DNA 探针。马上要开始实验再融化 EBNA 提取物。

（2）按照表 3-7 和表 3-8 混好 20μl 对照 EBNA 组和实验组结合体系。

（3）结合体系在室温孵育 20min。

（4）20μl 结合体系中加入 5μl 的 5 × Loading buffer，用移液器混合几下。动作轻柔，不要剧烈。

6. 结合反应产物进行电泳

（1）停预电泳。

（2）冲洗泳道，每个样上 20μl。

（3）接通电流（8cm × 8cm × 0.1cm 的胶使用 100V 电压），电泳直到溴酚蓝条带跑到胶板 2/3 或 3/4 处。一般 6% 的胶上自由生物素 -EBNA 对照 DNA 双链迁移到溴酚蓝后面的位置。

7. 转膜

（1）将尼龙膜浸泡在 0.5 × TBE 至少 10min。

（2）将胶和膜按照三明治在清洁的电泳转移装置上摆好。在循环水浴锅中将 0.5 × TBE 预冷到 10℃。使用洁净的镊子和无粉手套，用镊子夹膜的时候只夹在边角上。

注意：使用洁净的转移海绵。避免使用曾在 Western blots 用过的海绵。

（3）380mA（-100V）转膜 30min。一般情况下，使用标准转移装置以 380mA 转移 8cm × 8cm × 0.1cm 的胶 30~60min 即可。

（4）转移结束后，将膜溴酚蓝面朝上放在干燥滤纸上（保证胶上没有染液）。使得膜表面的 buffer 吸收进膜里，大概需要 1min。不要使膜变干。接下来进行 Section F。

8. 将转移的 DNA 交联到膜上

交联有 3 种方法：

交联后进行 Section G。或者，膜可以室温干燥保存几天，除非要进行 Section G，否则不要使膜接触液体。

G 化学发光法检测生物素标记的 DNA。

下面的用量是针对 8cm × 10cm 的膜。如果胶大的话，这步要适当调整用量。封闭和检测孵育都要放在干净的托盘或者塑料板里在摇床上进行。

（1）在 37~50℃的水浴锅里，轻轻晃动 Blocking Buffer 和 4 × Wash Buffer 使其融化。这些 Buffer 可以在室温到 50℃之间使用，只要所有物质仍在溶液中。Substrate Equilibration Buffer 在 4℃和室温之间使用。

（2）封闭：加入 20ml Blocking Buffer 摇床上孵育 15min。

（3）制备 conjugate/blocking buffer solution：向 20μl 封闭液中加入 66.7μl Stabilized Strepta-vidin-Horseradish Peroxidase Conjugate（1:300 dilution）。

注意：conjugate/blocking buffer solution 用以优化核酸检测分子，不得加以修改。

（4）将膜从封闭液中取出，放入 conjugate/blocking buffer solution 中，摇床上孵育 15min。

（5）制备 1 × wash solution：120 ml 超纯水中加入 40 ml 4 × Wash Buffer。

（6）将膜放到一个新的容器里，用 20ml1 × wash solution 简单漂洗一下。

（7）洗膜：每次使用 20ml1 × wash solution，洗 5mins，共洗 4 次。

（8）将膜放到一个新的容器里，加入 30ml Substrate Equilibration Buffer。摇床上孵育 5min。

（9）制备 Substrate Working Solution：向 6 mlStable Peroxide Solution 中加入 6 mlLuminol/Enhancer Solution。

注意：暴露在阳光或其他任何强光下会影响 Working Solution 的作用。为了得到好的结果，应将 Working Solution 保存在棕色瓶中并且避免长时间暴露于强光下。短时间暴露于实验室灯光下不会影响 Working Solution 的作用。

（10）将膜从 Substrate Equilibration Buffer 中取出，小心用滤纸接触膜的边缘吸干膜上多余液体。将膜放在一个干净的容器里或者干净的保鲜膜上。

（11）将 Substrate Working Solution 滴在膜上，使其完全覆盖在膜表面。或者把膜的 DNA 面朝下置于 Substrate Working Solution 液体上。静置孵育 5min。

（12）将膜从 Substrate Working Solution 中取出，小心用滤纸接触膜的边缘 2~5s 吸干膜上多余液体。不要使膜太干。

（13）在膜上覆盖一层保鲜膜，避免产生气泡和皱纹。

（14）X- 光片曝光 2~5min。

三、实例展示（图 3-7）

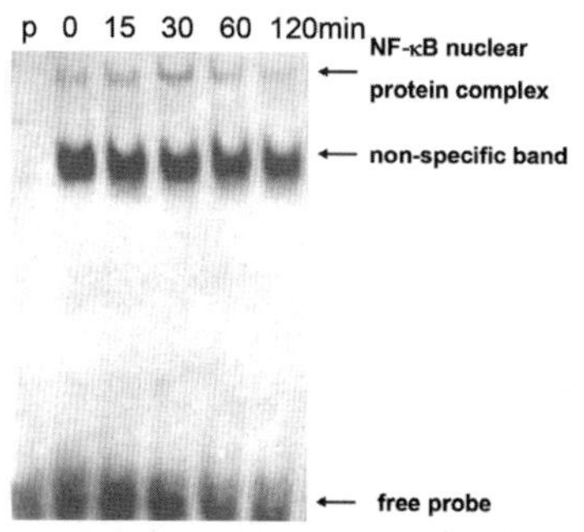

图 3-7 凝胶迁移实验结果

第十八节　超迁移 EMSA（Super-Shift EMSA）

一、实验原理

在反应体系中，抗体与 DNA/ 蛋白复合物中的蛋白产生反应形成复合物会引起复合物的体积变大，在非变性凝胶中的移动变慢而与 DNA/ 蛋白复合物区别开。非纯化的蛋白样本和一个特定的探针可形成一个或几个特异的蛋白复合物。确定复合物中蛋白的特征可能会困难，可以加入目的蛋白的抗体，进行超迁移实验，即 Super-Shift EMSA。抗体和蛋白 / 探针复合物中的蛋白结合，使复合物的迁移延迟，形成超迁移。

进行 Super-Shift EMSA 需要考虑以下因素。

（1）一般先做一般的 EMSA 测定，成功后才考虑做 Super-Shift EMSA 实验。

（2）不是所有的抗体都可以用于 Super-Shift EMSA，只有对非变性蛋白的表面抗原决定簇起反应的抗体才能够用于 Super-Shift EMSA。

（3）抗体的浓度要高。一般 10~20μl 的反应液需要使用 0.5~1μl 原倍的抗体。

（4）为减少非特异性反应，尽量使用纯化的抗体。

（5）单抗与多抗都可用于 Super-Shift EMSA，但多抗可能与 DNA/ 蛋白复合物形成大的聚集物而不进胶。在这种情况下，虽然看不到 Super-Shift 的带，但应当可以看到 DAN/ 蛋白复合物的电泳带明显减少。

二、常见问题

1. 为什么看不到迁移带

（1）蛋白样本提取质量不高，蛋白降解或者提取量不足。

（2）样本中没有可以与探针结合的蛋白。

（3）探针与蛋白无特异性的相互作用。

（4）转膜效率低，蛋白或者探针未转移到膜上。

（5）曝光或者成像时间过短。

2. 在 Super-Shift EMSA 测定中看不到 Super-Shift DNA/ 蛋白复合物带还可能有以下原因

（1）抗体没有工作。不是所有的抗体都可以用于 Super-Shift EMSA，只有对非变性蛋白的表面抗原决定簇起反应的抗体才能够用于 Super-Shift EMSA。

（2）测定的活化的 DNA/ 蛋白复合物中没有希望检测的构成成分存在。此时既看不到 Super-Shift 的带，也看不到 DNA/ 蛋白复合物的量的减少。

（3）使用的抗体过度稀释。一般 10~20μl 的反应液需要使用 0.5~1μl 原倍的抗体。

（4）多抗与 DNA/ 蛋白复合物形成大的聚集物而不进胶。在这种情况下，虽然看不到 Super-Shift 的带，但应当可以看到 DAN/ 蛋白复合物的电泳带明显减少。

3. 为什么实验背景高

（1）曝光或者成像时间过长。

（2）封闭时间不足或者效率不高。

（3）洗涤效果不佳。

（4）实验过程中膜没有一直处于湿润状态。

4. EMSA 测定需要多少量的蛋白与标记的探针

对每一个特定的结合蛋白和探针，所用的纯化蛋白，部分纯化蛋白，粗制核抽提液需作优化：一般所用纯化蛋白的量在 20~2 000ng 间，可将蛋白：DNA 的等摩尔比调整为蛋白的摩尔数是 DNA 的 5 倍；用粗制核抽提液，需要 2~10μg 蛋白形成特异的复合物。

部分纯化蛋白与粗制核抽提液应保存在 -80℃、探针应保存在 -20℃以防止降解。无论探针或是结合蛋白都应避免多次冻融。

5. Poly（dI:dC），非特异性竞争 DNA，特异性竞争 DNA 在 EMSA 测定中的作用

Poly（dI:dC）由肌苷和胞嘧啶组成。在 EMSA 反应中加入 poly（dI:dC），可抑制粗制核抽提液中转录调节因子与标记探针的非特异结合。结合溶液中的 poly（dI:dC）的用量需在正式实验前进行优化，一般用量大约在 0.05mg/ml 左右。当用纯化的蛋白作凝胶迁移反应时，不必一定加入 poly（dI:dC），如加入，则普通反应中所用终浓度不超过 50~100ng。对核抽提液，每 2~3μg 核抽提液用 1μg poly（dI:dC）。

为确定所形成的复合物的特异性，在含或不含增量的特异竞争 DNA 或非特异的竞争 DNA 时，作结合反应的竞争实验。一般，特异竞争探针是非标记的 DNA，其序列与标记探针相同，故能与标记探针竞争与结合蛋白的反应。非特异竞争探针的长度组成和 DNA 探针相同，但序列不同。如果结合蛋白与标记探针的结合被特异竞争探针抑制，而不受非特异探针的影响表明靶结合蛋白的存在。特异与非特异性竞争 DNA 的用量也需优化或滴定，但竞争 DNA 通常是标记的探针用量的 30~100 倍（W/W）。

6. 用什么凝胶条件将蛋白质 / 探针复合物和游离的探针分离开

将结合蛋白或粗制核抽提液和目的探针结合，蛋白 / 探针复合物和游离探针可在非变性聚丙烯酰胺凝胶中经电泳分离。聚丙烯酰胺的浓度一般为 6%，在特定条件下可用高或低的浓度。也可将 TGE 缓冲液（12.5mmol/L Tris，pH 值为 8.3，95mmol/L 甘氨酸，0.5mmol/L EDTA）用于不稳定的蛋白 /DNA 复合物。在 4℃进行结合和电泳实验以阻止不稳定复合物和探针的解离。

当带型不紧密出现拖尾时，表明复合物存在解离。凝胶必需完全聚合，以避免带型拖尾。如复合物不进入凝胶则表明所用的蛋白或探针过量，或盐的浓度过量不适用于这一反应。在含抽提液的带中不含游离探针或复合物，但只含探针的带中有探针表明抽提物有核酸或磷酸酶污染，应在抽提液中和结合反应中加入相应的抑制剂。

第十九节　蛋白质序列分析

随着分子生物学的发展，人们获得了越来越多关于蛋白质序列、结构和功能的信息。世界各国的生物学家和计算机科学家合作利用这些信息构建了蛋白质序列数据库、蛋白质三维结构数据库、蛋白质组数据库（二维凝胶电泳数据库）、信号传导及蛋白质－蛋白质相互作用相关数据库、DNA 和蛋白质相互作用数据库等蛋白质相关数据库。

1. UniProt– 通用蛋白质资源库

UniProt（http://www.uniprot.org/）是存储和链接其他蛋白质数据库的资源库，并且是蛋白质序列和具有综合功能注释目录的中心资源库。使用 UniprotKB 可以检索准确、可靠的蛋白综合信息。使用 UniRef 可以减少冗余，加速序列相似性搜索。使用 UniParc 可以检索存档序列和它们来源的数据库。

2. iProClass– 蛋白质知识整合数据库

iProClass（http://pir.georgetown.edu/iproclass/）提供来自 90 多个生物学数据库的大量整合数据，包括蛋白 ID 图谱服务、UniProtKB 编注蛋白质摘要描述和筛选 UnParc 数据库的蛋白质序列。使用 iProClass 可以检索最新的蛋白质综合信息，包括：功能、转导通路、相互作用、家族分类、基因和基因组、功能注释标准体系（ontology）、文献和分类学信息。使用 iProClass 还可以检索 ID 图谱、蛋白质词典和相关序列。

3. PIRSF– 蛋白质家族分类系统

PIRSF（http://pir.georgetown.edu/pirsf/）分类系统概要论述家族的特征，如家族名称、分类分布、分级和功能域结构，以及家族成员，包括功能、结构、传导通路、功能注释标准体系（ontology）和家族分类。利用这些信息可以获得蛋白质的准确功能或预测的功能和该蛋白质所属家族成员共有的其他特征。

4. iProLINK– 蛋白质文献、信息和知识整合数据库

iProLINK（http://pir.georgetown.edu/iprolink/）提供有关注释内容的文献、蛋白质名称词典和其他有助于文献挖掘的人文语言处理技术开发的信息、数据库校正、蛋白质名称标记和功能注释标准体系（ontology）。使用 iProLINK 可以获得描述蛋白质记录的文本文献资源，在 UniProtKB 记录（生物词典）中加入蛋白质或基因命名的图谱，获得用于开发文本挖掘算法的注释数据集、挖掘蛋白质磷酸化（RLIMS–P）文献和获得蛋白质功能注释标准体系（ontology）（PRO）信息。

第四章　载体构建及扩繁

第一节　DNA限制性内切酶酶切分析

一、实验原理

限制性内切酶（Restriction Endonuclease）是能识别双链特定DNA序列并将DNA双链切开的酶的总称。限制性内切酶的命名是由Smith和Nathams于1973年提出，1980年Roberd在此基础上进行了系统的分类，总规则是以内切酶来源的微生物的学名进行命名的，即属名的第一个字母大写、种名的前两个字母小写，有时还要加上株系名称的字母。如BamH Ⅰ来自淀粉液化芽胞杆菌Bacills amyloliquefaciens的H株系分离的第一种限制性内切酶，命名为BamHI。限制性内切酶根据其切割特性、催化条件和是否具有修饰酶活性可分为：Ⅰ型酶是一种复合功能酶，兼有修饰和切割DNA两种作用特性，即若在酶的识别位点上两条DNA链均未甲基化，切割DNA，切点在识别位点400~700bp外随机切割，不产生特异片段，酶在切割DNA的同时或随后变为ATP酶；若酶的识别位点上一条DNA链未甲基化，酶将把另一条链也甲基化，发挥酶的修饰功能；若酶的切割位点上两条链均已甲基化，则不能切割DNA。Ⅱ型酶的切割位点在识别位点以外，无ATP酶和DNA解旋酶功能。我国的强伯勤教授发现了识别8个核苷酸序列的Ⅱ型限制性内切酶。Ⅲ型酶的主要特点是识别切割同一特异的DNA片段，识别序列为反转重复序列（具有180度的旋转对称性），富含GC，一般为4~6个碱基对，DNA被酶切后产生3种不同的切口，分别为在酶切位点的对称轴上产生平末端，如EcoRV 5’GAT ATC；在识别序列的双侧切割DNA双链产生黏性末端，如EcoRI 5’G AATTTC在对称轴5’末切割，产生5’端突出的黏性末端；反之产生3’端突出的黏性末端，如PstI 5’CTGCA G。Ⅲ型酶因为其特点成为基因工程的常用酶。实验中限制性内切酶的用量以酶的活性单位来表示，其定义如下：在适当条件下（温度、pH值、离子强度等），1h内完全切割1μg特定DNA底物所需要的限制性内切酶的量，定为一个活性单位。

限制性内切酶的作用原理是一种限制酶只能识别一种特定的核苷酸序列，并在特定的切点上切割DNA分子。限制性内切酶首先在大肠杆菌中发现的能够分解外来DNA的核酸酶。与核酸外切酶相比，该酶可从DNA双链内部特异的核苷酸序列处将DNA双链切断，产生黏性或平末端的DNA片段。根据限制性内切酶的特性可分为Ⅰ、Ⅱ、Ⅲ三种类型。进行DNA酶切时，根据具体情况可用单酶切或双酶切。特定的酶有其配套的缓冲液。进行双酶切时，应选用两种酶都适合的缓冲液。如果两种酶所用缓冲液成分不同（主要是盐离子浓度不同）或反应温度不同，这时可以采用如下措施解决：

① 先用一种酶切，然后乙醇沉淀回收 DNA 分子后再用另外一种酶切。

② 先进行低盐要求的酶酶切，然后添加盐离子浓度到高盐的酶反应要求，加入第二种酶进行酶切。

③ 使用通用缓冲液进行双酶切。如果两种酶要求的温度不同时，先在较低温度下酶切，然后在较高的温度下酶切。具体要根据酶的反应要求进行，尽量避免星号活力。

限制性内切酶的活性以酶的活性单位表示，1 个酶单位（1 Unit）指的是在指定缓冲液中，37℃下反应 60 min，完全酶切 1 μg DNA 所用的酶量。

在酶切反应中，DNA 的纯度、缓冲液中的离子强度、Mg^{2+} 等因素均可影响反应，一般可通过增加酶的用量，延长反应时间等措施以达到完全酶切。

二、实验操作

（1）将在 -20℃保存的 DNA 样品和 10× 限制性内切酶反应缓冲液取出，冰浴融化。

（2）取一个 0.5 ml 的离心管，按顺序加入以下组分：

DNA 样品	0.1~2 μg；
10× 内切酶反应缓冲液	1 μl；
内切酶 1	0.5 μl；
内切酶 2	0.5 μl；
无菌水至	20 μl。

（3）离心 1s，使管壁上的溶液集中到管底。用手指轻弹管底部位使之混合，再离心一次，使管壁上的溶液集中到一起。

（4）在 37℃温育 60~120 min（反应温度和时间根据内切酶的特性确定）。

（5）根据限制性内切酶的特性使酶失活，终止反应，如加热或加 1/10 体积 0.5 mol/L 的 EDTA（pH 值为 8.0）混合。

（6）与 1/5 体积的样品缓冲液混合。

（7）琼脂糖凝胶电泳检测、回收。

三、实验结果分析

目标基因（654 bp）内部存在 EcoR I 酶切位点，酶切反应后电泳琼脂糖凝胶电泳检测，如图 4-1 所示，目标基因被不完全酶切，产生 654 bp、479 bp 和 175 bp 三条带。

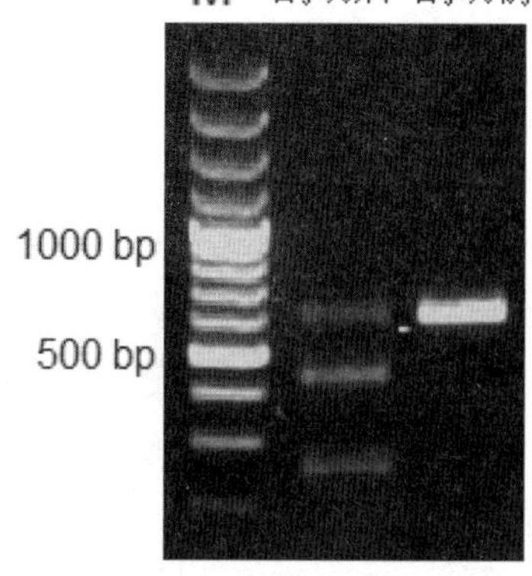

图 4-1 酶切反应琼脂糖凝胶电泳检测

四、注意事项

1. 内切酶

加入内切酶的体积不能超过反应体积的 10%，否则会因酶中的甘油体积达到 5% 而抑制酶活性，而且酶量过大，酶本身就会导致识别序列的特异性下降。每次用酶时，酶从冰箱中取出后，应马上放在冰上，一般总是在其他试剂加完后再加酶，每次取酶必须用新的灭菌微量吸头，1 个吸头不能反复使用，更不能交叉使用，以防造成对酶的污染。

2. 底物的 DNA

底物量要合适，不能太大，而且应具备一定的纯度，不能含有迹量的酚、氯仿、乙醚、大于 10mmol/L 的 EDTA、去污剂等。

3. 反应缓冲液

厂商出售的内切酶时，同时提供相应的 10 倍的酶解缓冲液，酶切缓冲液按离子强度分为高、中、低 3 种，如果一个实验室内有多种缓冲液放在一起，使用时一定要选取相应的缓冲液。BamH I 是高盐浓度缓冲液。

4. 酶解温度

绝大多数限制性内切酶的最佳温度为 37℃，有些酶如 BclI 为 50℃，在 37℃时只为其最高活性的 50%，还有比较常用的最佳温度为 25℃。

5. 时间

酶切时间和酶切用量在一定程度上可以互补，一般用足够的时间达到完全切割。

6. 各成分混匀

反应体系中的各个成分一定要混匀，手指轻弹管壁，再用 4 000rpm/min 离心 5s。

7. 反应终止—终止内切酶反应的方法

DNA 酶切后不需进行进一步的酶反应，可以加入 EDTA 至终浓度为，通过 EDTA 结合内切酶的辅助因子而终止反应，或加入 SDS 至（W/V）使酶切酶变性而终止反应：若 DNA 酶解后仍需要进行下一步反应，如连接、内切酶反应，需将酶切后的 DNA 的溶液置 65℃ 20min，这只对最佳反应温度为 37℃的内切酶的反应有效，而且还不能使某些酶完全失活，最为有效且有利于下一步 DNA 的酶学操作的方法是用酚、氯仿抽提，然后用乙醇沉淀回收 DNA。

8. 酶解完成后，不必立即终止反应

先取适量反应液进行快速琼脂糖凝胶电泳，在紫外仪下观察酶解结果后，再决定是否终止反应。

9. 酶切星号活力（star activity）

限制性内切酶在非标准反应条件下能够切割一些与其特异识别序列类似的序列，这种现象称星号活力。常见诱发星号活力的因素如下：高甘油含量、内切酶用量过大（100 单位酶 / μgDNA）、低离子浓度缓冲液（25mmol/L）、高 pH 值为 8.0、有机溶剂（乙醇等）、非 Mg^{2+} 的二价阳离子存在。实验中要防止星号活力的发生。

第二节　PCR 产物连接

一、实验原理

T4 DNA 连接酶，可以催化粘端或平端双链 DNA 或 RNA 的 5'-P 末端和 3'-OH 末端之间以磷酸二酯键结合，该催化反应需 ATP 作为辅助因子。同时 T4 DNA 连接酶可以修补双链 DNA、双链 RNA 或 DNA/RNA 杂合物上的单链缺刻，使之成为一个完整的 DNA 分子。

二、实验操作

选用天为时代公司 pGEM®-T Easy Vector 连接试剂盒，载体选用 pGEM®-T Easy Vector 载体，连接酶是试剂盒中 T4 DNA 连接酶。

（1）离心装有载体和酶的离心管，以免液体挂在管壁上；每次使用前充分涡旋混均连接 Buffer。

（2）将反应体系加入 0.5 ml 离心管，10 μl 反应体系具体加量如下。

10 × Ligation Buffer	1 μl ;
pGM-T Easy Vector（60 ng/μl）	1 μl ;
PCR product	2~7 μl ;
T4 DNA Ligase（3 Weiss units/μl）	1 μl ;
deionized water to a final volume of	10 μl。

（3）室温连接 1h，若要求较高的转化效率，可 4℃连接过夜。

注意：

① 在连接带有黏性末端的 DNA 片段时，insert DNA 浓度一般为 2~10 ng/μl，在连接平齐末端的 DNA 片段时，insert DNA 终浓度一般为 100~200 ng/μl。

② 连接反应后，反应液在 0℃储存数天，-80℃储存 2 个月，但在 -20℃冰冻保存将会降低转化效率。

③ 黏性末端形成的氢键在低温下更稳定，所以在连接粘性末端时，反应温度以 10~16℃为好，平齐末端则以 15~20℃为好。

第三节　连接产物的转化

一、实验原理

转化是指运载体重组子导入细菌的过程。其原理是细菌处于 0℃，$CaCl_2$ 低渗溶液中，细菌细胞膨胀成球形。转化混合物中的 DNA 形成抗 DNA 酶的羟基 - 钙磷酸复合物黏附于细胞表面，经 42℃短时间热击处理促进细胞吸收 DNA 复合物。将细菌放置于非选择性培养基中保温培养一段时间，促使在转化过程中获得新的表型得到表达，然后将此细菌培养培养物涂在含有氨苄青霉素的选择性培养基上培养观察。

重组质粒转化宿主细胞后，还需对转化菌落进行筛选鉴定。利用 α 互补现象进行筛选是目前最常用的一种鉴定方法。载体中具有一段大肠杆菌 β 半乳糖苷酶的启动子及其 α 肽链的 DNA 序列，此结构称为 *Lac Z* 基因。*Lac Z* 基因编码的 α 肽链是 β 半乳糖苷酶的氨基端的短片段（146 个氨基酸）。宿主和质粒编码的片段都不具有酶活性，但它们可以通过片段互补的机制形成具有功能活性的 β 半乳糖苷酶分子。*Lac Z* 基因编码的 α 肽链与失去了正常氨基端的 β 半乳糖苷酶突变体互补，这种现象称为 α 互补。由 α 互补而形成的有功能活性的 β 半乳糖苷酶，可以用 X-gal（5- 溴 -4- 氯 -3- 吲哚 -β-D- 半乳糖苷）显色出来，它能将无色的化合物 X-gal 切割成半乳糖和深蓝色的底物 5- 溴 -4- 靛蓝。因此，任何携带着 *lac Z* 基因的质粒载体转化了染色体基因组存在着此种 β 半乳糖苷酶突变的大肠杆菌细胞后，便会产生出有功能活性的 β 半乳糖苷酶，在 IPTG（异丙基硫代 β-D- 半乳糖苷）诱导后，在含有 X-gal 的培养基平板上形成蓝色菌落。而当有外源 DNA 片段插入到位于 *lac Z* 中的多克隆位点后，就会破坏 α 肽链的阅读框，从而不能合成与受体菌内突变的 β 半乳糖苷酶相互补的活性 α 肽，而导致不能形成有功能活性的 β 半乳糖苷酶，因此含有重组质粒载体的克隆往往是白色菌落。

二、实验操作

准备工作：

第一，配置 100 mg/ml 的 IPTG，20 mg/ml 的 X-gal，50 mg/ml 的 Ampicillin；2 mol/L 的 $MgSO_4$/$MgCl_2$ stock，2 mol/L 的 Glucose stock，各种培养基。

第二，培养皿、枪头、弯头玻璃棒、挑针和离心管的高压灭菌；枪头和离心管的预冷。

操作步骤：

（一）热激法

（1）取一管感受态细胞和 solution A，solution B 置于冰浴中融化；每 100μl 感受态细胞中加入 10 μl solution A，8 μl solution B，95μl 预冷的无菌去粒子水，混均。

（2）用冷的无菌的枪头吸取 50~100 μl 上述感受态细胞混合物转移到一无菌的预冷的 1.5 ml 离心管中，加入 5~10 μl 连接产物（体积最好不要超过感受态细胞体积的 1/10），轻轻旋转以混均内溶物，在冰上放置 30min。

（3）将管放在室温（25℃左右）10min 左右，或放到 42℃循环水浴中 90s，不要摇动。

（4）迅速将管转移到冰浴中，使细胞冷却 2~3min。

（5）每管加 500 μl SOC 或 LB 培养基，置于 37℃摇床振摇培养，温育 45min 使细菌复苏，并且表达质粒编码的抗性基因。

（6）涂板：在已经制好的 LB 固体选择培养基的平面皿上加入 100~300 μl 第 5 步所得的菌体（可将第 5 步所得的菌体短暂离心，弃除部分上清液，剩余部分全部到入平板上），用一无菌的弯头玻棒轻轻的涂布均匀。

（7）将平板置于室温培养半小时以上，直至液体被完全吸收。

（8）倒置平板，于 37℃培养 12~16h，待出现明显而又未相互重叠的单菌落时拿出平板，放于 4℃数 h，使现色完全。

注意：同时做对照实验（①只用感受态细胞进行培养—无菌落；②感受态细胞 + 载体进行培养—蓝色菌落；③感受态细胞 +Control Insert DNA 的连接产物进行培养—白色菌落）。

（二）$CaCl_2$ 法

（1）接种一个单菌落于 50 ml LB 培养液中，于 37℃摇床培养过夜（250 rpm/min）。

（2）往一个 2 L 的烧瓶中加入 400 ml LB 培养液，再加入 4 ml 过夜培养液，于 37℃；摇床，培养至 OD590 为 0.375。

（3）将培养液分装到 8 个 50 ml 预冷无菌的聚丙烯管中，于冰上放置 5~10 min，然后于 4℃，1 600 g 离心 7 min。

（4）细胞沉淀用 10 ml 冰冷的 $CaCl_2$ 溶液重悬，于 4℃，以 1 100 g 离心 5 min 。

（5）细胞沉淀用 10 ml 冰冷的 $CaCl_2$ 溶液重悬，冰上放置 30 min，于 4℃，1 100 g 离心 5 min。

（6）用 2 ml 冰冷的 $CaCl_2$ 溶液重悬各管细胞，然后按每管 250 μl 的量分装于预冷的无菌聚丙烯管中，立即冻存于 −70℃。

（7）按照以下各步骤用 10 ng pBR322 转化 100 μl 感受态细菌。

（8）将合适体积的转化物涂于含有氨苄青霉素的 LB 平板上，37℃培养过夜。

（9）将 10 ng 加入到一个 15 ml 无菌的圆底试管中，并放置冰上。

（10）将盛有感受态细胞菌的管子握在手上使菌液迅速熔化。

（11）立即将 100 μl 感受态细菌加 入到管中，轻轻旋动，并放置冰上 10 min 。

（12）将管放入 42℃水浴 2 min 进行热休克，然后加入 1 ml LB 培养液于每一支试管中。

（13）于 37℃置滚筒式摇床口培养 1 h。

（14）将几个稀释度菌液涂布于含合适抗生素的平板上，于 37℃培养 12~16 h。

（三）一步法

（1）按 1∶100 的比例将过夜培养的菌液加入到新鲜的 LB 培养液中，于 37℃培养至为 OD600 为 0.3~0.4。

（2）加入等体积的 2×TSS 于菌液中，在冰上温和地混匀。

（3）将 100 μl 感受态细菌和 1~5 μl DNA 加入到 1 个冰冷的聚丙烯管或玻璃管中，4℃放置 5~60 min。

（4）加入 0.9 ml 含 20 mmol/L 葡糖的 LB 培养液，37℃温和振荡培养 30~60 min 在合适的平扳上挑选转化体。

（四）高效率电转法

（1）接种 1 个单菌落于 5 ml LB 培养液，37℃温和振摇培养 5 h 或过夜。

（2）将 2.5 ml 培养物加入到盛有 500 ml LB 培养液的 2 L 烧瓶中，37℃摇匀振荡培养至 OD600 为 0.5~0.6。

（3）细菌在冰水浴冷却 10~15 min，然后转移到预冷的 1 升离心瓶中。于 2℃，5 000 g 离心 20 min 沉淀用 5 ml 预冷的水溶解 6。

（4）加入 500 ml 冰冷的水，混匀，按步骤 3 重复离心 1 次，立即将上清液倒掉，用残余的液体重悬细胞。

（5）新鲜制得的细菌。

① 将悬浮液加入到预冷的 50 ml 聚丙烯管中，2℃，5 000 g 离心 10 min。

② 估计细胞沉淀的体积，沉淀用等体积的冰冷水重悬。

③ 按 50~300 μl 分装于预冷的微量离心管中。

（6）冻存细菌。

① 加入 40 ml 冰冷的 10% 甘油，混合，然后按照步骤 5 离心。

② 估计沉淀的体积，然后加入等体积的冰冷的 10% 甘油，重悬菌体。

③ 按 50~300 μl 分装于预冷的微量离心管中。

④ 置于干冰上冷冻并贮存于 −80℃。

（7）将电转化仪调到 2.5 kV、25 μF，脉冲控制器调到 200~400 Ω。

（8）将 1 μl 质粒 DNA 加入到盛有新鲜制备的细菌或融化的冻存细菌的小管中，混匀。

（9）将转化混合物转移到预冷的电转化池中，吸干池的外表面，然后放入样品槽中。

（10）进行脉冲电转化，然后取出电转化池，马上加入 1 ml SOC 培养液，并且用巴斯德吸管转移到无菌的培养管中。

（11）于 37℃，中速振荡培养 30~60 min。

（12）分小份涂布于含有抗生素的 LB 平板上。

附：培养基配方。

① LB 液体培养基的配制。

Bacto trytone　　10 g；

Bacto yeast extract　　5 g；

NaCl　　10 g；

Add dH_2O to　　1 000 ml。

摇动至完全溶解，在 151bf/in^2(1.034 × 10^5) 高压下蒸汽灭菌 20min。

② LB 固体选择培养基的配制

Bacto trytone　　10 g；

Bacto yeast extract　　5 g；

NaCl　　10 g；

Bacto–agar　　15 g；

Add dH_2O to　　1 000 ml。

摇动至完全溶解，在 151bf/in^2(1.034 × 10^5) 高压下蒸汽灭菌 20min。等温度降至 50~60℃再加入下列试剂，摇匀。

IPTG(100 mg/ml)　　140 μl；

X–gal(20 mg/ml)　　1 200 μl；

Ampicillin(50mg/ml)　　1 000 μl。

注意：Ampicillin 的终浓度为 50~100 μg/ml，X–gal 的终浓度为 24 μg/ml，IPTG 的终浓度为 14 μg/ml。

③ SOB 培养基的配制

Bacto trytone　　2 g；

Bacto yeast extract　　0.5 g；

NaCl　　1 ml(1 mol/L stock)；

KCl　　0.25 ml(1 mol/L stock)；

dH_2O　　98 ml；

SOB　　100 ml。

用 NaOH 调 pH 值至 7.0，高压灭菌。

④ SOC 培养基的制备(须先用现配)

SOB　　1 ml；

$MgSO_4/MgCl_2$　　10 μl(2 mol/L stock)；

Glucose　　10 μl(2 mol/L stock)；

2 mol/L 的 $MgSO_4/MgCl_2$ stock 和 2 mol/L 的 Glucose stock 均需滤膜过滤除菌。

三、实验结果分析

如图 4–2 所示，质粒转化大肠杆菌后培养 16℃的实验结果，白色菌落为阳性，蓝色菌落

为假阳性（空载体转化）。

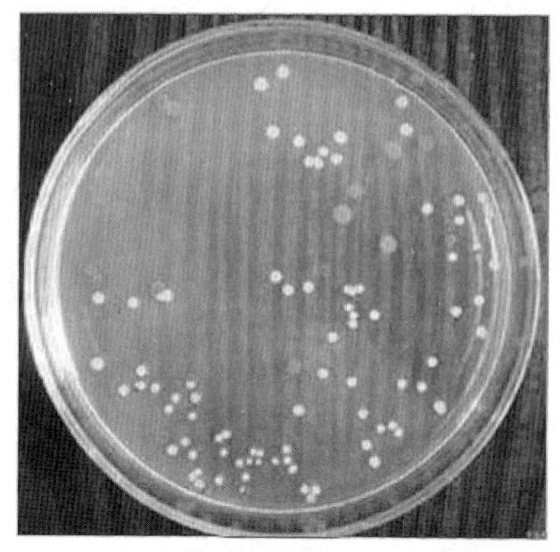

图 4-2　质粒转化大肠杆菌后培养

第四节　挑菌与摇菌

一、操作流程

（1）深孔板的清洗。深孔板先用洗涤灵和毛刷刷静后，用蒸馏水冲洗 3~4 遍，再用超声波超 30min，再用蒸馏水冲洗数遍。盖子先用 70% 酒精浸泡 2h，再用紫外照射 4~6h。用同样的方法清洗排枪枪头。（若用试管摇菌，应将试管洗净后高压灭菌）。

（2）每孔用排枪加 1.2ml TB 液体培养基（若用试管，每管可加 1~5 ml LB 液体培养基），用灭菌的牙签挑取白色克隆于培养基中，盖紧试管盖。

（3）置深孔板于 37℃摇床，220~240rpm 振摇培养 16~20h。

二、附：TB 培养基配方

TB：

Bacto – tryptone		12 g；
Bacto-yeast extract		24 g；
Glycerol		4 ml；
Add H_2O to		900 ml。

K^+ 盐离子：

KH_2PO_4	2.13 g	0.17mol/L（终浓度）；
K_2HPO_4	12.54 g	0.72 mol/L（终浓度）；
Add H_2O to	100 ml 。	

分别灭菌，冷却至 60℃以下时混合，到用时加入适量的抗生素。

第五节　保菌

一、操作流程

96 孔保存板用紫外照射 4h 以上。

配置冻存培养基，配方如下。

二、附冻存培养基配方

10 × Freezer Buffer (for cell storage) (表 4–1)。

表 4–1　保菌冻存培养基成分

Ingredient	Amount	Final Concentration
K_2HPO_4	6.42 g	360 mmol/L
KH_2PO_4	1.80 g	132 mmol/L
Na citrate	0.50g	17 mmol/L
$MgSO_4 \cdot 7H_2O$	0.10g	4 mmol/L
$(NH_4)_2SO_4$	0.90g	68 mmol/L
Glycerol	44 ml	44% （V/V）
H_2O to	100 ml	
Freezer storage Media	100 ml	1000 ml
LB 培养基	90 ml	900 ml
10 × Freezer Buffer	10 ml	100 ml

每孔加培养基 150 μl，吸取菌液 5 μl，先加盖膜，再把盖子盖上，最后用保鲜膜把板包好以免蒸发，放在 37℃温箱培养 16h 左右，直至培养基变浑浊，拿出放在 –70℃长期保存。

第六节　菌液 PCR 检测

一、操作流程

(1) 模板制备。取 95 μl ddH_2O 加入 5 μl 菌液，煮沸 10~15 min，短暂离心。

(2) 菌液 PCR 检测的反应体系 (表 4–2)。

表 4-2　菌液 PCR 检测成分

类别	数量
10 × Buffer	2.0 μl
$MgCl_2$（25mmol/L）	2.0 μl
dNTP（25mmol/L）	0.16 μl
Taq 聚合酶（5U/μl）	0.08 μl
T7 L（5μmol/l）	1.5 μl
SP6 R （5μmol/l）	1.5 μl
ddH_2O	11.76 μl
模板 DNA	1 μl
Total	20 μl

二、相关反应程序

菌液 PCR 检测的反应程序：

（1）94℃　　1 min。

（2）40℃　　1 min。

（3）70℃　　2 min。

（4）go to step 1　　32 times。

（5）70℃　　5 min。

（6）4℃　　10 h。

（7）End。

第七节　质粒提取

一、实验原理

存在于许多细菌和酵母菌等生物中，一些双链、闭环的 DNA 分子，大小从 1~2 000 kb 不等，是细胞染色体外能够自主复制的环状 DNA 分子。碱裂解法提取质粒 DNA 的基本原理为：当菌体在 NaOH 和 SDS 溶液中裂解时，蛋白质与 DNA 发生变性，加入中和液后，质粒 DNA 分子能够迅速复性，呈溶解状态，离心时留在上清中；蛋白质与染色体 DNA 不变性而呈絮状，离心时可沉淀下来。进一步的质粒 DNA 提取步骤：手提是经过苯酚、氯仿抽提，RNA 酶消化和乙醇沉淀等步骤去除残余 RNA、蛋白质及盐分；试剂盒则在此基础上使用 DNA 吸附柱来吸附质粒 DNA，再洗脱纯化质粒。

二、实验操作

1. 试剂盒提取质粒

以天为时代公司质粒提取试剂盒为例。

（1）从 LB 平板上挑取 10 个左右的白斑，接种到 5 ml LB 液体培养基中，37℃ 230 rpm 振荡培养过夜。

（2）取 1~5ml 菌液，10 000 rpm/min 离心 1 min，收集沉淀，尽量控干培养液。

（3）加 250 µl 溶液 P1，涡旋震荡至彻底悬浮。

（4）加 250 µl 溶液 P2，温和的上下翻转 6~8 次，使菌体充分裂解。

（5）加 350 µl 溶液 P3，温和的上下翻转 6~8 次充分混匀，此时会出现白色沉淀，12 000 rpm/min 离心 15 min。

（6）将上一步所得的上清液加入吸附柱 CB3 中，吸附柱在放入离心管中，12 000 rpm/min 离心 30 s。

（7）倒掉收集管中的废液。

（8）加入 500 µl 去蛋白液 PD，12 000 rpm/min 离心 30 s，去掉废液。

（9）加入 700 µl 漂洗液 PW，12 000 rpm/min 离心 30 s，去掉废液。

（10）加入 500 µl 漂洗液 PW，12 000 rpm/min 离心 3 min，去掉废液。

（11）将吸附柱放入收集管中，12 000 rpm/min 离心 3 min，尽量除去漂洗液。

（12）取出吸附柱，放入 1 个干净的离心管中，加入 50~100 µl 1 mmol/L 的 Tris-HCl，室温放置 2 min，12 000 rpm/min 离心 1 min。为提高回收率，可以重复 1 次。

2. 96 孔板提取质粒

（1）离心，收集菌体，4 000 rpm/min，8 min，4℃。

（2）倒掉上清液，将板倒扣在餐巾纸上，擦干残留液体后每孔加入 110 µl 的 solution Ⅰ，每 100 ml solution Ⅰ +300 µl 的 RNaseA（需要根据酶的质量而定，也就是说不同公司的酶需要加的量也不同）。

（3）加入提前配好的 solution Ⅱ，每孔 110 µl，轻柔混匀，室温放置一会儿，从开始加入 solution Ⅱ时开始计时 5 min。

（4）加入 solution Ⅲ，每孔 110 µl，上下颠倒混匀，冰上放置 30 min，然后离心沉淀，4 000 rpm，4℃，30 min。

（5）转移上清液（每孔 280 µl）到提前准备好的过滤膜上，离心，4 000rpm，4℃，10min。

（6）加入 174 µl 的（0.6 倍体积）异丙醇，盖上胶盖，颠倒混匀，离心，4 000 rpm/min，20℃，20 min。

（7）弃上清液，将板倒扣餐巾纸上，控一下，然后置超净工作台内吹干，无异味为止，再用 50 µl 的 1mmol/L 的 Tris-HCl 溶解质粒。

（8）加入 25 μl 的 7.5 mol/L 的乙酸钾，和 150 μl 预冷的无水乙醇，然后盖好胶盖，上下颠倒混匀，放 -20℃冰箱内沉淀 30 min 左右，离心沉淀，4 000 rpm，4℃，30 min。

（9）弃上清液，将板倒扣餐巾纸上，加入 200 μl 的 70% 乙醇清洗，封膜离心，4 000 rpm，4℃，20 min。

（10）弃上清液，将板倒扣餐巾纸上，控干，置超净工作台内吹干，无乙醇味为止。

（11）依据 DNA 的量适当加入 1 mmol/L 的 Tris-HCl 溶解（50μl 左右）。

（12）取少量在 0.8% 的琼脂糖胶上检测质粒 DNA 的质量及浓度。

3. 质粒培养和提取所需溶液的配制

（1）1 L LB 液体培养基（保菌用）。

① Tryptone　　10 g；

② Yeast extract　　5 g；

③ NaCl　　10 g；

④ 加 900 ml 的蒸馏水溶解，高压灭菌；

⑤ 冷却后在超工作台内加入 100 ml 的 10 × Freezer bf 和 1 ml 的羧苄，摇匀。

（2）1 L TB 液体培养基。

① Tryptone　　12 g；

② Yeast extract　　24 g；

③ 丙三醇　　4 ml；

④ 加 900 ml 的蒸馏水溶解，高压灭菌。

（3）磷酸盐的配制。

① KH_2PO_4（0.17 mol/L）　　2.31 g；

② $K_2HPO_4 \cdot 3H_2O$（0.72 mol/L）16.43184 g；

③ 加 100 ml 的蒸馏水溶解，高压灭菌；

④ 冷却后在超净工作台内加入 100 ml 的磷酸盐和 1 ml 的羧苄，摇匀即可。

（4）Solution Ⅰ：1 L。

① 葡萄糖（50 mmol/L）　　9.9 g；

② 1 mol/L Tris-HCl（pH 值为 8.0）（25 mmol/L）　　25 ml；

③ 0.5 mol/L EDTA（pH 值为 8.0）（10 mmol/L）　　20 ml；

④ 1 L 的蒸馏水定容，摇匀后高压灭菌，冷却后放 4℃保存。

（5）Solution Ⅱ的配法。

ddH_2O	9.3 ml	23.25 ml	46.5 ml；
10 mol/L NaOH	200 μl	500 μl	1 ml；
20% SDS	500 μl	1.25 ml	2.5 ml；
总体积	10 ml	25 ml	50 ml。

（6）3 mol/L Solution Ⅲ：1 L。

① 乙酸钾　294.45 g；

② 冰醋酸　300 ml 左右（调 pH 值为 4.8~5.2）；

③ 用 1 L 的蒸馏水定容，高压灭菌，冷却后 4℃保存。

（7）7.5 mol/L 的乙酸钾。

① 乙酸钾　736.05 g；

② 用 1 L 的蒸馏水溶解，摇匀后高压灭菌，冷却后放 4℃保存。

三、注意事项

（1）Ⅰ液。在Ⅰ液中加入相应比例的 RNaseA，这个比例根据 RNaseA 的提取时间和 RNA 的残留多少而相应调整，Ⅰ液可储存在 4℃。

（2）Ⅱ液。NaOH 和 20% 的 SDS，要充分混合，因为Ⅱ液不能长期储存，所以Ⅱ液要根据当天模板的数量配制，以免浪费。SDS 温度过低就会凝固，所以冬天的时候 SDS 要先预热。

（3）Ⅲ液。直接使用配液组配好的原Ⅲ液，Ⅲ可储存在 4℃。

（4）加液器。Ⅰ液、Ⅱ液、Ⅲ液都使用 8 道加液器，首先根据每种溶液所加体积，把加液器调到相应的刻度，每次使用前都要校准，加液时要把加液器抬到最高处，再压到底，以保证每次加的体积都准确。每次使用完毕后都要清洗加液器，以免残留的溶液腐蚀和损坏加液器。

（5）96 孔和 384 孔的液体培养基可用 Q-fill2 加样器操作。

第八节　质粒 DNA 的电泳检测

一、实验原理

DNA 分子在琼脂糖凝胶中泳动时有电荷效应和分子筛效应。DNA 分子在高于等电点的 pH 溶液中带负电荷在电场中向正极移动。由于糖 - 磷酸骨架在结构上的重复性质，相同数量的双链 DNA 几乎具有等量的净电荷，因此他们能以相同的速度向正极方向移动。在一定的电场强度下，DNA 分子的迁移速度取决于分子筛效应，即 DNA 分子本身的大小和构型。具有不同的相对分子质量的 DNA 片段泳动速度不一样，可进行分离。DNA 分子的迁移速度与相对分子质量对数值成反比关系。凝胶电泳不仅可以分离不同相对分子质量的 DNA，也可以分离相对分子质量相同，但构型不同的 DNA 分子。一般情况下，提取的 9 质粒包括 3 种构型：超螺旋的共价闭合环状质粒 DNA（covalently closed circular DNA）；开环质粒 DNA（open circular DNA），即共价闭合环状质粒 DNA 的 1 条链断裂，质粒分子就能旋转而消除链的张力；线状质粒 DNA（linear DNA），即两条链在同一处或相近部位断裂。这 3 种构型的质粒 DNA 分子在凝胶电泳中的迁移率不同。因此电泳后呈 3 条带，超螺旋质粒 DNA 泳动最快，其次为线状 DNA，开环质粒 DNA 泳动最慢。

二、实验步骤

（1）称取 3g Agarose（琼脂糖）放入三角瓶中，加入 300 ml 1 × TAE 缓冲液，然后放到微波炉中加热溶解。加热过程中要拿出晃一晃以免液体溢出，直到溶液中没有小颗粒为止。溶液凉至 40℃（手摸不烫为宜）加入 2 μl 的 EB 混匀，倒入做好的胶板中，胶要铺平（注：EB 为致癌物，操作时要带手套）。

（2）用移液枪取 2 μl 的 Loading buffer 和 2 μl 的无菌水，加到 96 孔板中，然后取 2 μl 的质粒加入其中，准备点样。

（3）将制好的胶放入加有缓冲液的电泳槽中，然后把步骤 2 的样品点入加样孔，每一排加样孔的前两个分别加 50ng、100 ng 的 λ DNA 作为对照，180 V 电泳 15min。

（4）当 DNA 跑出点样孔 1~2cm 时，将其放到凝胶成像仪上显像。打印出胶图，根据质粒 DNA 带的亮度与 λ DNA 的比对分析来进行样品的定量。

三、实验结果分析

如图 4-3 所示，质粒琼脂糖凝胶电泳检测有三条带，分别代表质粒的 3 种状态：超螺旋、开环和线性。开环是超螺旋结构中 1 条链的断裂，线性就是 2 条链都断了。为了提高质粒的超螺旋比例，提取的时候各操作步骤要尽量轻柔。不过这种开环对质粒的转化和转染影响不大。

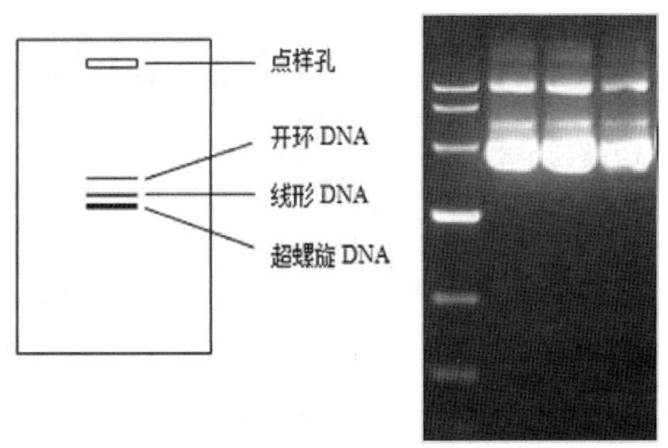

图 4-3　质粒 DNA 的琼脂糖凝胶电泳示意图

第九节　ABI3730XL 测序实验程序

一、菌的培养

（1）将 TB 培养基加 96 深孔板中，每孔 1.2 ml（抗生素依载体而定）。

（2）提前将超净工作台进行紫外消毒，挑菌之前用医用酒精彻底把超净工作台擦一遍，然后开风机和白灯，点燃酒精灯。

（3）用已灭菌的牙签将大小差不多的单克隆从 Q-tray 上挑至 96 深孔板中，以保证培养的菌生长均匀。挑菌时最好按照深孔板上的序号有顺序的放入以免漏挑，挑完一板后，放一会儿，将牙签按照挑菌的先后顺序拔出，盖好胶盖。

（4）整个挑菌过程结束后，写好板号，放入摇床培养，230 rpm/min，37℃，一般培养时间以 19~21 h 为宜。

二、菌的保存：96 孔板回接 384 板上的保菌过程

需准备的物品：医用酒精，两个洗复制头的盒子，酒精灯，打火机，384 板（含 70~75 μl 保菌用的培养基）和 1 个记时器。

（1）将摇好的菌以及上述的物品全部放入提前消毒过的超净工作台内。

（2）首先将两个洗刷盒倒入一定量的医用酒精，然后在另一旁点燃酒精灯（注意一定要远离 2 个酒精盒子）。

（3）将写好的标签纸贴在 384 板上，保证 384 板和 96 孔板号一致，准备工作做好后开始复制。

（4）将 96 针复制头放到酒精盒子里，浸泡 3min（起消毒、杀菌作用），待 96 针复制头上的酒精晾干后，再用酒精灯的外焰过一下（起双重杀菌的作用），然后静置 3min 左右，使每根针都冷却为止。

（5）取下 96 孔板摇菌的胶盖，打开 384 板的盖子，将复制针与 96 孔板对应好，然后顺时针和逆时针各转 3 圈，使每根复制针上都沾上菌液。

（6）将沾好菌液的针对好 384 板相对应的孔（96A1-384A1、96A2-384A2、96B1-384B1 和 96B2-384B2），从左上角的位置一一落下，也同样逆时针顺时针都各转 3 圈即可。

（7）复制好一板后用清水洗刷复制头上的菌液和杂质，清洗干净后继续放入酒精盒子内消毒，重复以上过程。4 个 96 板对应 1 个 384 板，复制完成后，将 384 孔板包好保鲜膜，放在摇床中，230 rpm，37℃，培养 16~18 h，最后放在超低温冰箱中保存。

（8）保菌后，收集 96 孔板中的菌体，4 000 rpm/min，8 min，4℃。

（9）离心后将 96 孔板倒扣餐巾纸上，除去残留的液体，然后盖好胶盖。

三、提取质粒的基本步骤

如前如述流程操作。

四、测序反应

（1）测序 PCR 所用引物（通用引物）：

T7　　promoter　　5’-TAATACGACTCACTATAGGG-3’；

SP6　　promoter　　5’-ATTTAGGTGACACTATAGA-3’。

（2）测序 DNA 模板的纯度与用量：

DNA 纯度：$OD_{260}/OD_{280}=1.6\sim2.0$。

DNA 用量：100~300 ng/ 每个反应体系。

用分光光度计或琼脂糖凝胶电泳检测质粒浓度（表 4–3）。

五、实验步骤

（1）根据电泳结果来定量 PCR 的模板。

（2）加入 DNA 后，96℃预变性 3min。

（3）加入 PCR 混合液。

（4）反应体系。

表 4–3　采用分光光度计或琼脂糖凝胶电泳检测粒浓度

<table>
<tr><td rowspan="5">Template</td><td rowspan="4">PCR product</td><td>100~200 bp</td><td>1~3 ng</td></tr>
<tr><td>200~500 bp</td><td>3~10 ng</td></tr>
<tr><td>500~1 000 bp</td><td>5~20 ng</td></tr>
<tr><td>1 000~2 000 bp</td><td>40~100 ng</td></tr>
<tr><td colspan="2">Double stranded plasmid</td><td>100~200 ng</td></tr>
<tr><td colspan="3">BigDye</td><td>0.3~0.5 μl</td></tr>
<tr><td colspan="3">5×Buffer</td><td>1.75μl</td></tr>
<tr><td colspan="3">Primer</td><td>0.32μl（10μmol/L）</td></tr>
<tr><td colspan="4">用无菌水补至 10 μl</td></tr>
</table>

（5）PCR 反应条件：

① 96℃ for 10 s；

② 1.0℃ /s to 50℃；

③ 50℃ for 5 s；

④ 60℃ for 3 min；

⑤ Go to step 1，29 cycles；

⑥ 10℃ 12h；

⑦ End。

反应结束后，样品要及时从 PCR 仪上取下，短时间内纯化的样品放置于 4℃冰箱中，超过 1d 以上才能纯化的样品应加上乙醇 /NaAC 混匀后放置于 –20℃冰箱冷冻。

六、PCR 产物纯化

（1）从 PCR 仪上取出样品板，在离心机上甩一下，加入 40 μl（96 孔 10μl 体系）乙醇醋酸钠，用锡箔纸（或胶皮垫）封口，颠倒混匀 4~5 次。

（2）室温放置 10min。

（3）4℃，4 000rpm/min，离心 30min，撕去锡箔纸（或胶皮垫），倒出液体，然后将板倒扣餐巾纸上，离心，500~600rpm/min，1min。

（4）加入 150 μl（96 孔 10μl 体系）70% 乙醇清洗 1 次，封好封口膜。

（5）4℃，4 000rpm/min，离心 20min，撕去封口膜，倒出液体，将板倒扣餐巾纸上，500~600rpm/min，离心 1min。

（6）放置阴凉干燥处，避光干燥 30min。

（7）加入 8 μl 甲酰胺溶解 PCR 产物，封好封口膜，2 000rpm/min 离心 30s。

（8）上机测序前将样品 96℃变性 3min，然后迅速放入冰水中，冷却后 2 000rpm/min 离心 30s，然后将板放冰上，等待测序。

七、ABI3730XL 上机操作

（1）双击桌面的 Run 3730 Data CollectionV2.0。

（2）放置样品板。将样品板放置于托架上卡紧，并将托架置于仪器的样品区，锁住，板位指示灯亮。

（3）单击 ga 3730 plate manager— import—将需测序样品的样品单打开。

（4）单击 3730 CAAS—Run Scheduler—Search—Find All—选择需测序样品的样品单—Add—Done

（5）启动运行。

① 进入 Run Status 页面，若一切正常，上方的 Run 按钮（箭头状）呈绿色。再仔细检查一遍各事项（样品板的顺序与样品单的顺序一致），确认后点击 Run 按钮启动测序程序。

② 在 Status 界面观察 2~3min，确认仪器开始正常运行（绿灯闪烁），无错误信息出现，运行过程中随时观察仪器的运行情况。

③ 当运行离结束大约 6min 时，不要打开仪器右侧放样品的门（有时会提前将板放回，有时显示 100% 时，也会持续 10min 后将板放回），以免板放不回去。

（6）运行结束。所有测序反应运行结束，绿灯停止闪烁并持续点亮状态。取下样品托架，拿出样品板，继续运行其他样品或保持机器空闲状态。

（7）填写 3730 仪器记录。

八、3730XL 测序仪日常维护

（1）计算机、测序仪应每周重启 1 次。

（2）定期清理计算机里的数据，确保有足够的空间。

（3）根据测序的数量，定期更换 POP7、Buffer、Water（POP7 在室温放置的时间不宜过长，如果测序量少，可将一瓶 POP7 分装成几小瓶。更换之前将 POP7、Buffer 提前拿出在室温放置一定的时间）。

（4）如果长时间不运行机器，应加足量的 Water、Buffer（毛细管应置于 Buffer 中，不可悬空，以免损坏毛细管）。

（5）定期保养机器。水圈的清洗，保持仪器内外部的干净，测序用的样品槽及垫的清洗。

（6）开机顺序。先开电脑，再开机器，等机器前面的绿色指示灯停止闪烁后，再打开操作软件。

（7）关机顺序。与开机顺序相反，先关闭所有软件，再依次关闭机器和电脑。

九、测序质量的监控

用 PHred/PHrap 软件对测序结果进行分析，具体操作如下：

先将测序峰图文件拷入 210 左侧的计算机（Dell workstation360）。

在 210 右侧计算机（Dell server，Linux）进行如下操作。

（1）在命令行的终端窗口进入目标位置：/www/testQuality。

（2）构建一个目录 1。

（3）切换工作目录到目录 1，构建 chromat_dir edit_dir pHd_dir 3 个目录。

（4）切换目录到 chromat_dir。

（5）键入 gftp，选 192.168.2.24，用户名 _____，密码 _____。

（6）双击打开远程窗口中目标文件夹。

（7）右击→选中“选择所有文件（不包括目录）→点击中间“◤”按钮将数据传如到服务器，等完毕后关闭 ftp 窗口，回到终端窗口。

（8）切换工作目录到 edit_dir（具体操作：cd ..\ edit_dir）。

（9）键入 pHredPHrap，按回车键（等待数据的处理）。

（10）键入 Stat_reads.pl，按回车键（绘出统计图）。

查看结果：到 www/testQuality/ 目标文件夹 / edit_dir 中查找 xxx.png 文件。

十、附配方（表 4-4）

表 4-4　琼脂糖凝胶成分及含量

5× BigDyeBuffer			
Ingredient	1L	100ml	Final Concentration
Tris.HCl（1mol/L stock）	400ml	40ml	400mmol/L

（续表）

5× BigDyeBuffer			
$MnCl_2$（0.5mol/L stock）	20ml	2ml	10ml
0.1×TE	—	—	—
Tris.HCl（1mol/L stock pH 值为 =8.0）	—	100ml	—
EDTA（0.5mol/L stock pH 值为 =8.0）	20ml	—	—
乙醇 / 醋酸钠溶液的配制：	1L	—	—
3mol/L NaOAc（pH 值为 4.8~5.2）	37.5ml	—	—
95%EtOH	781.25ml	—	—
ddH_2O	181.25ml	—	—

第十节　感受态细胞的制备

一、实验原理

感受态是指细菌生长过程中的某一阶段，能作为转化的受体，接受外源 DNA 而不将其降解的生理状态。感受态形成后，细胞生理状态会发生变化，出现各种蛋白质和酶类，负责供体 DNA 的结合和加工等。细胞表面正电荷增加，通透性增加，形成能够接受外来 DNA 分子的受体位点等。

二、实验操作

1. 大肠杆菌感受态细胞的制备

（1）从 -70℃冰箱中取出保存的菌种划 LB 或 SOB 平板，次日下午挑取 *E.coli* JM109 单菌落于 5 ml 的 SOB 培养基中，37℃ 230 rpm/min 振荡培养过夜。

（2）取 1 ml 培养物于含有 250 ml 培养基的大烧瓶中，37 ℃振荡培养约 4h 左右，至 OD600 值为 0.6。

（3）冰浴 10 min。

（4）4℃下 2 500 g 离心 10 min，悬浮于 80 ml 冰预冷的转化缓冲液中，冰浴 10 min。

（5）4 ℃离心，菌体重悬于 20 ml 冰预冷的转化缓冲液中。

（6）加入 DMSO，并轻轻旋转管壁至终浓度为 7%。

（7）冰浴 10 min 后，将菌液分装到细胞冻存管中（每管 200 μl）。

（8）将装有菌液的离心管迅速放入液氮中速冻，然后置 -80℃保存备用。

附：转化缓冲液配方（表 4–5）。

表 4–5　肠杆菌感受态细胞转化缓冲液配制

类别	含量（500 ml）	终浓度（mmol/L）
Pipes	1.512 g	10
$MnCl_2$	5.442 g	55
$CaCl_2$	0.8324 g	15
KCl	9.3188 g	25

注：除 $MnCl_2$ 外，其他成分溶解后 KOH 调 pH 值至 6.7，再加入 $MnCl_2$。在超净工作台内用 0.45 μm 滤膜除菌 4℃储存。若 $MnCl_2$ 加早了，会形成沉淀。$MnCl_2$ 补加后 pH 值 =6.667

2. 农杆菌感受态细胞的制备

制备 YEB 培养基：Bacto Tryptone 5 g，Bacto Yeast Extract 1 g，$MgSO_4$ 0.5 g，Sucrose 5 g，固体培养基另加琼脂 15 g，ddH_2O 定容至 1 L，用 NaOH 调节溶液 pH 值至 7.2~7.5，高压蒸汽灭菌 15 min。

（1）划线。取 GV3101 菌株在 YEB 固体培养基平板（50 mg/L Rif）上划线，28℃避光倒置培养 16 h。

（2）挑菌。挑取单菌落于盛有 5 ml YEB 液体培养基（50 mg/L Rif）的试管内，28℃ 250 rpm/min 避光培养至菌液浑浊。

（3）转接。按照比例（1：20）将菌液转接到盛有 100 ml YEB 液体抗性培养基（50 mg/L Rif）的烧瓶内，继续避光培养至菌液 OD_{600} 为 0.6，4℃ 4 000 rpm/min 离心 15 min，弃上清液，立即冰浴。

（4）100 ml 预冷的 10% 滤灭甘油重悬菌体，4℃ 4 000 rpm/min 离心 15 min 后弃上清液。

（5）5 ml 预冷的 10% 滤灭甘油重悬菌体，4℃ 4 000 rpm/min 离心 15 min 后弃上清液。

（6）1 ml 预冷的 10% 滤灭甘油重悬菌体，每管分装 20 μl，液氮速冻后 –80℃保存。

第十一节　农杆菌转化法

一、电击法

转化前先将电击仪打开预热，将电转杯放入冰水混合物中预冷。

（1）取保存的农杆菌感受态细胞置于冰上融化，每 20 μl GV3101 感受态细胞可加入 1 μl 阳性质粒，混匀后放入电转杯中（用 20 μl 的移液枪慢慢注入，不能有气泡，冰上操作）。

（2）将加好质粒的电转杯插入电击仪中，然后把按钮打开充电，电压达 390 V 后再按电源（注意：转化 1 次，就充电、换头和电转化）。

（3）电击转化结束后，将电转杯取出放入冰水混合物中。

（4）在 1.5 ml 的 PCR 管中加入 500 µl YEB 培养基（无抗生素），打开电转杯，用移液枪每管加入转化液。

（5）28℃ 250 rpm 避光恢复培养 2 h。

（6）取适量菌液均匀涂布于 YEB 培养基平板上（50 mg/L Spe，50 mg/L Rif），28℃下倒置培养 2~3d。

二、热激法

（1）取 -80℃保存的农杆菌感受态细胞，置于冰上融化。

（2）加入 10 µl 重组质粒 DNA，用微量加样器混匀。

（3）冰浴 30 min，立即置于液氮中，冰冻 5 min。

（4）迅速置于 37℃水浴锅中，水浴 5 min。

（5）加入 400 µl YEB 液体培养基（含 Rif 50 mg/L）28℃、200 rpm/ min 培养 2~3d。

（6）于超净工作台上将菌液涂布于 YEB 固体培养基（含 Rif 50 mg/L，Kan 50 mg/L）。

（7）28℃于恒温箱中暗培养 2~3d。

第十二节　基于毛细管电泳的荧光检测 SSR 实验程序

毛细管电泳（capillary electrophoresis，CE）又叫高效毛细管电泳（HPCE），是近年来发展最快的分析方法之一。1981 年，Jorgenson 和 Lukacs 首先提出在 75 µm 内径毛细管柱内用高压进行分离，创立了现代毛细管电泳。1984 年，Terabe 等建立了胶束毛细管电动力学色谱。1987 年，Hjerten 建立了毛细管等电聚焦，Cohen 和 Karger 提出了毛细管凝胶电泳。1988—1989 年，出现了第一批毛细管电泳商品仪器。短短几年内，由于 CE 符合了以生物工程为代表的生命科学各领域对核苷酸、DNA、多肽、蛋白质（包括酶和抗体）的分离分析要求，得到了迅速发展。CE 是经典电泳技术和现代微柱分离技术分离相结合的产物。

CE 的优点可概括为“三高二少”。高灵敏度，常用紫外检测器的检测限可达 10^{-3}~10^{-15} mol，激光诱导荧光检测器则达 10^{-19}~10^{-2} mol；高分辨率，其每米理论塔板数为几十万，高者可达几百万乃至千万；高速度，最快可在 60 s 内完成，在 250 s 内分离 10 种蛋白质，1.7 min 分离 19 种阳离子，3 min 内分离 30 种阴离子；样品少，只需 nl（10^{-9}L）级的进样量；成本低，只需少量电泳凝胶和 Buffer 等流动相。毛细管电泳技术和荧光标记技术的结合，大大促进了高通量、快速 DNA 测序技术的发展。

利用 ABI 3700 或 ABI3730 测序仪，构建高效 SSR 荧光标记检测平台，实验流程如下：

一、SSR 荧光引物的标记

1. 直接标记

采用 FAM、VIC 和 NED 3 种不同颜色的荧光染料直接标记 SSR 引物对的一条链（并非任何引物链都可以标记荧光，选择第一个碱基不为 G 的引物链进行标记，也可由公司帮助选择），以确保 PCR 产物携带荧光而被检测。荧光标记引物由美国 ABI 公司合成。

2. 标记 M13 接头链

合成引物时，在 SSR 引物序列上链的 5’端增加 M 13 接头序列，同时用不同颜色的荧光单独标记 M13 链，进行 PCR 扩增反应，通过 M13 链的退火，实现 SSR 引物的荧光标记。

二、PCR 扩增

直接标记荧光的 SSR 引物扩增流程同普通 PCR。

带 M13 链 SSR 引物的扩增分两次进行，其方法参照 Schuelke（2000）提供的巢式 PCR（Nested PCR）略做修改。具体如下：

1. 第一次扩增

DNA（20 ng/μl）	2.0 μl
Buffer（10 ×）	1.0 μl
Mg^{2+}（25 mmol/L）	0.8 μl
R-primer（2 μmol/L）	1.2 μl
F-primer（2 μmol/L）	0.12μl
dNTP（25 mmol/L）	0.10 μl
Taq（5 U/μl）	0.12 μl
ddH_2O	4.66μl
Total	10.0 μl

2. 第一次 PCR 程序

94℃	5 min	
94℃	30 s	× 30
An. T	30 s	
72℃	45 s	
72℃	10 min	

3. 第二次扩增

以第一次扩增产物为模板

M13（2μmol/L）	1.8 μl
Buffer（10 ×）	0.1 μl
Taq（5 U/μl）	0.08 μl

ddH_2O	0.12 μl
Total	2.1 μl

4. 第二次 PCR 程序

94℃	5 min	
94℃	30 s	×16
53℃	30 s	
72℃	30 s	
72℃	10 min	

三、荧光检测

1. 扩增产物的纯化

毛细管电泳对 DNA 的纯度要求非常严格，必须对扩增产物进行去除残留盐分、蛋白质、去污剂（SDS 等）及 RNA 等的纯化处理。具体步骤如下。

（1）选择不同颜色的荧光标记引物，根据扩增产物分子量大小的不同，混合纯化。取 2 μl PCR 产物（若采用 384 孔板纯化，则取 1 μl PCR 产物），加入 3 倍的无水乙醇，轻轻震荡混匀 2~3 min，3 000rpm/min 离心 30min。

（2）轻轻倒出液体，倒置离心管片刻后，700rpm/min 离心 30~60 s（若采用 384 孔板，则需 500 rpm/min），以甩干液体。

（3）加入 60 μl 70%酒精，轻轻振荡混匀 2~3 min，3 000rpm/min 离心 10 min。

（4）轻轻倒出液体，倒置离心管片刻后，700rpm/min 离心 30~60 s（若采用 384 孔板，则需 500rpm/min），静置 5 min。

（5）加入 60 μl ddH_2O（若采用 384 孔板，则需加入 30μl ddH_2O）（ddH_2O 的体积可根据荧光检测信号的强弱适当调整），振荡混匀，室温避光溶解 1 h，4℃保存备用。

2. 扩增产物的荧光检测

（1）取纯化产物 1 μl 移入 96 孔上样板（或 384 孔上样板）中（纯化产物的用量可根据荧光信号的强弱适当调整）。

（2）每个加样孔中再加入 9 μl 甲酰胺和 0.18 μl 内标，充分振荡混匀，离心将液滴甩到底部。

（3）95℃变性 5 min，迅速放入冰水中冷却 10 min，离心将液滴甩到底部，在 ABI3700 上进行毛细管电泳。

四、数据分析

电泳结束后，用 Genescan3.7 和 Genotyper3.7 两套软件进行样品原始数据的分析。

第五章　蛋白质—蛋白质相互作用

第一节　目标蛋白的亚细胞定位

一、实验原理

亚细胞定位是指某种蛋白或表达产物在细胞内的具体存在部位。例如在细胞核内、细胞胞质内或细胞膜上存在。绿色荧光蛋白（GFP）的分子量为 27 kD，经激光扫描共聚集显微镜激光照射后，可产生绿色荧光，从而可以精确地定位蛋白质的位置。构建目标基因与 GFP 融合表达的载体，转染细胞进行瞬时表达，然后利用激光共聚焦显微镜观察荧光信号所在细胞的位置，进行目标蛋白的活细胞定位。

激光扫描共聚焦显微镜（Laser Scanning Confocal Microscope，LSCM）能够有效地排除了非焦平面信息，提高了分辨率及对比度，使图像更为精确清晰，因此极其适于进行活细胞内核酸和蛋白质等的定位及活体动态检测。

二、实验步骤

1. 基因枪轰击法

（1）用 1 ml 无水乙醇溶解 20 mg PVP；稀释 PVP 母液终浓度至为 0.05 mg/ml。

（2）称取 20 mg 1 μmol/L 金粉于 2.0 ml 离心管内，用 1 ml 无水乙醇洗涤 3 次。

（3）加入 100 μl 0.05 mol/L 亚精胺，混匀后超声波处理 10 s。

（4）加入 5 μl 质粒，混匀后加入 100 μl 1 mol/L $CaCl_2$，室温静置 10 min。

（5）用 1 ml 无水乙醇洗涤 5 次。

（6）取一个 10 ml 离心管，用 3 ml 0.05 mg/ml PVP 稀释金粉。

（7）首先打开 N_2 总阀门，调整气压为 0.4 rpm，用 99.997% 的 N_2 干燥管 15 min。然后停止 N_2 气流，进行管的切割（长度长于平台 10 cm）。

（8）将注射器连接管的一端，开始涡旋金粒子溶液使溶液迅速转入管中（管末端留 6cm 空隙）。

（9）将管放置于支持物上使管内溶液停置 3 min，标记充满溶液的位置。

（10）利用注射器缓慢移动管内溶液使其刚好经过右测标记，旋转管 180°，倒出管内溶液；

（11）旋转管 30 s，打开 N_2 阀门使气压为 0.40 rpm，使其旋转 5 min。

（12）从支架上取出管，停止 N_2 气流，切割管（子弹放入盛有硅胶的容器内）。

（13）基因枪轰击洋葱表皮。

（14）将基因枪与氦气罐相连，调整 N_2 压力为 150~300 psi，轰击平铺在 1.5% MS 固体培基上的洋葱内表皮。

（15）室温培养 2d 后在共聚焦显微镜下观察 GFP 绿色荧光在洋葱表皮细胞的分布情况。

2. 原生质体转化

（1）土培室播种种植的拟南芥。

（2）生长良好情况下在未开花前用于取材叶片制备原生质体。

（3）剪取中部生长良好的叶片用刀片切成 0.5 ~1 mm 宽的叶条。

（4）将切好叶条掷入预先配置好的酶解液中（每 5~10 ml 酶解液大约需 10~20 片叶子）。并用镊子帮助使叶子完全浸入酶解液。

（5）用真空泵于黑暗中抽 30min。（此时可配制 PEG4 000 溶液，200 μl 和 1 000 μl 枪头去尖使操作时吸打缓和。）

（6）在室温中无须摇动继续黑暗条件下酶解至少 3h。当酶解液变绿时轻轻摇晃培养皿促使原生质体释放出来。（此时预冷一定量 W5 溶液）

（7）显微镜下检查溶液中的原生质体，拟南芥叶肉原生质体大小大约 30~50 μm。

（8）在过滤除去未溶解的叶片前用等量的 W5 溶液稀释含有原生质体的酶液。

（9）先用 W5 溶液润湿 35~75 μm 的尼龙膜或 60~100 目筛子，然后用它过滤含有原生质体的酶解液。

（10）用 30 ml 的圆底离心管 100 g，1~2 min 离心沉淀原生质体。尽量去除上清然后用 10ml 冰上预冷的 W5 溶液轻柔重悬原生质体。

（11）在冰上静至原生质体 30 min。

以下操作在室温 23℃下进行：

（12）100 g 离心 8~10 min 使原生质体沉淀在管底。在不碰触原生质体沉淀的情况下尽量去除 W5 溶液。然后用适量 MMG 溶液（1m）重悬原生质体，使之最终浓度在 2×10^5 个 /ml。

（13）加入 10 μl DNA（10~20 μg 约 5~10 kb 的质粒 DNA）至 2 ml 离心管中。

（14）加入 100 μl 原生质体（2×10^4 个），轻柔混合

（15）加入 110 μl PEG 溶液，轻柔拍打离心管完全混合（每次大约可以转化 6~10 个样品）。

（16）诱导转化混合物 5~15 min（转化时间视实验情况而定，要表达量更高也许需要更高转化时间）。

（17）室温下用 400~440 μl W5 溶液稀释转化混合液，然后轻柔颠倒摇动离心管使之混合完好以终止转化反应。

（18）室温下用台式离心机 100 g 离心 2min 然后去除上清液。再加入 1 ml W5 溶液悬浮清洗 1 次，100 g 离心 2 min 去上清液。

（19）用 1 ml WI 溶液轻柔重悬原生质体于多孔组织培养皿中。

（20）室温下（20~25℃）诱导原生质体 18 h 以上。

（21）激光共聚焦显微镜下观察 GFP 标签表达。

3. 溶液配制

（1）纤维素酶解液（表 5-1）。

表 5-1　纤维素酶解液的配制

	试剂种类	15 ml 酶液体系
1	1%~1.5% Cellulase R10（Yakult Honsha）	0.225 g 干粉
2	0.2%~0.4% Mecerozyme R10（Yakult Honsha）	0.045 g 干粉
3	0.4 mol/L mannitol	1.09 g 干粉
4	20 mmol/L KCl	1 ml 0.3 mol/L KCl 母液
5	20 mmol/L MES，pH 值为 5.7	1 ml 0.3 mol/L MES， pH 值为 5.7 母液
6		加入 10 ml 水
7	55℃ 水浴加热 10 min，冷却至室温后加入以下试剂	
8	10 mmol/L $CaCl_2$	1 ml 0.15mol/L $CaCl_2$
9	0.1% BSA	1 ml 1.5% BSA（4℃保存）
10	5 mmol/L β-Mercaptoethanol	1 ml 75 mmol/L β-Mercaptoethanol 母液
11	用 0.45 μm 滤膜过滤后使用	过滤

（2）PEG4000 溶液（1 次配置可以保存 5d，但是最好现用现配，每个样品需 100 μl PEG4000 溶液，可根据实验样品量调整溶液配置总量）。

图 5-2　PEG4000 溶液的配制

试剂种类	溶液量
PEG4000	1 g
水	0.75 ml
0.8 Mannitol	0.625 ml
1 mol/L $CaCl_2$	0.25 ml
约 1.2 ml	—

（3）W5 溶液（表 5-3）。

表 5-3　W5 溶液的配制

W5 （1000 ml）	材料	用量（g）
154 mmol/L NaCl	NaCl	9
125 mmol/L $CaCl_2$	$CaCl_2 \cdot H_2O$	18.4
5 mmol/L KCl	KCl	0.37
5 mmol/L glucose glucose	—	0.9
0.03% MES	MES	0.3

注：pH to 5.8 with KOH，高温高压灭菌 20min，室温保存

（4）MMG 溶液（表 5-4）。

表 5-4　MMG 溶液的配制

MaMg 溶液（500 ml）	材料	用量（g）
15 mmol/L $MgCl_2$	$MgCl_2$	0.71
0.1% MES	MES	0.5
0.4 mol/L mannitol	Mannitol	36.5

注：用 KOH 调 pH 5.6，高温高压灭菌 20min，室温保存

（5）WI 溶液（表 5-5）

表 5-5　WI 溶液的配制

WI（200 ml）	材料	用量（g）
0.5 mol/L mannitol	Mannitol	18.217
4 mmol/L MES，pH5.7	MES	0.3
20 mmol/L KCl	KCl	0.12

注：高温高压灭菌，室温保存

三、实验结果分析

NtSnRK2.1 蛋白的洋葱表皮亚细胞定位结果如图 5-1 所示，在细胞核、细胞质和细胞膜均有表达。

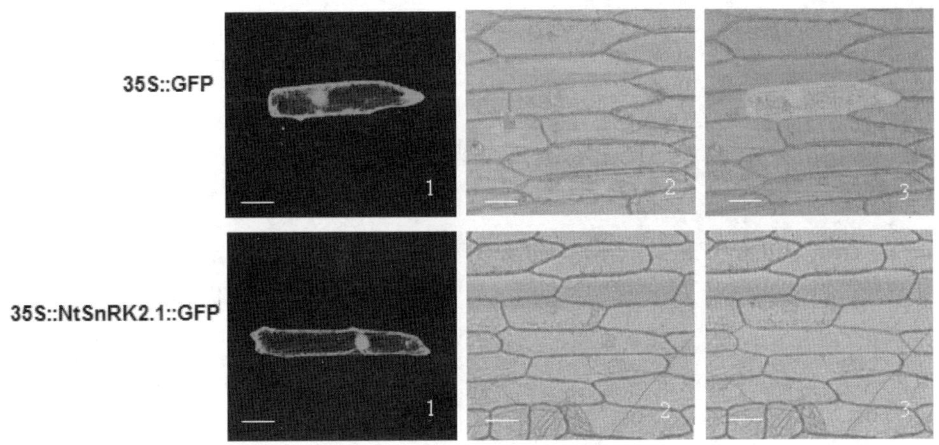

图 5-1　NtSnRK2.1 蛋白的洋葱表皮亚细胞定位

第二节　酵母双杂交

一、实验原理

酵母双杂交系统的建立得力于对真核细胞调控转录起始过程的认识。研究发现，许多真核生物的转录激活因子都是由两个可以分开的、功能上相互独立的结构域（domain）组成的。例如，酵母的转录激活因子 GAL4 是由两个可以分开的、功能上相互独立的结构域（domain）组成，在 N 端有一个由 147 个氨基酸组成的 DNA 结合域（DNA binding domain，BD），C 端有一个由 113 个氨基酸组成的转录激活域（transcription activation domain，AD）。DNA 结合域可以和上游激活序列（upstream activating sequence，UAS）结合，转录激活域能激活 UAS 下游的基因进行转录。但是，单独的 DNA 结合域不能激活基因转录，单独的转录激活域也不能激活 UAS 的下游基因，它们之间只有通过某种方式结合在一起才具有完整的转录激活因子的功能。

酵母双杂交系统（图 5-2）主要利用酵母的 GAL4 的这个特性通过两个杂交蛋白在酵母细胞中的相互结合及对报告基因的转录激活来研究活细胞内蛋白质的相互作用，对蛋白质之间微弱的、瞬间的作用也能够通过报告基因敏感地检测到。

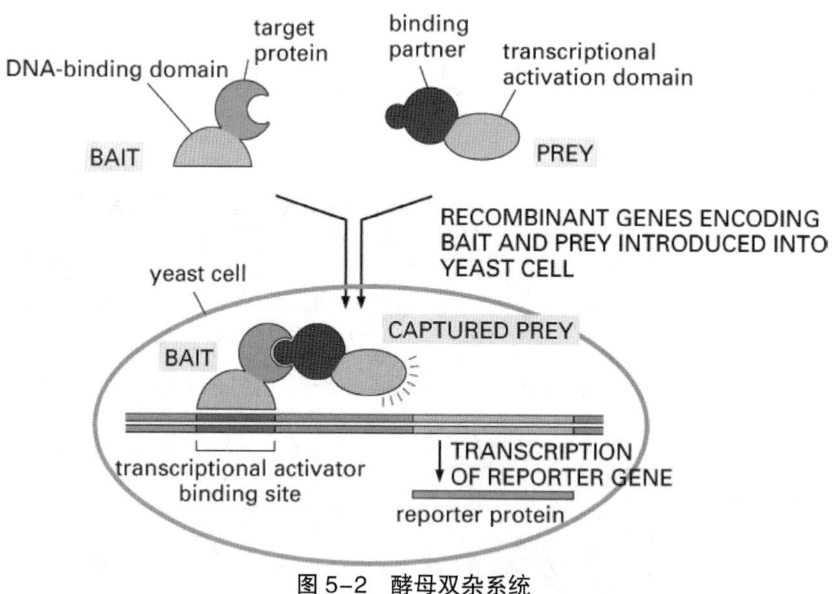

图 5-2　酵母双杂系统

二、实验操作

1. 酵母双杂交系统的组成

（1）载体质粒。pLexA、pB42AD、p8op-LacZ、pB42AD-DNA 文库。

（2）酵母菌株。EGY48、EGY48（p8op-LacZ）、YM4271（EGY48 的伴侣菌株）。

（3）大肠杆菌菌株。E.coli KC8。

（4）质粒。pLexA-53，pB42AD-T 阳性对照

① pLexA-Pos（LexA/GAL4 AD 融合蛋白）阳性对照。

② pLexA-Lam（LaminC 蛋白少与其他蛋白相互作用）假阳性检测质粒。

（5）引物。pLexA 测序引物及 pB42AD 测序引物。

2. 实验步骤

（1）将报告基因 p8op-LacZ 转化酵母 EGY48 菌株，用培养基 SD/-Ura 筛选。

（2）同时构建 DNA 文库，并纯化足够的质粒以转化酵母细胞。

（3）构建 DNA-BD/ 靶蛋白质粒 pLexA-X，作为钓饵（bait）。

（4）将上述钓饵质粒 pLexA-X 转化 EGY48（p8op-LacZ）细胞株，用 SD/-His/-Ura 筛选；并用固体诱导培养基 SD/Gal/Raf/-His/-Ura 检测此 DNA-BD/ 靶蛋白是否具有直接激活报告基因的活性，以及对酵母细胞是否具有杀伤毒性（表 5-6）。

表 5-6　含有 Cal/Raf 的试验结果

序号	材料	性质	结果
1	pLexA-Pos SD/-His，-Ura	蓝	阳性对照
2	pLexA SD/-His，-Ura	白	阴性对照
3	PlexA-X SD/-His，-Ura	白	没有直接激活活性
4	PlexA-X SD/-His，-Ura	蓝	具有直接激活活性
5	PlexA-X SD/-His，-Ura	菌落不能生长	酵母细胞毒性

如果 pLexA-X - 半乳糖苷酶的信号作用减少。β 能够自动激活报告基因，则设法去除其激活活性部位、或者将 LacZ 报告基因整合入基因组；如果 pLexA-X 虽然不会自动激活报告基因，但对酵母宿主细胞有毒性，则需要与纯化的文库 DNA 同时转化酵母。

（5）如果 pLexA-X 不自动激活报告基因，也不具有毒性，则可以在纯化的文库 DNA 同时、顺序转化酵母细胞，并检测质粒转化效率。

转化质粒 SD 固体培养基 LacZ 表型。

对照 1 pLexA-Pos Gal/Raf/-His/-Ura 蓝。

对照 2 pLexA-53 Gal/Raf/-His/-Trp/-Ura/-Leu 蓝 +pB42AD-T。

实 验 pLexA-X Gal/Raf/-His/-Trp/-Ura/-Leu 待测 +pB42AD- 文库。

① 用 SD/-His/-Trp/-Ura 培养基选择阳性共转化子，并扩增，使宿主细胞中的质粒在诱导前达到最大拷贝数。

② 将上述重组子转至含 X-gal 的固体诱导培养基 SD/Gal/Raf/-His/-Trp/-Ura/-Leu，观察 LacZ 及 Leu 报告基因的表达情形，蓝色克隆即为阳性。白色克隆为假阳性，说明 Leu 虽有表达，但 b- 半乳糖苷酶无表达。

③同时用 LacZ、Leu 两个报告基因的目的，是为了尽可能消除实验的假阳性误差，譬如：AD 融合蛋白不与目标蛋白结合，而直接与启动子序列结合域结合等情况。由于 2 个报告基因的启动子不同，出现上述假阳性的几率就大大减少；将蓝色阳性克隆进行 1 次以上的划种，尽可能分离克隆中的多种文库质粒。

（6）阳性克隆的筛选。随机选取 50 个阳性克隆，扩增、抽提酵母质粒，电转化 *E.coli*KC8 宿主菌，抽提大肠杆菌中的质粒，酶切鉴定是否具有插入片段及排除相同的文库质粒；如果重复的插入序列较多，可另取 50 个阳性克隆来分析。最后得到数种片段大小不同的插入序列，再转化新的宿主细胞，检测是否仍为阳性克隆。

（7）用质粒自然分选法（Natural Segregation）筛除只含有 AD- 文库杂合子的克隆。

① 将初步得到的阳性克隆接种 SD/–Trp/–Ura 液体培养基，培养 1~2d，含有 HIS3 编码序列的 BD- 靶质粒在含有外源 His 培养基中，将以 10%~20% 的频率随机丢失。

②将上述克隆，转铺固体培养基 SD/–Trp/–Ura，30℃孵育 2~3d。

③ 再挑取生长的单克隆，转入 SD/–Trp/–Ura 和 SD/–His/–Trp/–Ura 培养基中，筛选 His 表型缺陷的克隆，即得到只含有 AD- 文库杂合子的重组子。

④ 将 His 表型缺陷的克隆转化固体诱导培养基 SD/Gal/Raf/–Trp/–Ura，以验证 AD- 文库能否直接激活报告基因的表达，弃去阳性克隆，保留阴性克隆。

（8）酵母杂合试验（Yeast Mating）确定真阳性克隆。

如表 5–7 所示，在酵母 EGY48 及其对应的 YM4271 宿主细胞中分别转入相应的质粒或文库 DNA，通过杂合实验确筛选 pLexA- 靶 DNA 与 pB42AD- 文库确实具有相互作用的真阳性克隆。

质粒 1、（in YM4271） 质粒 2、（in EGY48）LacZ 表型　Leu 表型。

表 5–7　酵母杂合试验结果

材料	性质	结果
pLexA pB42AD	白	不能生长
pLexA- 靶 DNA pB42AD	白	不能生长
pLexA pB42AD- 文库	白	不能生长
pLexA- 靶 DNA pB42AD- 文库	蓝	阳性
pLexA-Lam pB42AD- 文库	白	不能生长

（9）阳性克隆的进一步筛选和确证。

① 扩增初步确定的阳性克隆，提取酵母 DNA。它既含有酵母基因组 DNA，也含有 3 种转化的质粒 DNA。

② 将上述 DNA 电转化 E.coli KC8。由于在大肠杆菌中，具有不同复制起始调控序列的质粒不相容；同时利用营养缺陷型筛选。因此，在 M9/SD/–Trp 培养基上，只有含有 AD- 文库质粒的转化菌才能生长，将其扩增、并提取质粒 DNA，酶切鉴定。

③ 用 pLexA- 靶 DNA 与 pB42AD- 库 DNA 一一对应、共转化只含有报告基因的酵母菌 EGY48 中，先到 SD/-His/-Trp/-Ura 板扩增，并与后面的诱导板形成对照，说明报告基因的表达与诱导 AD 融合蛋白的表达有关，再确证 LacZ、Leu 报告基因的表达。

④ 扩增与靶 DNA 相互作用的文库 DNA，进行序列分析及进一步的结构、功能研究。

（10）对双杂交系统阳性结果的进一步研究。

① 用不同的双杂交系统验证。

② 将载体 pLexA 与 pB42AD 互换后进行双杂交实验。

③ 选择不同的双杂交系统，如：以 GAL4 转录激活子为基础的双杂交系统。

④ 将文库质粒移码突变后，再与靶质粒作用，报告基因是否仍能被激活。

⑤ 去除或突变特定结合位点，定量检测 b- 半乳糖苷酶水平，比较作用强度变化。

⑥ 用试剂盒提供的引物测定插入片段的 DNA 序列，证明其编码区域。

⑦ 用其他的检测方法，如：亲和色谱法或免疫共沉淀法来证明双杂交系统筛选的蛋白之间的具有相互作用。

⑧进一步研究靶蛋白与筛选蛋白之间的功能关系。

三、酵母双杂交系统的应用

酵母双杂交系统利用杂交基因通过激活报告基因的表达探测蛋白 - 蛋白的相互作用。主要有两类载体：

① 含 DNA -binding domain 的载体。

② 含 Transcription-activating domain 的载体。另外，还需要特殊的酵母菌株如 GAL4 缺陷型。

第一，两种蛋白之间是否有相互作用。

第二，寻找一种蛋白可能的相互作用蛋白。

四、酵母双杂交体系的缺陷

1. 它并非对所有蛋白质适用

融合蛋白的相互作用激活报告基因转录是在细胞核内发生的，而表达的融合蛋白在细胞内能否正确折叠并运至核内是检测的前提条件。虽然目前已经在表达质粒中插入了核定位序列，但仍不能排除不少必须经过内质网等细胞器进行翻译后，加工修饰的蛋白质，尤其是胞外蛋白不能进入核内，或因产生错误的构象而影响筛查结果。

2. 假阳性的发生较为繁多

在筛库过程中遇到的假阳性可被简单分成 3 型：

（1）Ⅰ型。表达单独的 AD-Y 融合蛋白即可激活转录。

（2）Ⅱ型。表达 AD-Y 融合蛋白和空 BD 载体即可激活转录。

（3）Ⅲ型。表达 AD-Y 融合蛋白与任意 BD 融合蛋白即可激活转录。

3. 毒性作用

在某些酵母菌株中大量表达外源蛋白质常会带来毒性作用，从而影响菌株生长及报告基因的表型。为了抑制背景表达而在培养其中添加的 3-AT（3-Aminotriazole）或 6-Azauracil 也对菌株有一定毒性，使一些蛋白质间较弱的相互作用可能会因此而被掩盖。

4. 相互作用

虽然双杂交系统可筛选出大量蛋白质相互作用，但其中部分蛋白质可能处于不同的细胞类型、细胞空间或生长发育的不同时期，生理状态下是不可能发生相互作用的 。

第三节　酵母文库的筛选

一、筛选内容与过程

（1）将酵母菌株 HF7C 接种于 SD /-Trp 固体培养基上，30℃活化 2d。

（2）接种单克隆菌斑于 10 ml 的 SD /-Trp 液体培养基，30 ℃，200 rpm/min 振荡培养 10~12h 后，检测 OD600。酵母菌的浓度 OD600 介于 0.2~0.3 时，有利于下面的接种。

（3）准备足够的 SD/-Trp-Leu-His +3-AT 培养板和几个 SD/-Trp-Leu 培养板，于黑暗下放置过夜。

（4）按下面给出的公式计算出向 100ml SD /-Trp 液体培养基所需要接种的菌液量，并进行接种。在 30℃下过夜培养。

$$\frac{\frac{\text{OD600 最终}}{2n}}{\text{OD600 起始}} \times V\text{总} = V\text{接种}$$

注：n 代表代数。

（5）当 OD600 最终值达到 0.3~0.4 时，再添加 100 ml YPAD 液体培养基，继续培养 1h 后，室温 4 000rpm/min 离心 5min。

（6）用 100 ml 灭菌水重悬后，室温 4 000rpm/min 离心 5min。

（7）用 40 ml 0.1 mol/L LiOAc / TE 溶液重悬后，室温 4 000rpm/min 离心 5min。

（8）用 1 ml 0.1 mol/L LiOAc / TE 溶液重悬后，于 30℃，180rpm/min 振荡培养 30min。

（9）向离心管中分别各加 10 μl 变性鲑鱼精子 DNA（10 mg/ml），30~50 μg cDNA 文库质粒或者空载体 pGADGH，加入 200 μl 的感受态细胞，混匀，30℃ 静置培养 30min。

（10）每管加入 960 μl 50% PEG 4000、120 μl 10 × LiOAc 和 120 μl 10 × TE 溶液，用漩涡振荡器混匀，30℃，180rpm/min 振荡培养 45min。

（11）每管加入 150 μl DMSO，颠倒混匀后于 42℃水浴 8min，之后让其缓慢冷却至室温。

（12）将离心管离心 10 sec，去上清液，用 1 ml 灭菌水或 TE 溶液洗 1 次，再用 1 ml YPAD

液体培养基重悬，再各自转入 25 ml YPAD 培养基中，30℃，150rpm/min 振荡培养 1 h。

（13）3 000rpm/min 离心 5min，去上清液，用 20 ml 灭菌水洗 1 次，再用 1 ml 灭菌水重悬。

（14）取 10 μl 转化细胞涂布于 SD/–Trp–Leu 的固体培养基上，用来测定转化效率。剩下的每个 SD/–Trp–Leu–His + 3–AT 的培养皿上涂 200 μl。倒置平板于 30℃培养箱，培养 3~7d 至菌斑长出。

二、母液配制

10 × TE（100 mmol/L Tris，10 mmol/L EDTA，pH 值 = 7.5）；

10 × LiOAc（1 mol/L 10 × LiOAc），filter；

50% PEG 4 000 filter or autoclave。

三、YPAD 培养基配制

Yeast extract	10 g；
Peptone	20 g；
Adenine Sulfate	40 mg；
H_2O	900 ml；
Agar	15~20 g；

用 HCl 调 pH 值至 5.8，高压灭菌。

20% Glucose（10 ×，高压灭菌）：100 ml。

四、SD 培养基配制

YNB	7 g；
Agar	15~20 g；

在以上成分基础上，单缺 SD 培养基再加 SD/–Trp 盐 0.74 g 或 SD/–Leu 盐 0.69 g；双缺 SD 培养基再加 SD/–Trp–Leu 盐 0.64 g；三缺 SD 培养基再加 SD–Trp – Leu–His SD 盐 0.60 g。

用 NaOH 溶液调 pH 值至 5.8 后高压灭菌。

20% Glucose（10 ×，高压灭菌）：100 ml。

第四节　免疫共沉淀

一、实验原理

免疫共沉淀（Co–Immunoprecipitation）是以抗体和抗原之间的特异免疫反应为基础，研究两种蛋白质在完整细胞内生理性相互作用的有效方法。基本原理是当细胞在非变性条件下被裂解时，完整细胞内存在的许多蛋白质 – 蛋白质间的相互作用被保留了下来。在细胞裂解液

中加入抗原特异性的抗体，抗体、抗原、以及与抗原具有相互作用的蛋白质通过抗原与抗体之间免疫沉淀反应将形成免疫复合物，经过纯化、洗脱，收集免疫复合物，SDS-PAGE 电泳，western blot 和（或）质谱可鉴定出与抗原相互作用的蛋白质。这种方法常用于测定两种目标蛋白质是否在体内结合；也可用于确定一种特定蛋白质的新的作用搭档。

二、实验操作

1. 烟草叶片总蛋白的提取及免疫共沉淀反应

提取培养后的注射有农杆菌的烟草叶片总蛋白，参照 Leister 等（2005）和 Zhu 等（2005）的方法进行（表 5-8）。提取叶片总蛋白后，按照 protein G plus-agarose immunoprecipitation reagent 试剂说明书进行免疫共沉淀反应。具体操作如下。

（1）农杆菌介导的瞬时表达 24~72 h 后，采集大约 0.3 g 注射部位的烟草叶片，于液氮中研磨成粉末。

（2）将研磨后的组织悬浮在 2.0~3.0 ml IP Buffer 中，上下颠倒混匀。

（3）将上述组织裂解液于 4℃下，20 000 g 离心 10~15 min 以除去细胞残骸。

（4）离心后，小心吸取 1 ml 上清液，加入 0.2~2 μg HA 或 c-Myc 单克隆抗体，4℃孵育 1 h。

（5）加入 20 μl protein G plus-agarose immunoprecipitation reagent，4℃颠倒孵育 3 h 以上或过夜。

（6）将孵育后的溶液于 4℃下，2 500rpm/min，离心 5min，小心地移除上清液，收集免疫混合物。

（7）免疫混合物中加入 1 ml IP buffer，悬浮沉淀，然后于 4℃下，2 500 rpm/min 离心 5 min，移除上清液，收集沉淀，此步为清洗免疫混合物的过程，重复 4 次。

（8）收集最后的沉淀，将其悬浮在 20 μl 1 × SDS-PAGE loading buffer 中，直接用于 SDS-PAGE 电泳或者放置于 -20℃保存备用。

表 5-8 烟草叶片总蛋白提取

种类	用量及比率
Tris	50 mmol/L
NaCl	150 mmol/L，pH 值为 7.5
Glycero 甘油	10%
Nonidet P-40	0.1%
Dithiothreitol（DTT）	5 mmol/L
1.5 × Complete Protease Inhibitor	

2. SDS-PAGE 电泳

将悬浮在 SDS-PAGE loading buffer 中蛋白样品于沸水中煮 5~10 min，然后上样于 10% 的聚丙烯酰胺凝胶上进行电泳，电泳结束后，采用半干法将凝胶上的蛋白条带转印到 PVDF 膜上，以 HA 或 c-Myc 抗体为一抗，以碱性磷酸酶标记的羊抗鼠抗体（IgG）作二抗进行 Western blot 鉴定。具体操作参照 Sambrook（2002）的方法。

SDS-PAGE 电泳操作如下。

（1）装置电泳槽。首先用无水乙醇擦洗玻璃板，然后用蒸馏水冲洗，晾干后，将其装配好，放入槽中，拧紧螺栓，板下方用 1.0% 的琼脂（用电极缓冲液配制）封口，放于室温下待琼脂凝固后。

（2）配胶。配制 10% 的分离胶和 5% 的浓缩胶，凝胶可现配现用，也可事先配好（切勿加入 AP 和 TEMED），过滤后作为储存液避光存放于 4℃，可至少存放 1 个月，临用前取出室温平衡（否则凝胶过程产生的热量会使低温时溶解于储存液中的气体析出而导致气泡，有条件者可真空抽吸 3 min），加入 10%AP 和 TEMED 即可。

（3）灌分离胶。倾斜电泳槽，将配制好的分离胶小心灌入两玻璃板之间，至胶液面离上方 2.5~3 cm，然后垂直放置电泳槽，使凝胶液面平整，然后迅速覆盖一层超纯水以封胶，室温放置 30 min 以上待分离胶凝固。

（4）灌浓缩胶。将分离胶上方的超纯水倾出，并用滤纸小心地将分离胶上方残余的水分吸干，注入刚配好的浓缩胶，插入梳子，室温放置 30 min 以上待浓缩胶凝固。

（5）上样电泳。拔出梳子，用超纯水清洗加样孔，加电极缓冲液到槽中，将沸水煮过的蛋白样品加到加样孔中，接好电极，先用 80 V 电压电泳，待溴酚蓝指示条带进入分离胶后转为 120 V 电泳，约 3 h 溴酚蓝指示条带泳动至距胶下缘 1 cm 处停止电泳，关掉电源，将凝胶从电泳板中取出，用于 Western blot 实验。

3. Western blot 检测

（1）预处理。将 PVDF 膜放置于 100% 的甲醇溶液中 10 s，然后浸于去离子水中 3 min，最后在转移缓冲液中浸泡 20 min 以 上；同时，将电泳后的凝胶、滤纸也放在转移缓冲液中浸泡 20 min 以上。

（2）转膜。在电转仪阳极板上，自下而上依次叠放 4 层滤纸、PVDF 膜、分离胶、4 层滤纸，为防止短路，最好大小依次为 4 层滤纸 >PVDF 膜 > 分离胶 >4 层滤纸，并用玻棒赶去气泡；然后盖上电极板，接通电源，恒压 15 V，60 min。

（3）封闭。转印后的 PVDF 膜用去离子水冲洗一下，然后放入封闭液中 37℃孵育 1 h 或 4℃过夜。TTBS 洗膜 3 次，每次间隔 5~10 min。

（4）一抗孵育。PVDF 膜与稀释好的抗血清（1∶500，TTBS-PVP 稀释）混合，37℃下缓慢摇动孵育 1 h。TTBS 洗膜 3 次，每次间隔 5~10 min。

（5）二抗孵育。PVDF 膜与稀释好的碱性磷酸酶标记的羊抗鼠 IgG（1∶10，000），TTBS-PVP 稀释混合，37℃下缓慢摇动孵育 1 h。TTBS 洗膜 3 次，每次间隔 5~10 min。

（6）显色反应。将 PVDF 膜放入 10 ml 底物稀释缓冲液预先浸泡 2 min，然后加入 25 μl NBT 和 15 μl BCIP，避光条件下室温平缓摇动至显色。

（7）终止反应。倒去底物，加入 10 ml 终止液（2 mmol/L EDTA，0.1 mol/L PBS，pH 值为 7.2），即可终止反应。

根据不同蛋白样品的 Western blot 检测结果，确定两蛋白的互作情况。所提取的烟草叶片总蛋白中含有两种外源蛋白，如果用 HA 抗体进行免疫共沉淀实验免疫捕获带有 HA 标签的蛋白与互作蛋白的复合物，那么就用 c-Myc 抗体进行 Western blot 实验，检测与带有 HA 标签的蛋白可能互作的带有 c-Myc 标签的蛋白，如果两蛋白存在互作，免疫共沉淀最后获得的免疫混合物中就含有两种外源蛋白，即融合有 HA 标签的蛋白和融合有 c-Myc 标签的蛋白。这样，用 c-Myc 抗体进行 Western blot 实验，就可以检测到融合有 c-Myc 标签的蛋白，从而说明两蛋白存在互作。或者免疫共沉淀时用 c-Myc 抗体，Western blot 时用 HA 抗体，结果与上述一致。但如果两蛋白不存在互作，那么在免疫共沉淀实验所获得的免疫混合物中就只含有一种蛋白，Western blot 实验检测不到另外一种蛋白的存在，从而说明两蛋白不能发生互作。

第五节　GST 融合蛋白进行 Pulldow 实验

一、实验原理

细菌表达的谷胱甘肽 s- 转移酶（GST）融合蛋白主要用于蛋白的亲和纯化，也可以将 GST 融合蛋白作为探针，与溶液中的特异性搭档蛋白结合，然后根据谷胱甘肽琼脂糖球珠能够沉淀 GST 融合蛋白的能力来确定相互作用的蛋白。一般在得到目标蛋白的抗体前，或发现抗体干扰蛋白质 - 蛋白质之间的相互作用时，可以启用 GST 沉降技术。该方法只是用于确定体外的相互作用。

二、实验操作

（1）GST 融合蛋白先与下列蛋白溶液之一孵育。

① 单一明确的重组蛋白。

② 细胞裂解蛋白混合液。

③ 体外翻译 cDNA 表达得到的未知蛋白。

（2）混合液与谷胱甘肽琼脂糖球珠反应 4℃ 2h。

（3）离心弃上清液。

（4）沉淀加入 2 × 蛋白 Loading Buffer 煮沸，离心。

（5）取上清液进行 SDS-PAGE 电泳。

（6）考马氏亮兰染色观察特异沉降的蛋白带，进一步做质谱分析确定沉降的蛋白；电泳后的胶也可以做 Western Blot 来确定沉降的蛋白中是否有目的蛋白。

注意：该实验设立 GST 对照，反应均在 4℃ 进行。

三、流程图

操作 GST 融合蛋白进行 Pulldow 实验流程（图 5-3）。

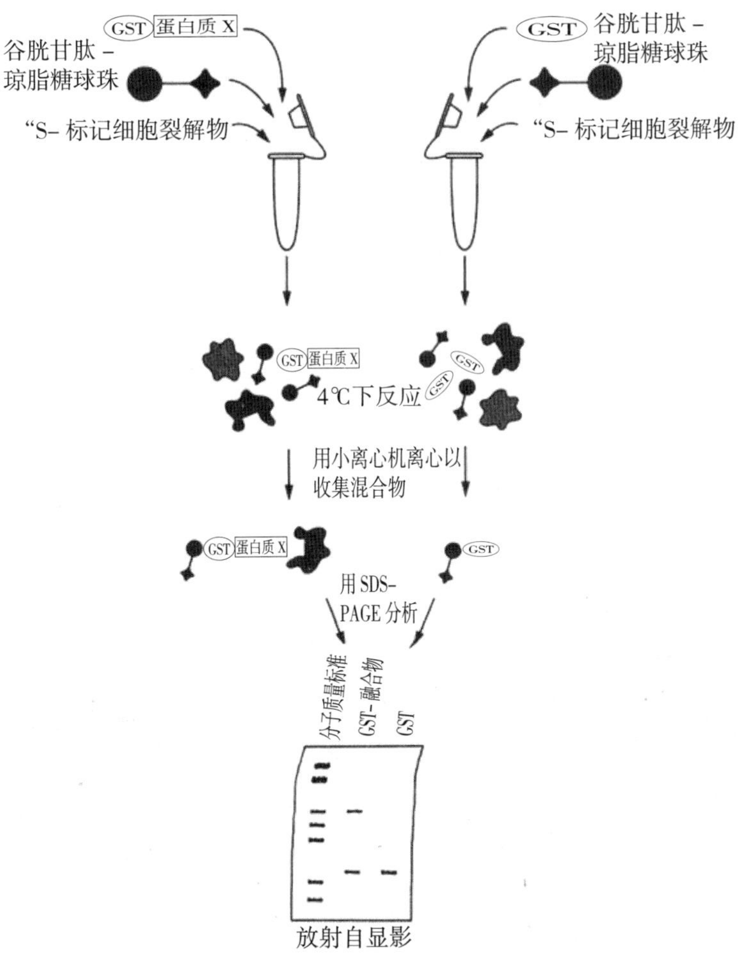

图 5-3　GST 融合蛋白进行 Pulldow 实验流程

四、两种应用

第一，确定融合（或探针）蛋白与未知（或靶）蛋白间的新的相互作用。

第二，证实探针蛋白与已知蛋白质间可疑的相互作用。

第六节　双分子荧光互补（BiFC）

一、实验原理

双分子荧光互补（bimolecular fluorescence complementation，BiFC）分析技术，是由 Hu 等在 2002 年最先报道的一种直观、快速地判断目标蛋白在活细胞中的定位和相互作用的新技术。该技术巧妙地将荧光蛋白分子的两个互补片段分别与目标蛋白融合表达，如果荧光蛋白活性恢复则表明两目标蛋白发生了相互作用。其后发展出的多色荧光互补技术（multicolor BiFC），不仅能同时检测到多种蛋白质复合体的形成，还能够对不同蛋白质间产生相互作用的强弱进行比较。目前，该技术已用于转录因子，G 蛋白 βγ 亚基的二聚体形式，不同蛋白质间产生相互作用强弱的比较以及蛋白质泛素化等方面的研究（图 5-4）。

将荧光蛋白在某些特定的位点切开，形成不发荧光的 N 和 C 端 2 个多肽，称为 N 片段（N-fragment）和 C 片段（C-fragment）。这 2 个片段在细胞内共表达或体外混合时，不能自发地组装成完整的荧光蛋白，在该荧光蛋白的激发光激发时不能产生荧光。但是，当这 2 个荧光蛋白的片段分别连接到 1 组有相互作用的目标蛋白上，在细胞内共表达或体外混合这 2 个融合蛋白时，由于目标蛋白质的相互作用，荧光蛋白的 2 个片段在空间上互相靠近互补，重新构建成完整的具有活性的荧光蛋白分子，并在该荧光蛋白的激发光激发下，发射荧光。简言之，如果目标蛋白质之间有相互作用，则在激发光的激发下，产生该荧光蛋白的荧光。反之，若蛋白质之间没有相互作用，则不能被激发产生荧光。

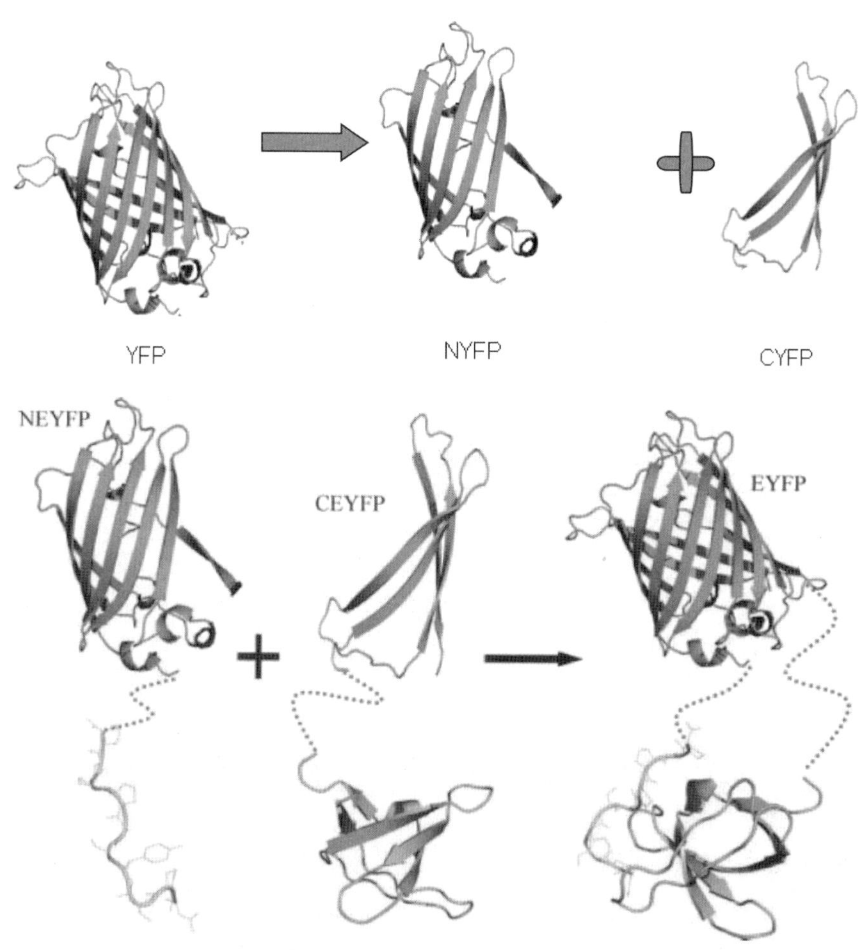

图 5-4　双分子荧光蛋白分子互补片段与目标蛋白融合表达

BiFC 起源于蛋白质片段互补技术。所谓蛋白质片段互补技术（protein fragment complementation）是将某个功能蛋白切成 2 段，分别与另外 2 种目标蛋白相连，形成 2 个融合蛋白。在 1 个反应体系中，2 个目标蛋白的相互作用使得 2 个功能蛋白质片段靠近、互补，并重建功能蛋白质的活性，通过检测功能蛋白质的活性来判断目标蛋白质的相互作用。已经尝试用于该目的的功能蛋白包括泛素蛋白（ubiquitin）、β- 半乳糖苷酶（β-galactosidase）、二 氢叶酸还原酶（dihydrofolate reductase）、β- 内酰胺酶（β-lactamase），以及几种荧光素酶，如萤火虫荧光素酶（firefly luciferase）、海肾萤光素酶（renilla luciferase）、甲虫荧光素酶（beetle luciferase）和长腹水蚤荧光素酶（gaussia luciferase）。BiFC 沿袭了蛋白质片段互补的技术原理。所不同的是蛋白质片段互补技术需要重建断裂蛋白的活性，蛋白活性由底物反应所体现，通过检测底物变化，来判断蛋白质的相互作用。而基于断裂荧光蛋白的 BiFC 技术则是利用荧光蛋白本身的一个特点，即荧光蛋白活性被重建后，能自我催化形成荧光活性中心，重新恢复荧光蛋白的特征光谱，自身作为报告蛋白，直接反映蛋白质之间的相互作用。因此技术过程更加简单，结果更加直观。

绿色荧光蛋白（GFP）及外源片段插入和循环排列实验 GFP 是由 238 个氨基酸残基组成的 1 个单体蛋白，其三维结构是由 11 个反向平行的 β 折叠环绕成 1 个桶状结构，1 个较长的 α2 螺旋从桶的中心穿过，这些 β 折叠和 α 螺旋之间通过 Loop 环链接起来。荧光蛋白的发色团位于桶中心的 α 螺旋上，由荧光蛋白通过自体催化，将 3 个氨基酸残基 Ser652Tyr662 Gly67 进行环化，氧化后形成。由于 GFP 结构致密，不易被蛋白酶水解，且在厌氧细胞以外的任何细胞中都能自我催化发射荧光，所以很快被应用于生命科学研究，将其融合于形形色色的蛋白上，用来研究蛋白质的功能。最初将 GFP 融合到目标蛋白的方式主要有 3 种，即 N 端融合、C 端融合、或将整个荧光蛋白插入到目标蛋白中，这 3 种方式中，GFP 蛋白都是完整的。1998 年，Abedi 等首次尝试了 GFP 的另类使用方式，即将目标短肽插入到 GFP 中。他们从 GFP 的 Loop 区域选择了 10 个位点，将 20 个左右氨基酸组成的短肽分别插入，通过能否重新发射 GFP 的特征光谱，来筛选合适的插入位点（Fig12A）。结果发现，在氨基酸 Gln1572Lys158 以及 Glu1722Asp173 之间插入短肽时，GFP 仍然能发射荧光。于是，他们以 GFP 作为支架蛋白（scaffold protein），用其 Gln1572Lys158（此位点较 Glu1722Asp173 位点更能适应外源短肽）位点来筛选短肽库。1999 年，Baird 等在对 GFP 的突变体增强型青色荧光蛋白（ECFP）进行半随机突变时，偶尔发现在一个突变体的 Y145 位插入了 6 个新的氨基酸残基 FKTRHN，但是该突变体仍然发射荧光。这个偶然的发现表明，GFP 在某些位点插入外源片段时，仍能自发组装形成 GFP 的完整的三维结构。于是他们设计了 1 个循环排列（circular permutation）实验，来验证 GFP 上还有哪些位点适合插入外源片段。循环排列方法通常被用来评估 1 个蛋白质的结构元件的功能，比如铰链区（hinge regions），松散的环（Loops）以及结构域间或亚基间的界面对于蛋白质的折叠和稳定性的作用。循环排列是将蛋白质的 N 端和 C 端通过 1 个短肽（linker）连接起来，形成 1 个环状的中间态，然后在另外的位置将蛋白质切开，形成新的 N 端和 C 端。重新排列后的某些突变体蛋白质在体内或体外仍能形成类似该蛋白质的天然结

构，并具有野生型蛋白质的活性。在对 GFP 及其突变体的循环排列研究中，将 GFP 的 cDNA 通过 1 个编码 6 个氨基酸短肽（GGTGGS）的核苷酸序列连成一个环状的 cDNA，然后从环状 cDNA 的任何地方切开，形成 1 个编码新 N 端和 C 端的蛋白质阅读框，插入到质粒中。在大肠杆菌中筛选能发射 GFP 荧光的单菌落。通过这种循环排列，他们发现有 10 个位点重排的 GFP 突变体仍能正确折叠并发射荧光。这 10 个位点既有存在于 Loop 区域的，也有处于 β 折叠片上的（Fig12B）。这些位点被认为是可以插入外源片段的，并在部分位点得到验证。比较上述实验可以看出，2 个实验室所得出的可插入位点大致相符，但后者（Baird 等）的实验更加精细，他们将 GFP 的任何 1 个位点都进行了筛选。从上述实验可以看出，插入外源片段的位点都位于氨基酸 142 位点以后，即发色团所在的 α 螺旋之后的第 3 个 β 折叠片之后。由此可见，发色团所在的 N 端的大部分区域对于荧光蛋白的正确折叠及保护活性中心很重要。从序列重排实验的结果还得到一个启示：既然重排后的突变体荧光蛋白仍然具有荧光活性，那么新形成的 N 端和 C 端也是可以融合外源蛋白质的。 荧光蛋白质的外源片段插入及循环排列实验为 BiFC 奠定了基础，BiFC 在拆分 GFP 蛋白时所选用的位点也都在 GFP 循环排列所鉴定的位点附近或其上。

二、实验操作

第一，将目的基因插入到含有 N 片段或者 C 片段的载体中，构建成融合蛋白表达载体。

第二，转染细胞，荧光显微镜下观察是否互作。

三、注意事项

第一，荧光片段和目标蛋白质之间最好加 1 个连接肽，以避免蛋白质空间位阻所导致的片段间不能相互靠近。常用的连接肽氨基酸序列有 RSIAT，RPACKIPNDLKQKVMNH 和 GGGGS 等。

第二，温度对片段间互补影响很大，可以有两种解决方案。一是在室温或低于室温（≤ 25℃）下培养细菌或细胞，二是在生理条件下培养细菌或细胞，使融合蛋白正常表达，然后将培养物低温处理 1 到 2h 或接着于室温培养 1d。

第三，建立阴性对照，以便更加确信 BiFC 信号反映的是蛋白质之间的相互作用。阴性对照通常是将相互作用的蛋白进行突变，降低或缺失其相互作用能力，再采用相同策略的 BiFC 系统检测。

BiFC 技术本身还在不断完善和发展，相信将在生命科学研究中将获得更加广泛的应用。

四、双分子荧光互补（bimolecular fluorescence complementation，BiFC）的应用

BiFC 系统虽然出现较晚，但迅速获得应用。迄今，各种 BiFC 系统已经被成功用于多种蛋白质的相互作用，例如体外、病毒、大肠杆菌、酵母细胞、丝状真菌、哺乳动物细胞、植

物细胞、甚至个体水平的蛋白质之间相互作用研究。BiFC也用于细胞内多个蛋白质之间的相互作用。不同颜色的双分子互补系统共用可以检测体内2组或多组的蛋白质相互作用，而BiFC2FRET联用可以实现3个蛋白之间的相互作用。BiFC也被用于筛选相互作用的目标蛋白以及研究蛋白质构象的变化。Magliery等将基于GFP的BiFC系统发展成为可以在大肠杆菌中筛选蛋白相互作用的系统。将GFP的2个片段分别构建到2个可以在大肠杆菌中相容复制的质粒pET11a和pMRBAD上，得到2个质粒pET11a2link2NGFP和pMRBAD2link2CGFP。并用这个系统从1个反向平行的亮氨酸拉链肽库中筛选出可以相互作用的多肽。Park等将基于GFP的BiFC系统发展成可以在酵母中筛选相互作用蛋白的类似于酵母双杂交的系统。

此外，BiFC系统还被用于蛋白质构象研究。Jeong等将GFP的2个片段连接到麦芽糖结合蛋白（maltose binding protein，MBP）的N端和C端。当没有麦芽糖存在时，2个荧光片段相距较远，不能形成片段互补，而当加入麦芽糖时，MBP构象发生改变，铰链区域彼此缠绕，将MBP末端的2个GFP片段拉近，重新形成具活性的GFP蛋白，通过检测GFP荧光的变化，考察MBP的构象变化。BiFC用于特异性标记细胞内RNA，研究RNA在细胞内的定位及动态行为。Valencia2Burton等用基于GFP的BiFC系统成功的标记了大肠杆菌内mRNA和5S核糖体RNA。他们将真核生物的翻译起始因子eIF4A切成2部分（这2部分分别是eIF4A的2个结构域），分别融合到GFP的N片段和C片段，形成2个融合蛋白。将eIF4A蛋白的RNA适配子（aptamer）连接到RNA的末端。当2个融合蛋白在细菌内表达时能够特异的定位到eIF4A的适配子上，2个荧光片段彼此靠近互补，可以被激发产生荧光，从而照亮连接有eIF4A适配子的RNA。Ozawa等用基于GFP的BiFC系统标记并研究了真核细胞线粒体RNA。将GFP的2个片段分别连接到2个特异性结合RNA序列的2个蛋白结构域（pumilio homology domain，PUM2HD），即mPUM1和mPUM2上。将编码NADH脱氢酶的亚基6的线粒体RNA（ND6 mtRNA）上2个串联的RNA序列单元（8个核苷酸）进行一些点突变，使mPUM1和mPUM2可以特异性的结合这2个序列单元。当在细胞内表达BiFC的2个融合蛋白，mPUM1和mPUM2分别特异性结合到2个RNA序列单元上，融合于其上的GFP片段靠近互补，产生绿色荧光，从而标记ND6的线粒体RNA。借助双分子荧光互补技术来标记RNA时，由于没有背景荧光的干扰，为研究RNA提供了新的工具，也拓宽了BiFC技术的使用范围，从研究蛋白质到研究RNA。

五、双分子荧光互补（bimolecular fluorescence complementation，BiFC）的优缺点

一项技术的优缺点体现在和其他不同技术的比较中。和其他多数技术相比，双分子荧光互补技术适用范围广，既可以用于体内也可以用于体外的蛋白质相互作用研究，是其优点之一。本文仅基于体内蛋白质相互作用来进行比较。用于体内蛋白质相互作用研究的技术有多种，其中酵母双杂交技术应用最为广泛。酵母双杂交技术不仅可以用于已知蛋白之间的相互作用，还能用其中一种蛋白去筛选与之相互作用的蛋白，但是这项技术仍然存在几个固有的不足：

① 相互作用必须在酵母中进行，许多外源目标蛋白在酵母中表达天然活性已经发生变化。

② 各种原因造成的假阳性，例如一些受试蛋白本身可能激活了报告基因的转录或在酵母双杂交系统中相互作用的蛋白在其天然环境中处于不同的细胞器，并不发生相互作用。

③ 必须通过酵母细胞培养才能观察到结果，耗时较长。与之相比，BiFC 系统可以在细菌，真菌，以及真核细胞中实施，所研究的蛋白处于其天然的环境中，并且能够直观地报道蛋白质相互作用在细胞中的位置，即定位。localization 研究，此外，BiFC 技术耗时比较短。目前，研究体内蛋白质相互作用的主流方法是荧光能量共振转移技术（FRET）或生物发光能量共振转移（bioluminescence resonance energy transfer，BRET）。2 种方法都要求供体荧光团的发射波谱和受体荧光团的激发波谱有一定程度的重叠，并且距离在 10nm 以内，以及受体发射的荧光强度是在假定受体没有吸收其他的光能量而只吸收了供体处于激发态时转移的能量，而供体需获取有或无受体时发射的荧光强度，因此，FRET 和 BRET 技术对仪器的要求高，需要复杂的数据分析。同时，这类方法检测的是供体和受体的荧光强度的变化。相比之下，BiFC 系统对仪器要求低、数据处理相对简单，由于只是检测荧光的有无，因而背景干净，检测更加灵敏。其他蛋白质片段互补技术主要通过检测底物的变化来间接的反映蛋白质间的相互作用，不能确定蛋白质相互作用的位置。由于重建后的荧光蛋白结构较稳定，双分子荧光互补技术还可以用于研究蛋白质之间的弱相互作用或瞬间相互作用。

BiFC 技术的最大缺陷是多个 BiFC 系统对温度敏感。温度高时，片段间不易互补形成完整的荧光蛋白。一般在 30℃以下形成互补效应好，温度越低，越有利于片段之间的互补，这就对研究细胞在生理条件下的蛋白质相互作用带来不利因素。目前，只有基于 venus、citrine 和 cerulean 的 3 个双分子荧光互补系统可以在生理温度条件下实现片段互补。此外，BiFC 系统需要 2 个荧光蛋白片段互补，重新形成完整的活性蛋白以及发生荧光蛋白自体催化过程，不同的 BiFC 系统往往需要几分钟到几小时完成该过程，因此观察到的双分子荧光信号滞后于蛋白质的相互作用过程，不能实时地观察蛋白的相互作用或蛋白复合物的形成过程。

六、双分子荧光互补（bimolecular fluorescence complementation，BiFC）的延展

目前，BiFC 系统不仅可以直观地检测到 1 对蛋白质在体内或体外的相互作用，也可以由不同颜色的 BiFC 系统在同 1 个细胞中共用实现多组蛋白质

相互作用的同时检测。2008 年，Shyu 等又将 BiFC 技术和 FRET 技术结合起来，建立了基于双分子荧光互补的荧光共振能量转移技术（BiFC-FRET），BiFC2FRET 采用了青色的荧光蛋白 cerulean 和 1 个黄色的基于 venus 的 BiFC 系统联用，能同时检测 3 个蛋白之间的相互作用。其做法是，将 bJun 和 bFos 分别和 venus 荧光蛋白的 N，C 端片段相连，bJun 和 bFos 的相互作用使得 venus 蛋白重建；当和 cerulean 融合的蛋白 NFAT1 和 bJun 和 bFos 异源二聚体相互作用时，cerulean 可以作为供体将能量共振转移至重建后的 venus 荧光蛋白，实现 3 个蛋白质相互作用的共检测。

第七节　荧光共振能量转移 [Fluorescence resonance energy transfer（FRET）]

一、实验原理

荧光信号的产生。

荧光基团在某波长的激发光刺激下，产生一个更长波长的发射光。

当某个荧光基团的发射谱与另一荧光基团的吸收光谱发生重叠，且两个基团距离足够近时，能量可以从短波长（高能量）的荧光基团传递到长波长（低能量）的荧光基团，这个过程称为荧光共振能量转移（FRET），实际相当于将短波长荧光基团释放的荧光屏蔽（图 5-5）。

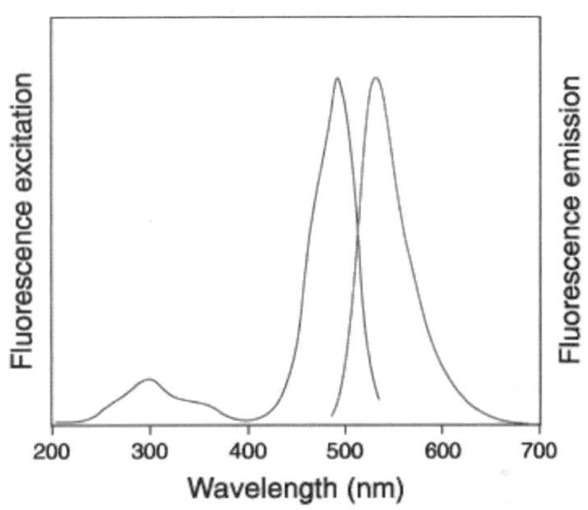

图 5-5　荧光共振能量转移（FRET）原理

二、FRET 技术的应用

在生命科学领域，FRET 技术是检测活体中生物大分子纳米级距离和纳米级距离变化的有力工具，可用于检测某一细胞中两个蛋白质分子是否存在直接的相互作用。正如前述，当供体发射的荧光与受体发色团分子的吸收光谱重叠，并且两个探针的距离在 10nm 范围以内时，就会产生 FRET 现象（图 5-6）。而在生物体内，如果两个蛋白质分子的距离在 10nm 之内，一般认为这两个蛋白质分子存在直接相互作用。FRET 技术得以在生物体内广泛应用，与绿色荧光蛋白（green fluorescent protein，GFP）的应用和改造是密不可分的。GFP 由 11 个 β 片层组成桶状构成疏水中心，由 α 螺旋包含着的发光基团位于其中。这个发光基团（chromophore）是由 3 个氨基酸（Ser65、Tyr66 和 Gly67）经过环化、氧化后形成的咪唑环，在钙离子激发下产生绿色荧光。野生型 GFP 吸收紫外光和蓝光，发射绿光。通过更换 GFP 生色团氨基酸、插入内含子、改变碱基组成等基因工程操作，实现对 GFP 的改造，如增强其荧光强度和热稳定性、促进生色团的折叠、改善荧光特性等。GFP近年来发展出了多种突变体，通过引入各种点突变使发光基团的激发光谱和发射光谱均发生变化而发出不同颜色的荧光，有BFP、YFP和CFP等。这些突变体使GFP应用于FRET成为可能，为FRET技术用于活体检测蛋白质相互作用提供了良好的支持。

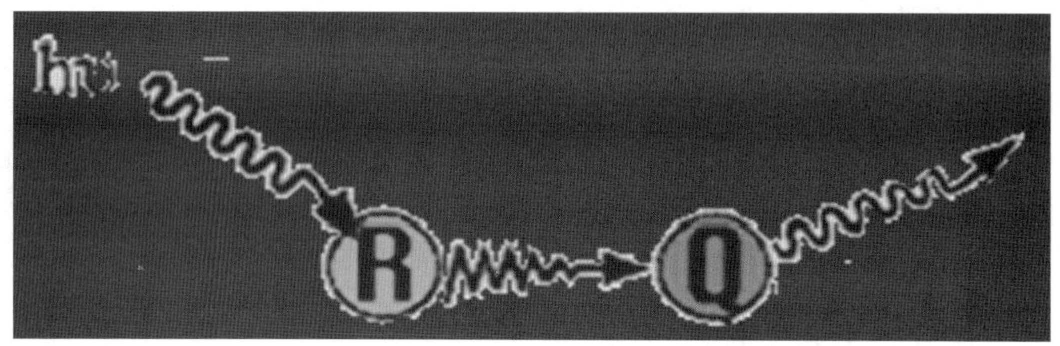

图5-6 荧光共振能量转移（FRET）应用

青色荧光蛋白（cyan fluorescent protein，CFP）、黄色荧光蛋白（yellow fluorescent protein，YFP）为目前蛋白-蛋白相互作用研究中最广泛应用的FRET对。CFP的发射光谱与YFP的吸收光谱相重叠。将供体蛋白CFG和受体蛋白YFG分别与两种目的蛋白融合表达。当两个融合蛋白之间的距离在5~10nm的范围内，则供体CFP发出的荧光可被YFP吸收，并激发YFP发出黄色荧光，此时通过测量CFP荧光强度的损失量来确定这两个蛋白是否相互作用。两个蛋白距离越近，CFP所发出的荧光被YFP接收的量就越多，检测器所接收到的荧光就越少。如Tsien & Miyawaki采用FRET技术检测细胞内Ca^{2+}的浓度变化。他们将CFP和YFP分别于钙调蛋白和钙调蛋白结合肽融合表达于同一个细胞内。当细胞内具有高的Ca^{2+}浓度时，钙调蛋白和钙调蛋白结合肽结合，可诱发FRET，使受体蛋白YFP发出黄色荧光，因此细胞呈黄色。当细胞内Ca^{2+}浓度低时，FRET几乎不发生，因此检测时CFP被激发，发出绿色荧光，细胞呈绿色。

第八节　Far Western blotting 印迹法

一、实验原理

Far-western blotting（印迹法）是一种基于western blotting的一种分子生物学方法。在western blotting中用抗体来检测目标蛋白，而在far-western blotting中用能够与目标蛋白结合的非抗体蛋白质。因此，western blotting用来检测特定的蛋白而far-western blotting则用于检测蛋白质之间的相互作用。

在传统的 western blotting 中，凝胶电泳被用来从样品中分离蛋白质，然后这些蛋白质在 blotting 过程中被转移到膜上。目标蛋白在 western blot 中被抗体探针识别。far-western blotting 用非抗体蛋白来检测目标蛋白，通过这种方式，与探针结合的蛋白质就被检测出来了。探针蛋白经常通过一种表达克隆载体在大肠杆菌中被生产出来。

探针蛋白可以通过一种常规的方法——放射自显影显现出来，它可以结合像 His 或 FLAG 的特殊的亲和标签或者蛋白质的特殊抗体。因此，在凝胶电泳前将细胞提取液在煮沸的去垢剂中失活是检测不需要自然折叠状态的蛋白质相互作用重要方法。

二、Far-Western Blotting 试剂盒

这些 Thermo Scientific Far-Western 蛋白质相互作用试剂盒提供了在膜上或直接在胶内检测特异蛋白质相互作用的必要成分，该产品使用生物素标记或 GST 标记的诱饵蛋白来检测靶蛋白（猎物）。如同传统 Western blotting 实验中使用一抗检测抗原一样，在 far-Western 实验中，使用那些与已知或推测的相互作用蛋白具有特异亲和力的纯化蛋白作为探针。标记有生物素的纯化蛋白质探针可以使用基于生物素的含有链亲和素 -HRP 的试剂盒进行检测。标记有 GST 标签的纯化蛋白质探针可以使用基于 GST 的含有抗 GST-HRP 抗体的试剂盒进行检测。2 种试剂盒均含有灵敏的辣根过氧化物酶化学发光底物，因此可以直接在典型的聚丙烯酰胺迷你胶中进行检测。当靶蛋白转移至硝酸纤维素膜或 PVDF 膜的效率很低时，这种可供选择的胶内检测方法为传统的膜上检测提供了重要的替代方法（图 5-7）。

产品特点：

可供选择的膜上或胶内检测 - 膜上检测提供更高的灵敏度；胶内检测方法更快速，并且可防止转膜不完全或效率偏低造成的问题。

为 far-Western 分析提供非放射性选择 - 可靠且灵敏的生物素 / 链亲和素 -HRP 或抗 GST-HRP 化学标记法结合化学发光底物，相比于放射性标记的诱饵蛋白更加实用且安全。

有效的相互作用范围 - 试剂盒针对猎物与生物素化诱饵蛋白或 GST 标记探针蛋白间的中等或强相互作用而设计。

无需一抗的检测 - 试剂盒使用生物素化或 GST 标签的蛋白质作为检测探针，省去了抗体生产的需要。

与 SDS-PAGE 和天然胶兼容 - 提供在更加天然的环境下进行检测的选择，因为还原或变性体系可能对相互作用造成影响。

降低非特异性结合 - 生物素 / 链亲和素 -HRP 系统与抗诱饵蛋白的抗体相比，非特异性结合更少；标记的抗 GST 抗体对 GST 标签具有很高的特异性。

与蛋白质染色兼容 - 在化学发光检测步骤之后可进行总蛋白质染色，避免跑两块胶的烦琐。

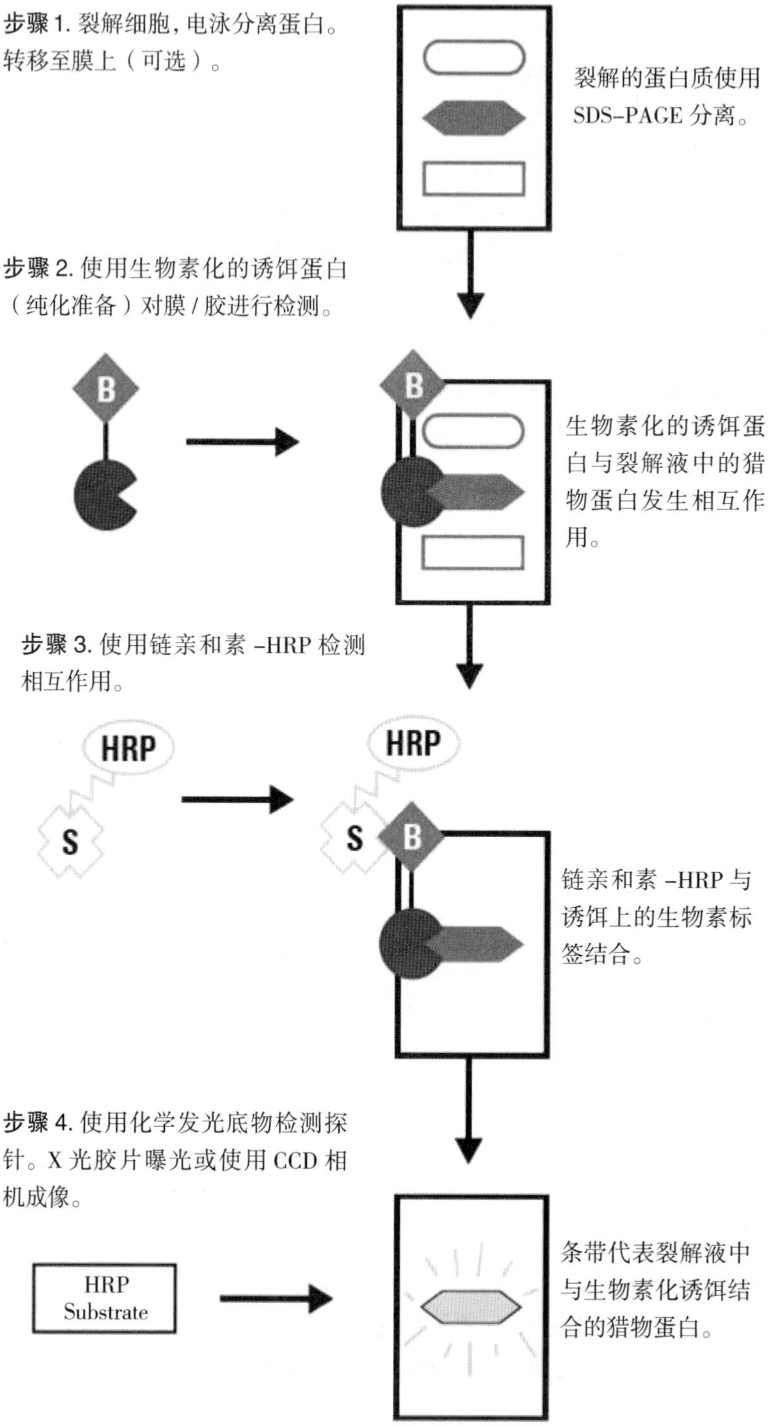

步骤 1. 裂解细胞，电泳分离蛋白。转移至膜上（可选）。

裂解的蛋白质使用 SDS-PAGE 分离。

步骤 2. 使用生物素化的诱饵蛋白（纯化准备）对膜 / 胶进行检测。

B

生物素化的诱饵蛋白与裂解液中的猎物蛋白发生相互作用。

步骤 3. 使用链亲和素 -HRP 检测相互作用。

HRP

S

链亲和素 -HRP 与诱饵上的生物素标签结合。

步骤 4. 使用化学发光底物检测探针。X 光胶片曝光或使用 CCD 相机成像。

HRP Substrate

条带代表裂解液中与生物素化诱饵结合的猎物蛋白。

图 5–7　Far Western blotting 印迹流程

第九节　酵母单杂交实验

一、实验原理

酵母单杂交技术是1993年由酵母双杂交技术发展而来的，其基本原理为：真核生物基因的转录起始需转录因子参与，转录因子通常由一个DNA特异性结合功能域和一个或多个其他调控蛋白相互作用的激活功能域组成，即DNA结合结构域（DNA—bindingdomain，BD）和转录激活结构域（activationdomain，AD）。用于酵母单杂交系统的酵母GAL4蛋白是一种典型的转录因子，GAL4的DNA结合结构域靠近羧基端，含有几个锌指结构，可激活酵母半乳糖苷酶的上游激活位点（UAS），而转录激活结构域可与RNA聚合酶或转录因子TFIID相互作用，提高RNA聚合酶的活性。在这一过程中，DNA结合结构域和转录激活结构域可完全独立地发挥作用。据此，我们可将GAL4的DNA结合结构域置换为文库蛋白编码基因，只要其表达的蛋白能与目的基因相互作用，同样可通过转录激活结构域激活RNA聚合酶，启动下游报告基因的转录（图5-8）。

酵母单杂交体系自1993年由Wang和Reed创立以来，在生物学研究领域中已经显示出巨大的威力。应用酵母单杂交体系已经验证了许多已知的DNA与蛋白质之间的相互作用，同时发现了新的DNA与蛋白质的相互作用，并由此找到了多种新的转录因子。近来，已有应用酵母单杂交体系进行疾病诊断的研究报道。随着酵母单杂交体系的不断发展和完善，它在科研、医疗等方面的应用将会越来越广泛。采用酵母单杂交体系能在一个简单实验过程中，识别与DNA特异结合的蛋白质，同时可直接从基因文库中找到编码蛋白的DNA序列，而无需分离纯化蛋白，实验简单易行。由于酵母单杂交体系检测到的与DNA结合的蛋白质是处于自然构象，克服了体外研究时蛋白质通常处于非自然构象的缺点，因而具有很高的灵敏性。目前，多种酵母单杂交体系的试剂盒和相应的cdna文库已经商品化，为酵母单杂交体系的使用提供了有利的条件。

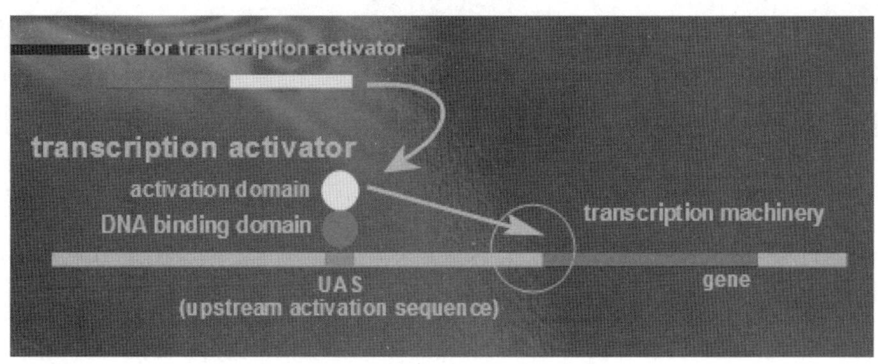

图5-8　酵母单杂交实验原理

二、实验操作

（1）鲑鱼精 DNA（20μg /μl）沸水中煮 20min（99℃），冰上冷却 5min。

（2）加入 100μl 酵母感受态细胞，1~2μl 构建的质粒，100g 鲑鱼精（5μl），600μl TE-LiAc-PEG，涡旋 10s，混匀，200rpm/min，震荡 30min。

（3）加入 70μl DMSO 温和混匀。

（4）42℃水浴热休克 15min，后冰浴 10min。

（5）常温下 1000g 离心 10s，弃上清液，用 0.5ml 无菌水重悬细胞。

（6）将转化后的酵母培养于缺陷型培养基中，30 倒置培养 3~5d，直至出现菌落。

三、用途

迄今为止，应用酵母单杂交体系已经识别并验证了许多与目的 DNA 序列结合的蛋白质，同时单杂交技术还被应用于识别金属反应结合因子。正向与反向单杂交体系的结合，还可用于筛选阻碍 DNA 与蛋白质相互作用的突变的单个核苷酸。

目前，在研究 DNA—蛋白质相互作用中，酵母单杂交体系主要有以下 3 种用途：①确定已知 DNA—蛋白质之间是否存在相互作用；②分离结合于目的顺式调控元件或其他短 DNA 结合位点蛋白的新基因；③定位已经证实的具有相互作用的 DNA 结合蛋白的 DNA 结合结构域，以及准确定位与 DNA 结合的核苷酸序列。

酵母单杂交是在酵母双杂交的基础上发展起来的技术，酵母单杂交主要用于研究蛋白质和 DNA 的相互作用，而酵母双杂交主要是用于研究蛋白质间的相互作用。

第十节　原生质体提取及转化步骤

一、实验原理

利用酶溶液对细胞壁成分的降解作用，解离出完整的原生质体。而 PEG4000 转化的原理是，PEG 带有大量的负电荷，和原生质体表面的负电荷在钙离子的连接下，形成静电键，降低细胞表面的极性，促使之间黏着和结合，在高 pH 值、高钙离子的作用下，钙离子和结合在质膜上的 PEG 被洗脱，导致电荷平衡失调并重新分配，使质粒进入原生质体内部。

二、实验操作

1. 酶解液配方　　　　10ml（可以酶解至少 90 片叶片）

1.4%~1.5% Cellulose R-10　　0.14g；

0.4% Macerozyme R-10　　0.04g；

0.4mol/L D-Mannitol　　0.728g；

20mmol/L KCl（200mmol/L）　　1ml；
20mmol/L MES（200mmol/L，pH 值为 5.7）　　1ml。

配 100 ml W5 buffer（现用现配）　　50ml；
154 mmol/L NaCl（2mol/L）　　3.85ml；
125 mmol/L $CaCl_2$（1mol/L）　　6.25ml；
5 mmol/L KCl（200mmol/L）　　1.25ml；
2 mmol/L MES（200mmol/L，pH 值为 5.7）　　0.5ml。

MMg Buffer　　10ml；
0.4mol/L　Mannitol　　0.729g；
15 mmol/L $MgCl_2$（150mmol/L）　　1ml；
4 mmol/L　MES（200mmol/L，pH 值为 5.7）　　200μl。

PEG/Ca^{2+}（现用现配）Buffer（40%，V/V）　　10ml；
PEG-4000　　4g；
甘露醇（2.5 ml，0.8mol/L）　　0.364g；
$CaCl_2$（1 ml，1mol/L）　　1ml。

如非新配，以上溶液需过滤 0.22mm。

以上药品均为 Sigma 的 PEG-4 000 为 Fluka 可置于摇床中震荡溶解。

1 个质粒需要 2~3 叶片，足矣。

2. 原生质体提取

（1）将生长 4 周左右的拟南芥叶片切成细条，放入酶解液中，避光，23℃ 3.5~4h。

（2）100~200 目滤网（或金属筛）过滤至小烧杯中（冰上操作），滤液（含原生质体）吸至 10ml 塑料离心管中，100g 离心 1min，弃上清液。（金属网先用 W5 冲洗一下，将酶解液用枪头一枪一枪的滴于网上）（离心管采用圆底试管，将沉淀轻轻弹开，防止 cell 聚团）。

过滤之后的步骤，操作时动作要尽量轻柔。

3. 转化

（1）向离心管中加入（沿管壁轻轻加入，速度不要太快）预冷的 W5 等体积溶液冲洗原生质体（离心管轻轻颠倒混匀），100g 离心 1min，弃上清液，再加入预冷的 1/2 体积的 W5 溶液，轻微振荡使沉淀悬浮起来（手指轻弹），冰上静止放置 30min；（W5 洗 1 次即可，加入 W5 时，将液体滴于试管中部，滑下管底，悬浮）。

（2）细胞沉到管底，弃上清液，加适量预冷的 MMg 溶液冲洗原生质体（2.5ml），100g 离心 1min，弃上清液，加适量预冷的 MMg 溶液悬浮原生质体（掌握的原则是：转化一个质粒需要加的 MMg buffer 大约是 100μl）。

这里比较强调经验，看颜色，若颜色太深可以多加点 MMg 溶液（显微镜检查 cell 状态，原生质体静置沉淀，弃一定上清液后备用）。

上面的离心步骤要在低温水平离心机中操作。

PEG 转化：以下操作均在 23℃下进行（包括所用试剂也要常温）。

（3）取 10μl 表达载体的质粒（约 10μg）于 2ml U 形底离心管中，用剪掉头的黄枪头加入 100μl 原生质体提取液，混匀（用剪掉头的蓝枪头轻轻洗打混匀），再加入 110μl 的 PEG/ Ca^{2+} 溶液，混匀，放置于 23℃温浴 30~50min（避光）。

该处：质粒 DNA 的体积 + 原生质体提取液的量 =PEG/ Ca^{2+} 溶液的量。

（4）向离心管中加入 440μl W5 溶液，23℃，100g 离心 1min，去除上清液（大枪吸多半，小枪再吸），向沉淀中加入 500μl W5 溶液，混匀（手指很轻柔地弹起，也可以用剪掉头的蓝枪头吸打），100g 离心 1min，吸弃上清液，再加入 1ml W5 溶液将沉淀混匀（用手指轻柔地弹起）。

吸弃上清液时，前几次不要吸太干净，因为离心时间比较短，原生质体会有一部分在溶液中，吸太干净会造成比较大的损失；最后一次离心加 W5 溶液悬浮时应该要吸得比较干净。

（5）将悬浮液倒培养板中培养，避光，14h 左右开始观察，一般可用 24h。（先将一定量的 W5 置于培养版上，吸取原生质体旋转注入培养版中，保证细胞均匀分布，可置于体式显微镜观察细胞状态）。

（6）Confocal 观察。并不是直接用培养液观察，之前也要离一下心，直接吸取一定量的原生质体沉淀（经验：既可以一次观察很多个原生质体细胞，又不至于太浓）。

三、注意事项

第一，质粒提取。

摇好的菌液，3ml 每管提质粒，最后洗脱至一管中，浓度需要达到 1 ug/μl 范仁春当时定量时是将提好的质粒稀释 10 倍，再用定量 Marker 定量。

第二，苗子的培养。

越壮越好，转化一个质粒需要大约 10 片左右的叶片（切割时可以从叶顶切至叶柄，叶柄不要）。

10 μl 的酶解液可以酶解 90 片叶片。

第六章　作物转化

转基因技术的飞速发展为生物定向改良和分子育种提供了一种较佳的方法，并使其成为基因工程和育种的最有效途径，目前应用较广泛的转基因技术有农杆菌介导法、花粉通道法、显微注射法、基因枪法、离子束介导法等等，其中农杆菌介导法以其费用低、拷贝数低、重复性好、基因沉默现象少、转育周期短及能转化较大片段等独特优点而备受科学工作者的青睐。农杆菌介导法主要以植物的分生组织和生殖器官作为外源基因导入的受体，通过真空渗透法、浸蘸法及注射法等方法使农杆菌与受体材料接触，以完成可遗传细胞的转化，然后利用组织培养的方法培育出转基因植株，并通过抗生素筛选和分子检测鉴定转基因植株后代。农杆菌是普遍存在于土壤中的一种革兰氏阴性细菌，它能在自然条件下趋化性地感染大多数双子叶植物的受伤部位，并诱导产生冠瘿瘤或发状根。根癌农杆菌和发根农杆菌中细胞中分别含有 Ti 质粒和 Ri 质粒，其上有一段 T-DNA，农杆菌通过侵染植物伤口进入细胞后，可将 T-DNA 插入到植物基因组中。因此，农杆菌是一种天然的植物遗传转化体系。人们将目的基因插入到经过改造的 T-DNA 区，借助农杆菌的感染实现外源基因向植物细胞的转移与整合，然后通过细胞和组织培养技术，再生出转基因植株。

农杆菌转化的详细机理已有大量综述，并介绍新进展。 野生型根癌农杆菌能够将自身的一段 DNA 转入植物细胞，因为转入的这一段 DNA 含有一些激素合成基因，因而导致转化细胞自身激素的不平衡从而产生冠瘿瘤，这些致瘤菌株都含有一个约 200 kb 的环状质粒，被称为 Ti（tumor inducing）质粒，包括毒性区（Vir 区）、接合转移区（Con 区）、复制起始区（Ori 区）和 T-DNA 区 4 部分，其中与冠瘿瘤生成有关的是 Vir 区和 T-DNA 区，前者大小为 30 kb，分 virA-J 等至少 10 个操纵子，决定了 T-DNA 的加工和转移过程，T-DNA 可以将携带的任何基因整合到植物基因组中，但这些基因本身与 T-DNA 的转移与整合无关，仅左右两端各 25 bp 的同向重复序列为其加工所必需，其中 14 bp 是完全保守的，分 10 和 4 bp 不连续的两组。两边界中以右边界更为重要。VirA 作为受体蛋白接受损伤植物细胞分泌物的诱导，自身磷酸化后进一步磷酸化激活 VirG 蛋白；后者是一种 DNA 转录活化因子，被激活后可以特异性结合到其他 vir 基因启动子区上游的一个叫 vir 框（vir box）的序列，启动这些基因的转录。其中，virD 基因产物对 T-DNA 进行剪切，产生 T-DNA 单链，然后以类似于细菌接合转移过程的方式将 T-DNA 与 VirD2 组成的复合物转入植物细胞，在那里与许多 VirE2 蛋白分子（为 DNA 单链结合蛋白）相结合，形成 T 链复合物（T-complex），在此过程中 VirE1 作为 VirE2 的一个特殊的分子伴侣

具有协助 VirE2 转运和阻止它与 T-DNA 链结合的功能。实验表明，转基因植物产生的 VirE2 蛋白分子也能在植物细胞内与 VirD2-T-DNA 形成 T 链复合物。之后，这一复合物在 VirD2 和 VirE2 核定位信号（NLS）引导下以 VirD2 为先导被转运进入细胞核。转入细胞核的 T-DNA 以单或多拷贝的形式随机整合到植物染色体上，研究表明 T-DNA 优先整合到转录活跃区，而且在 T-DNA 的同源区与 DNA 的高度重复区 T-DNA 的整合频率也比较高。整合进植物基因组的 T-DNA 也有一定程度的缺失、重复、填充和超界等现象发生，例如在用真空渗透法转化的拟南芥中有 66% 出现超界现象，甚至有整个 Ti 质粒整合进植物基因组的报道，T-DNA 超界转移现象的机理尚不完全清楚，可能与其左边界周边序列有关。现在，对农杆菌感染过程中其本身因子的转录与调控已研究得相当深入，但是对被感染植物细胞中有关的分子过程以及作用机理知之甚少，尽管已经有许多工作表明农杆菌的侵染与植物的基因型有关。

最近人们用拟南芥菜（Arabidopsis）研究这一问题，取得了可喜的成就。利用 T-DNA 插入突变，有人分离出一些农杆菌感染缺陷的拟南芥菜突变体。在这些突变体中，农杆菌感染的阻断有的发生在感染早期，表现为农杆菌向根部附着的频率降低，有的则发生在随后 T-DNA 向植物细胞核转运和整合的过程中。对这些突变体做进一步的研究，无疑对弄清植物细胞在农杆菌侵染过程中所参与的因子有很大的帮助。利用酵母双杂交系统（yeast two hybrid system），研究者从拟南芥菜 cDNA 文库中分离出了和 VirD2 和 VirE2 特异互作的蛋白质，如 AtKAPa 和 VirD2 的核定位信号（NLS）特异结合，转运 T- 链复合物到细胞核中；另有几种被称为亲环素（cyclophlins），能和 VirD2 和 VirE2 的非 NLS 结合，详细功能尚不十分清楚。关于 T-DNA 向基因组的整合，虽然拟南芥菜 uvh1 基因一度被认为与此有关，但是近来 Preuss 等人证明，uvh1 突变体在 T-DNA 的整合上与野生型农杆菌没有什么区别；需要注意的是前者使用根为外植体，而后者在拟南芥菜开花期使用真空渗透法，被感染的是生殖细胞，因此它们之间很可能并非是简单的否定关系，而仅仅反映了有关的基因产物具有组织表达的特异性。由这些结果看来，不少植物因子直接参与了 T-DNA 在植物细胞中的转移和整合过程。由于农杆菌在转化很不相同生物（真菌、裸子植物和单、双子叶被子植物）时自身内的转录调控过程基本相同，因此发生在被感染细胞中的分子过程就成为决定农杆菌转化能否成功的最终因素，所以对其进行研究对扩大农杆菌宿主范围具有重要意义。根癌农杆菌的 Ti 质粒上有一段转移 DNA（T-DNA），具有向植物细胞传递外源基因的能力，而细菌本身并不进入受体细胞。农杆菌转化植物细胞涉及一系列复杂的反应，主要包括：第一，受伤的植物细胞为修复创伤部位，释放一些糖类、酚类等信号分子。第二，在信号分子的诱导下，农杆菌向受伤组织集中，并吸附在细胞表面。第三，转移 DNA 上的毒粒基因被激活并表达，同时形成转移 DNA 的中间体。第四，转移 DNA 进入植物细胞，并整合到植物细胞基因组中。因为单子叶植物不是农杆菌的天然寄主，况且其不能合成起诱导作用的信号分子，所以限制了农杆菌介导法在单子叶植物中的应用。不过近年来大量成功转化的实例表明，植物、真菌、哺乳动物甚至人类细胞都可以作为农杆菌的受体。

质粒载体系统中最常用的质粒有：Ti 质粒和 Ri 质粒。Ti 质粒存在于根癌农杆菌中，Ri 质粒存在于发根农杆菌中。Ti 质粒和 Ri 质粒在结构和功能上有许多相似之处，具有基本一致的特性。但实际工作中，绝大部分采用 Ti 质粒。农杆菌质粒是一种能实现 DNA 转移和整合的天然系统。

Ti 质粒有两个区域：T-DNA 区（是质粒上能够转移整合入植物受体基因组并能在植物细胞中表达从而导致冠瘿瘤的发生，且可通过减数分裂传递给子代的区域）和 Vir 区（编码能够实现 T-DNA 转移的蛋白）。

T-DNA 长度为 12~24kb，两端各有一个含 25 hp 重复序列的边界序列，在整合过程中左右边界序列之间的 T-DNA 可以转移并整合到宿主细胞基因组中，研究发现只有边界序列对 DNA 的转移是必需的，而边界序列之间的 T-DNA 并不参与转化过程，因而可以用外源基因将其替换。Vir 区位于 T-DNA 以外的一个 35 kb 内，其产物对 T-DNA 的转移及整合必不可少。

农杆菌侵染植物首先是吸附于植物表面伤口，受伤植物分泌的酚类小分子化合物可以诱导 Vir 基因的表达。Vir 产物能诱导 Ti 质粒产生一条新的 T-DNA 单链分子。此单链分子从 Ti 质粒上脱离后，可以与 Vir 产物 VIRD 2 蛋白共价结合，并在 VIRD 4 和 VIRB 等蛋白的帮助下从农杆菌进入植物细胞的染色体中。

第一节　浸蘸法转化拟南芥

一、实验原理

农杆菌是普遍存在于土壤中的一种革兰氏阴性细菌，它能在自然条件下感染大多数双子叶植物和裸子植物的受伤部位，并诱导产生冠瘿瘤或发状根。根癌农杆菌和发根农杆菌内有一个大的致瘤质粒，简称 Ti 质粒和 Ri 质粒，其上有一段 T-DNA，农杆菌通过侵染植物伤口进入细胞后，可将 T-DNA 插入到植物基因组中。因此，农杆菌是一种天然的植物遗传转化体系。人们将目的基因插入到经过改造的 T-DNA 区，借助农杆菌的感染实现外源基因向植物细胞的转移与整合，然后通过细胞和组织培养技术，再生出转基因植株。

二、实验操作

1. 转化步骤

培养拟南芥至抽薹后，剪去已经开花的主茎，抑制顶端优势。待侧枝大量开花时进行花蕾浸染。

（1）挑取单克隆于盛有 YEB 液体抗性培养基（50 mg/L Spe，50 mg/L Rif）的试管内，培养至菌液浑浊后，进行目标基因的菌液 PCR 检测。菌液 PCR 反应程序为：96℃ 6 min，（96℃ 1 min，62℃ 1 min，72℃ 1 min 20 s）× 35 个循环，72℃延伸反应 5 min。

（2）取经 PCR 检测正确的菌液接种于盛有 YEB 液体抗性培养基（50 mg/L Spe，50 mg/L Rif）的试管内，28℃ 250 rpm/min 继续避光培养至菌液浑浊。

（3）菌液按 1:100 将转接到 100 ml YEB 液体抗性培养基中（50 mg/L Spe，50 mg/L Rif），28℃ 250 rpm/min 培养至 OD_{600} = 0.8 时准备进行拟南芥转化。

（4）4℃ 7 500 rpm/min 离心 15 min，然后用等体积的转化渗透液（5% Sucrose + 0.02% Silwet L-77）重悬菌体。

（5）平托拟南芥，使花蕾浸入渗透液内，静置转化 5 s，将植株平放在周转盒内，黑色薄膜覆盖避光保湿，24~48 h 后于正常光照条件下进行继续正常生长培养。

注意：转化后拟南芥的培养恢复正常管理，一旦出现侧蘖或抽薹，应及时剪除。

2. 转基因植株的检测

包括抗性筛选、PCR 检测和 Western blotting 检测等。其中，PCR 检测是以抗性植株叶片 DNA 或 RNA（cDNA）作为模板，以质粒作为阳性对照，以未转化植株作为阴性对照，通过 PCR 方法检测目标片段的转化情况。

3. 纯系转基因植株的获得

农杆菌浸染当代植株所结的种子记为 T_0 代种子，该种子经抗性筛选长出的植株为 T_1 代植株。T_1 代植株待成熟后分单株收取种子记为 T_1 代株系。在抗性培养基上继续筛选 T_1 代株系，选取抗性分离比为 3 : 1 株系的阳性苗移栽土中生长，仍按单株收种，种子记为 T_2 代。用一部分 T_2 代的种子（约 100 粒）播种抗性平板，如果全部是绿色抗性苗，则证明此单株为纯系转基因植株。

三、实验结果分析

由于转化的载体上带有 *Kan* 抗性基因，非转化苗在含 *Kan* 抗性基因的培养基上会黄化死去，而转化苗在含有 *Kan* 抗性基因的培养基上则能正常生长（图 6-1）；利用 RT-PCR 方法检测目标基因在 T_1 代拟南芥的表达情况，如图 6-2 所示，转基因植株中有外源基因的表达（3~19），而野生型对照中无表达（2）；通过共聚焦激光扫描显微镜观察目标基因和 GFP 是否融合表达（图 6-3）。根据转基因植株的检测结果，选取阳性植株进行种子扩繁，得到 T_3 代转基因纯系后进行转基因功能验证。

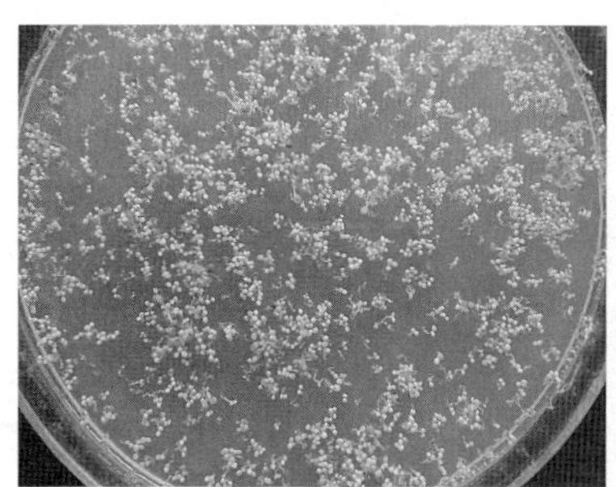

图 6-1　kan 抗性基因的组织培养

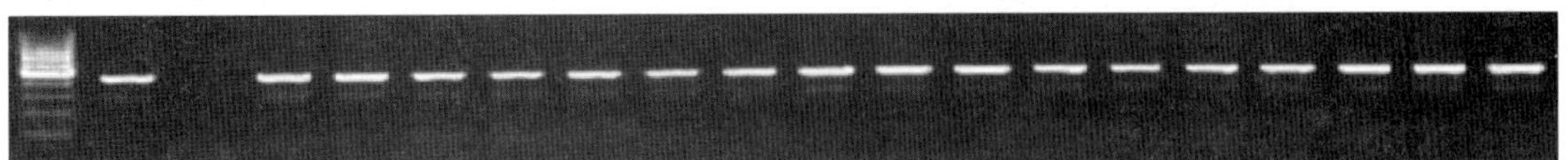

图 6-2　利用 RT-PCR 方法检测目标基因

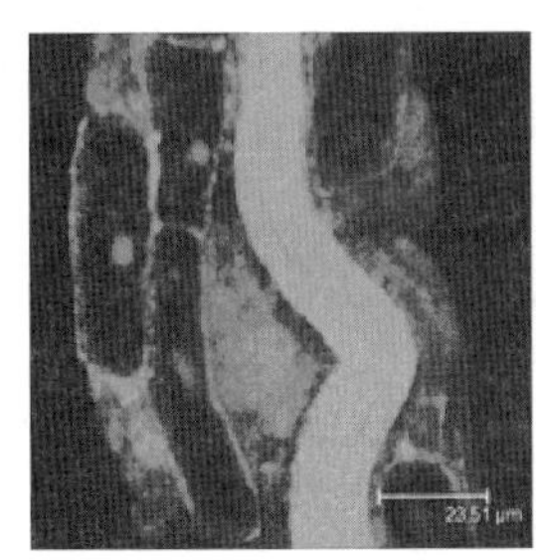

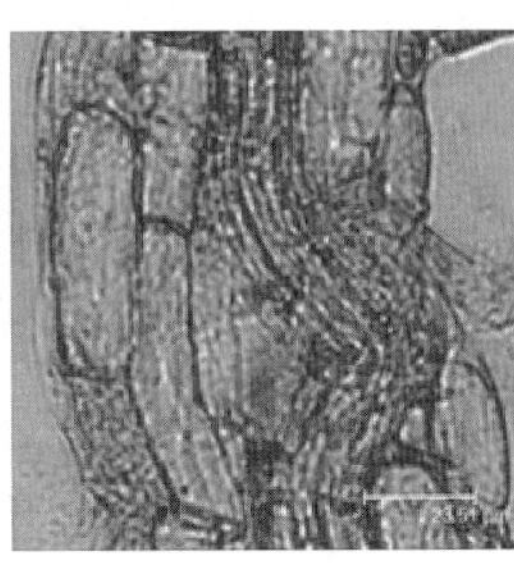
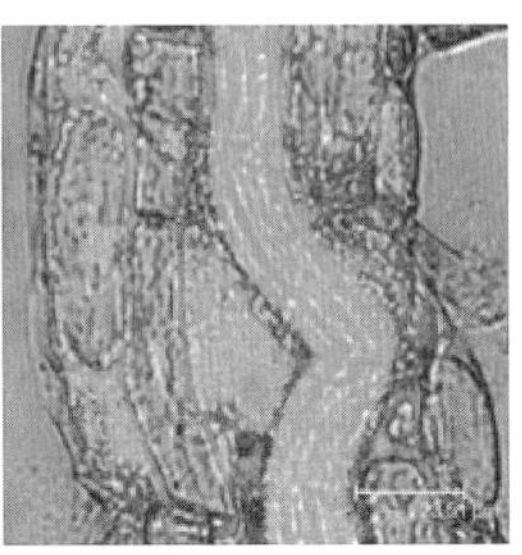

图 6-3　通过共聚焦激光扫描显微镜观察目标基因

第二节　农杆菌侵染法转化烟草

一、实验原理

农杆菌通过侵染烟草伤口进入细胞后，可将 T-DNA 插入到烟草基因组中。将目的基因插入到经过改造的 T-DNA 区，借助农杆菌的感染实现外源基因向植物细胞的转移与整合，然后通过细胞和组织培养技术，再生出转基因植株。

烟草组织培养技术主要依据植物的全能性，即植物体的任何一个细胞都具有生长分化成为一个完整植株的能力。组织培养就是利用植物的全能性进行离体无菌植物培养的一门技术。组织培养按培养对象可分为组织或愈伤培养、器官培养、植株培养、细胞和原生质体培养等。

植物生长调节物质对于植物细胞组织的分化和决定具有关键性作用。它包括：生长素类、细胞分裂素类、赤霉素、脱落酸、乙烯等。

生长素类主要用于愈伤组织的形成，体细胞胚的产生及试管苗的生根。常用的有 2，4-D、NAA（萘乙酸）、IBA（吲哚丁酸）、IAA（吲哚乙酸）等。其作用强弱为 2，4-D>NAA>IBA>IAA。

细胞分裂素类则有促进细胞的分裂与分化，延迟组织的衰老，促进芽的产生等作用。常用的有 Zip、KT（氯吡脲）、6-BA（6- 苄氨基腺嘌呤）、ZT（玉米素）等作用强弱顺序为。Zip>KT>6-BA>ZT。

二、实验操作

1. 无菌苗的诱导

挑选较亮较饱满的种子，在室温下用蒸馏水冲洗一遍，之后在 70% 的酒精中浸泡 30 s，再用 10% 的次氯酸钠消毒 20 min，最后用灭过菌的蒸馏水冲洗 5 次，将灭菌种子用移液器均

匀散播在 MS 固体培养基上，然后在光强 2 000 lx，16 h 光周期，25℃条件下进行萌发。

2. 菌株活化

取经 PCR 检测正确的菌液接种于盛有 YEB ＋ Kan+Rif（20 ml）液体培养基内，在 28℃，180 r/min 震荡器中培养过夜，培养至菌液 OD600 为 0.5~0.6，浸染 K326 无菌苗。

3. 转化步骤

（1）材料预培养。取无菌苗叶片剪成约 1 cm^2 的小块儿，置于固体纯 MS 培养基上进行预培养，注意叶片近轴面向下，于 25℃光培养 2d。

（2）浸染。将预培养好的叶片外植体放入活化的菌液中浸染 3 min，取出后在无菌滤纸上吸干，放回原培养基上，于 28℃暗处共培养 2d。

（3）脱菌及选择培养。每日观察共培养过的烟叶外植体，其周边每长出农杆菌，就转入新的选择分化培养基上：MS+$IAA_{0.1}$+$BA_{1.5}$+Kan_{30}+Cef_{500}，培养条件为 25℃，光照培养。直至达到完全除菌，不再添加头孢氨苄霉素，继续培养。未经侵染的叶片外植体，在相同抗生素筛选压培养条件下培养的，作为阴性对照；在无抗生素筛选压力下培养的，作为阳性对照。

（4）转化植株的获得。脱菌后的叶片经过几次继代选择培养后，外植体上开始出现不定芽，长约半厘米高时及时切割，转入生根培养基中：MS+ Kan+$NAA_{0.1}$。由此筛选出生长快、长势好的转化株系，单瓶单株培养，每 30d 左右继代 1 次。这些株系可以作为日后分子检测用材。培养条件为 25℃，光照培养。

4. 转基因植株的检测

包括抗性筛选、PCR 检测和 Western blotting 检测等。

5. 转基因烟草纯系的获得

采用农杆菌介导法转化烟草叶片，经过分化、抗生素筛选和分子检测，获得的转基因植株（T_0 代）收获 T_1 代种子；种子在抗生素培养基上萌发，筛除非抗性植株（即纯隐性后代），其余的单株收获 T_2 代种子。对 T_2 代种子进行抗生素抗性检测，每株检测 30~50 粒种子，若种子全表现出抗生素抗性，证明该 T_1 代单株为纯合植株，其 T_2 代群体即为转基因烟草纯系。

附：培养基

基本培养基：MS 培养基 3% 蔗糖 0.7% 琼脂粉 pH 值 =6.0

共同培养基：基本培养基＋$BA_{1.5}$＋$IAA_{0.1}$

选择培养基：共同培养基＋Kan_{30}＋Cef_{500} +$BA_{1.5}$＋$IAA_{0.1}$

生根培养基：基本培养基＋Kan_{30}＋$NAA_{0.1}$ +$BA_{1.5}$＋$IAA_{0.1}$

三、实验结果分析

浸染转化选择培养体系在共培养后第 15 天，在叶片边缘开始长出少量小不定芽（图 6-4A），第 25 天全部长芽并且完全除菌。未浸染转化的阳性对照第 13 天就长出不定芽，且长势比侵染转化体系旺盛（图 6-4B）。未浸染转化的阴性对照的外植体在选择培养压力下逐渐黄化至灰白色（图 6-4C）。可见，浸染转化选择培养体系的分化频率明显低于阳性对照。阴性对照在 Kan30 的筛选压力下不能分化形成不定芽。

待分化芽点出现小叶时，将其剥离，移入生根培养基继续培养。转基因植株的在生根培养基中的长势如图 6-5 所示。将根系健壮的转基因植株移栽至营养土中继续培养，收获 T_1 代种子（图 6-6）。

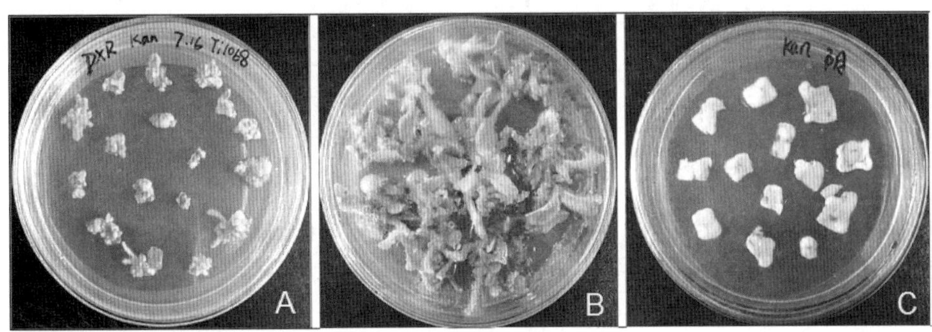

图 6-4　烟草转基因植株的获得

（1）转化叶片。在 *Kan* 为 30 mg/L 的分化培养基上分化出芽。

（2）阳性对照。未转化叶片在无 *Kan* 的分化培养基上旺盛分化。

（3）阴性对照。未转化叶片在 *Kan* 为 30 mg/L 的分化培养基上基本没有分化。

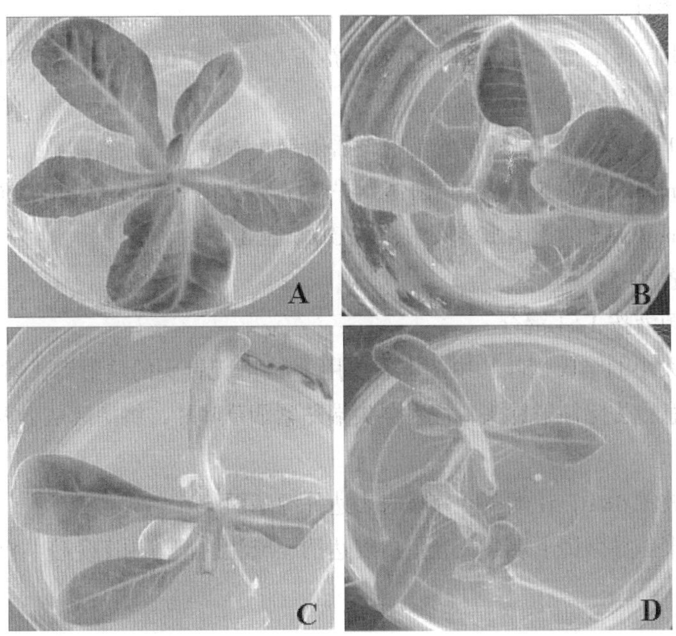

图 6-5　转基因植株在生根培养基中的长势

A：对照 Ti1068，B–D：转基因植株

图 6-6　转基因植株在营养土中的长势
A：对照 Ti1068，B-C：转基因植株

第三节　烟草瞬时表达

一、实验原理

烟草瞬时表达的实验原理是将目的基因插入共整合载体或双元载体，将重组质粒转化到农杆菌中，再通过真空渗透或注射法使农杆菌与烟草叶片细胞接触，从而实现 T-DNA 转移进入受体细胞核。此过程中大部分 T-DNA 未整合入烟草基因组，而是暂时存在于细胞核内瞬时表达 T-DNA 基因，几天后即能检测到外源基因的表达。

二、实验操作

（1）将重组质粒转化农杆菌在 YEB 固体培养基（含 Kan 50 μg/ml，Rif 50 μg/ml）上生长。

（2）挑取阳性克隆摇菌，获得母液。

（3）按 1∶50 转接母液于新的培养基中，摇菌越 5~6 h。

（4）5 000rpm/min 离心 5 min 收集菌体，并悬浮于含 10 mmol/L $MgCl_2$、10 mmol/L MES pH 值为 5.7、150 μmol/L AS 的无菌水溶液中，调 OD_{600} 至 1 左右。

（5）室温静置 3~5 h。

（6）将两个菌液按 1∶1 混合。

（7）在 6 龄大小的本氏烟叶片中部下表皮用 1 ml 的无针头的注射器注射 300 μl 左右处理好的农杆菌（注意：去除注射针头，注射器尖端贴紧烟草叶片，将菌液从下表皮缓缓注射进叶片，避开叶脉）。

（8）温室中放置 48 h，让烟草叶片瞬时表达外源基因。

（9）激光共聚焦显微镜下观察荧光蛋白表达情况或注射烟草用于免疫共沉淀分析。

第四节　农杆菌侵染法水稻

一、实验原理

农杆菌是普遍存在于土壤中的一种革兰氏阴性细菌，它能在自然条件下感染大多数双子叶植物和裸子植物的受伤部位，并诱导产生冠瘿瘤或发状根。根癌农杆菌和发根农杆菌内有一个大的致瘤质粒，简称 Ti 质粒和 Ri 质粒，其上有一段 T-DNA，农杆菌通过侵染植物伤口进入细胞后，可将 T-DNA 插入到植物基因组中。 因此，农杆菌是一种天然的植物遗传转化体系。人们将目的基因插入到经过改造的 T-DNA 区，借助农杆菌的感染实现外源基因向植物细胞的转移与整合，然后通过细胞和组织培养技术，再生出转基因植株。

二、实验操作

1. 水稻转化受体的准备

（1）水稻幼胚愈伤组织的诱导培养 。 取开花后 12~15d 左右的水稻幼穗脱粒，用清水漂去秕粒，用 70% 乙醇浸泡 1~2min，然后用加有几滴 Tween20 的 1.25% 的次氯酸钠溶液（活性氯含量为 1.25%）浸泡 90min，进行表面灭菌。（灭菌时要经常搅拌）用无菌水冲洗 3~4 次，沥去水备用。在无菌滤纸上用镊子和刮牙器挤出水稻幼胚置于固体诱导培养基（NB 培养基）上，26℃暗培养诱导愈伤组织。5~7d 后剥下愈伤组织，转入新鲜配制的继代培养基（NB 培养基）上，在相同条件下继代培养 5d 左右，用于共培养。

（2）水稻成熟胚愈伤组织的诱导培养。去壳的水稻成熟种子先用 70% 乙醇浸泡 1~2min，然后用 0.1% 升汞浸泡 30min，进行表面灭菌（最好在摇床上进行），无菌水冲洗 3~4 次，再将种子放在无菌滤纸上吸干水分后，放在成熟胚愈伤诱导培养基上，26℃暗培养。约 10~15d 后，剥下成熟胚盾片长出的愈伤组织，转入成熟胚继代培养基上，在相同条件下继代培养。以后每两周继代培养一次。挑选继代培养 4~5d、色泽淡黄颗粒状的愈伤组织共培养。成熟季节的天气；颖壳和种皮表面没有麻点（病斑）；按成熟度分开（青米优于完熟米）。注意：粳稻不适宜用 NaClO 灭菌。

2. 农杆菌的培养

将含有目的基因载体的农杆菌 EHA105 在含有 50mg/L Kanamycin 的 YM 平板上划线，28℃黑暗培养 2~3d，用一金属匙收集农杆菌菌体，将其悬浮于共培养 CM 液体培养基中，调整菌体浓度至 OD_{600} 为 0.3~0.5，加入 AS，使 AS 终浓度为 100mmol/L，即为共培养转化水稻用的农杆菌悬浮液。

3. 水稻愈伤组织与农杆菌的共培养

挑选状态较好的继代到一定时间的水稻愈伤组织放入无菌三角瓶中，然后加入适量农杆菌悬浮液（至少保证有足够的菌液与材料接触），室温放置 20min，并不时晃动。取出愈伤组

织，在无菌滤纸上吸去多余菌液，随即转移到铺有一层无菌滤纸的固体共培养基上（将诱导愈伤和继代培养时始终紧贴培养基的那一面依然朝下放置，愈伤应摆放整齐，相互之间最好不要叠放），26℃黑暗培养 2~3d。仔细挑选无菌、状态较好（继代培养 4~5d、色泽淡黄、颗粒状）的愈伤组织放入 100ml 无菌三角瓶中，加入适量农杆菌悬浮液，室温放置 20min，并不时晃动。倒掉菌液，将愈伤组织放在无菌滤纸上吸去多余菌液，随即转移到铺有一层无菌滤纸的固体共培养基上，25℃黑暗培养 2~3d。

4. 抗性愈伤组织的筛选

将共培养后的愈伤组织（也可以水洗除菌后）放在含有 50mg/L Hygromycin 的筛选培养基上，26℃暗培养 14d，转到新鲜配制的筛选培养基上继续筛选 14d。大部分愈伤组织在筛选后 10d 左右褐化，然后在褐化组织的边缘重新生长出乳白色的抗性愈伤组织。现象：愈伤组织在选择培养基上出现脓状现象，导致培养失败。减少菌量和共培养后水洗并不能消除这一现象。对策：需要从两方面把关：从继代培养开始，精心挑选愈伤组织，杜绝染菌的愈伤组织。另一方面，严把农杆菌关：农杆菌不应该多次传代，坚持用单菌落的农杆菌划线。

仔细挑选无菌、状态较好（继代培养 4~5d、色泽淡黄、颗粒状）的愈伤组织放入 100ml 无菌三角瓶中，加入适量农杆菌悬浮液，室温放置 20min，并不时晃动。倒掉菌液，将愈伤组织放在无菌滤纸上吸去多余菌液，随即转移到铺有一层无菌滤纸的固体共培养基上，25℃黑暗培养 2~3d。

5. 抗性愈伤组织的分化

从经两轮筛选后长出的抗性愈伤组织中，挑选乳黄色致密的抗性愈伤组织转至含有 50mg/L Hygromycin 的分化培养基上，先暗培养 3d，然后转至 15h/d 光照条件下培养，一般经过 15~25d，有绿点出现。30~40d 后进一步分化出小苗。从经两轮筛选后长出的抗性愈伤组织中，挑选乳黄色致密的抗性愈伤组织转至含有 50mg/l hygromycin B 的分化培养基上，先暗培养 3d，然后转至 15h/d 光照条件下培养，一般经过 15~25d，有绿点出现，30~40d 后进一步分化出小苗。

只要愈伤组织的质量符合要求，预分化并非必需。我们省略了预分化，将抗性愈伤组织直接转到分化培养基上，不但节省了能源、昂贵的 hygromycin B 和 ABA，大大降低了成本，而且使转基因的时间缩短了 10d。

6. 生根、壮苗和移栽

当抗性愈伤组织分化的芽长至约 2cm 时，将小苗移到生根培养基上，培养 2 周左右。选择高约 10cm、根系发达的小苗，用温水洗去培养基，在温室内移栽入土。水面以不淹没小苗为度，如果天晴，需要遮阴到小苗成活（以吐水为准）。

（1）再生的转基因苗要适时移到生根培养基上，保证转基因苗在试管中生长正常。

（2）对过于细小的苗通过剪根、剪叶和再次转培，使转基因苗强壮。

（3）选苗高约 10~15cm，根系旺盛的试管苗，选择时机直接移栽入土。

（4）平整土地，保持水位，适当遮阴。试管苗根系发达，株高约 10cm。

7. 附：培养基配方

基本培养基为 NB 培养基（NB 培养基配方见附录 1），愈伤诱导、转化及分化培养基如下。

（1）诱导培养基。NB+2,4-D 2 mg/L；pH 值 =5.8~6.0。

（2）共培养培养基。NB+2,4-D 2 mg/L +AS 100 μmol/L；pH 值 =5.8 。

（3）预培养培养基。NB+2,4-D 2 mg/L；pH 值 =5.8~6.0 。

（4）选择培养基一。NB+2,4-D 2 mg/L+ 羧卞青霉素 250 mg/L+ Hyg 30 mg/L；pH 值 = 5.8~6.0。

（5）选择培养基二。NB+2,4-D 2 mg/L+ Hyg 50 mg/L；pH 值 =5.8~6.06、恢复培养基：NB+2,4-D 2 mg/L1 + 羧卞青霉素 250 mg/L pH 值 =5.8~6.0。

（6）分化培养基。NB+KT 10 mg/L+ NAA 0.4 mg/L；pH 值 =5.8~6.0 。

（7）生根培养基。1/2MS 无机盐 +MS 有机成分 +Hyg 30 mg/L；pH 值 =5.8~6.0。

第五节　生理指标的测定

一、叶绿素的测定

1. 叶绿素的提取

采集叶片，先将叶片用蒸馏水洗干净，晾干后用电子天平准确的称取 0.1g 叶片（尽量避免大的叶脉）每种材料重复 3 次，将称好的叶片放入研钵中并加入少许的碳酸钙和石英砂，加入少许的碳酸钙和石英砂目的是防止在研磨过程叶绿素被破坏，然后加入 3ml 乙醇开始研磨，研磨到匀浆基本发白为止，之后将研钵中的叶绿素溶液和残渣全部转入到 10ml 的离心管中，并用 1ml 的乙醇将研钵清洗 3 次，每次清洗后的液体都要倒回到离心管中，再用乙醇定容到 10ml，将离心管放入黑暗环境继续浸提，直至残渣全部变白为止。最后在转速为 2 000r/s 的离心率下降实验所用的离心管离心 5min，离心结束后用移液枪吸取上清液于洁净的试管中，该上清液就是叶绿素的提取液。

2. 叶绿素的测定

取 4ml 上述叶绿素的提取液，用乙醇作为参比分别测定叶绿素在 663nm、645nm 的吸光值。

3. 叶绿素 a 和叶绿素 b 的浓度计算

叶绿素 a 的浓度 =12.7OD663-2.69OD645。

叶绿素 b 的浓度 =22.9OD645-4.68OD663。

总叶绿素的浓度 = 叶绿素 a + 叶绿素 b。

二、可溶性糖的测定

1. 可溶性糖的提取

采集叶片，先将叶片用蒸馏水洗干净，晾干后用电子天平准确的称取 0.1g 叶片（尽量避

免大的叶脉）每种材料重复 3 次，由于我们需要的是细条状的叶片，因此将称好的叶片进行裁剪，将剪好的叶片置于带筛试管中，并将 10ml 蒸馏水用移液管加入到各试管中，然后放在沸水浴中提取 1h（注意提取的 1h 中要每隔 15min 摇晃一次）。提取结束后用自来水对试管冲洗进行降温，待试管降到室温后将提取液转移到 25ml 容量瓶中，加双蒸水定容至刻度即可。

2. 配置可溶性糖的标准曲线

取 6 支洁净的试管贴上标签纸进行编号，依照表 6–1 依次加入所需的试剂及用量配制成葡萄糖的标准液。之后将配置好的 6 支试管放到水浴锅中煮沸 30min。取出后在自来水上冲洗进行降温，冷却后以蒸馏水为参比测定这 6 只试管在 620nm 波长下的吸光值。

表 6–1　可溶性糖标准曲线的配置

试剂	管号					
类别	1	2	3	4	5	6
100μg/ml 葡萄糖标准液（ml）	0	0.2	0.4	0.6	0.8	1.0
蒸馏水（ml）	1.0	0.8	0.6	0.4	0.2	0
蒽酮 – 硫酸（ml）	5.0	5.0	5.0	5.0	5.0	5.0
每管脯葡萄糖含量（ml）	0	20	40	60	80	100

可溶性糖的标准曲线。

3. 可溶性糖含量的测定

用移液枪吸取可溶性糖的提取液 1ml 注入到 10ml 的带筛试管中，然后用移液管吸取 5ml 的蒽酮硫酸试剂注入到该试管，摇匀试管中的溶液再将其放入到恒温水浴锅中煮沸 30 min，取出并冷却，然后以蒸馏水为参比测定其在波长 620nm 下的吸光值。

4. 可溶性糖含量的计算

依据标准曲线计算出 1ml 待测液中可溶性糖的含量（μg）× 提取液的体积（ml）× 稀释倍数 /[测定用样品液的体积（ml）× 样品重量（g）× 10^6] × 100。

三、丙二醛含量的测定

1. 丙二醛的提取

采集叶片，先将叶片用蒸馏水洗干净，晾干后用电子天平准确的称取 0.5g 叶片（尽量避免大的叶脉）每种材料重复 3 次，将称好的叶片放入研体中并且加入少量石英砂，加入 4ml 的三氯乙酸开始研磨，当叶片变成糊状物时，将研钵中的液体和残渣全部转入到 10ml 的离心管中并用 2ml 的三氯乙酸冲洗研钵 3 次，滤液也全部转入到该离心管中，最后在转速为 3 000rpm/s 的离心率下降实验所用的离心管离心 10min，离心结束后用移液枪吸取上清液于洁净的试管中，该上清液就是丙二醛的提取液。

2. 丙二醛含量的测定

用移液枪取丙二醛的上清液 2 ml 于试管中，然后在此试管中加入浓度为 0.6% 的 TBA 2 ml,

将溶液摇匀后置于在 100℃的恒温水浴锅中煮沸 30 min，取出后用自来水冲洗降温，待恢复到室温后再离心 1 次。以 0.6% 的 TBA 为参比测定其在波长为 532 nm 和 600 nm 的吸光值。

3. 丙二醛含量的计算

MDA 质量摩尔浓度（nmol/g）=（A532−A600）× VT × V1/（0.155 × W × V2）。

式中：VT：反应液总量（4 ml）。

V1：提取液体积（10 ml）。

V2：测定用用提取液量（2 ml）。

W：取样叶鲜重（g）。

四、相对电导率的测定

1. 相对电导率的滤液提取

采集叶片，先将叶片用双蒸馏水洗干净，晾干后用电子天平准确的称取 0.1g 叶片（尽量避免大的叶脉）每种材料重复 3 次，将称好的叶子剪成大小基本一样的小块放入到试管中，之后向试管中加入 10ml 的双蒸水。然后将其转移到注射器，用注射器抽取叶片内的空气，直至叶片沉入水底，放置 30min 用电导率仪测定其电导率。测定完后用塑料薄膜将试管进行封口并放入沸水浴中煮沸 30min，这时叶片全部又浮到水面上，用自来水对试管进行冲洗冷却后再次测定其电导率。

2. 相对电导率的计算

相对电导率（%）= 煮沸前的电导率 / 煮沸后的电导率 × 100

五、脯氨酸含量的测定

1. 脯氨酸的提取

采集叶片，先将叶片用蒸馏水洗干净，晾干后用电子天平准确的称取 0.3g 叶片（尽量避免大的叶脉）每种材料重复 3 次，将称量好的叶片放到 10ml 的离心管中，将 3ml 浓度为 3% 的磺基水杨酸溶液用移液枪加入到各离心管，再放入沸水浴中煮沸 20min（提取过程中要每 5min 进行 1 次摇匀），结束后用自来水冲洗冷却，待冷却后在转速为 3 000r/s 的离心率离心 10min，离心结束后用移液枪吸取上清液于洁净的试管中。

2. 配置脯氨酸的标准曲线

取 6 支洁净的试管并编号，依照表 6−2 依次加入所需的试剂及用量配制成脯氨酸的标准液。将这 6 支试管放在恒温水浴锅中煮沸 30min。取出后用自来水待冷却，待冷却后分别向 6 支试管分别加入甲苯 4ml，振荡使其充分混匀，当水和甲苯分离形成新的界面后，上层的甲苯溶液即为脯氨酸的提取液。以甲苯溶液做为参比，测定其在波长为 520mm 下的吸光值。

表 6-2　脯氨酸标准曲线的配置

试剂	管	号				
类别	1	2	3	4	5	6
20 μg/ml 脯氨酸标准液（ml）	0	0.2	0.4	0.6	0.8	1.0
蒸馏水（ml）	2.0	1.8	1.6	1.4	1.2	1.0
冰醋酸（ml）	2	2	2	2	2	2
2.5% 酸性茚三酮（ml）	2	2	2	2	2	2
每管脯氨酸含量（ml）	0	4	8	12	16	20

脯氨酸的标准曲线（图 6-7）。

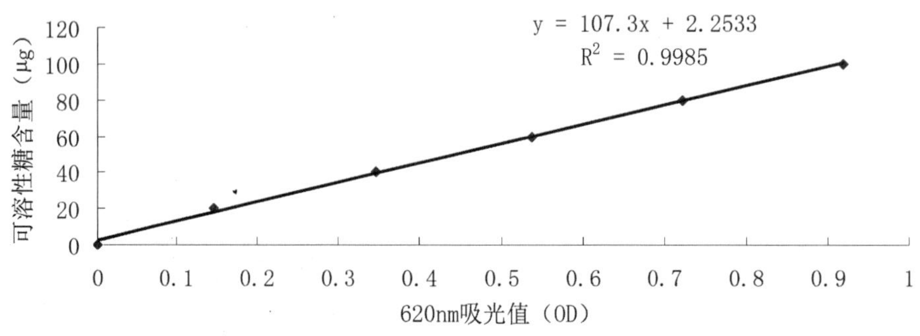

图 6-7　可溶性糖标准曲线

3. 脯氨酸含量的测定

用移液枪准确吸取脯氨酸提取液 2ml 置于试管中，然后加入 2.5% 酸性茚三酮试剂和冰醋酸各 2ml 并用塑料薄膜封口，在恒温水浴锅中加热 30min，溶液渐渐的由无色变成红色。待溶液冷却后再向试管加入甲苯 4ml，振荡使其充分混匀，待重新形成水和甲苯的界面后，取出上层的甲苯脯氨酸混合液，以甲苯为参比，在波长为 520mm 处测定其吸光值。

4. 脯氨酸含量的计算

脯氨酸含量 = 依据标准曲线计算出 1ml 待测液中可溶性糖的含量（μg）× 提取液总量（ml）/ 样品鲜重（g）× 测定时提取液用量（ml）

第七章　常用试剂的配制

第一节　抗生素溶液的配制

一、红霉素溶液的配置和注意事项

红霉素用无水乙醇配制的，可按下列步骤配制。

（1）贮存液一般配制 100 mg/ml 或 50mg/ml，−20℃避光保存。

（2）配完后，小量分装保存，取出用后即丢弃。

（3）可用 0.44 μm 滤膜过滤，除菌、除杂。

二、氯霉素溶液的配置和注意事项

工作液和母液的配制。

一般常用的工作浓度为 25 μg/ml。

配制母液时，先用乙醇配成 10 mg/ml，再用水稀释至 1 mg/ml。该母液应冻存，并在 30d 内用完。

注意：氯霉素溶液应避光；氯霉素溶液见光分解后会变黄，出现橘黄色沉淀。

三、氨苄青霉素（ampicillin）

溶解 1 g 氨苄青霉素钠盐于足量的水中，最后定容至 10 ml，配置成 100 mg/ml 的氨苄青霉素溶液。分装成小份于 −20℃贮存。常以 25~50 μg/ml 的终浓度添加于生长培养基。

四、羧苄青霉素（carbenicillin）

溶解 0.5 g 羧苄青霉素二钠盐于足量的水中配置成 50 mg/ml 的羧苄青霉素溶液，0.22 μm 滤膜过滤除菌，分装 −20℃保存最后定容至 10 ml。分装成小份于 −20℃贮存。常以 25~50μg/ml 的终浓度添加于生长培养基。

五、卡那霉素（kanamycin）

溶解 100 mg 卡那霉素于足量的水中，最后定容至 10 ml，配置成 10 mg/ml 的卡那霉素溶液。分装成小份于 -20℃贮存。常以 10~50 μg/ml 的终浓度添加于生长培养基。

六、链霉素（streptomycin）

溶解 0.5 g 链霉素硫酸盐于足量的无水乙醇中，最后定容至 10 ml，配置成 50 mg/ml 的链霉素溶液。分装成小份于 -20℃贮存。常以 10~50 μg/ml 的终浓度添加于生长培养基。

七、甲氧西林（methicillin）

溶解 1 g 甲氧西林钠于足量的水中，最后定容至 10 ml，配置成 100 mg/ml 的甲氧西溶液。分装成小份于 -20℃贮存。常以 37.5 μg/ml 浓度与 100 μg/ml 氨苄青霉素一起添加于生长培养基。

八、利福平（Rif）

50 mg/ml 利福平溶液的配制方法。

（1）称取 2.5 g 利福平置于 50 ml 塑料离心管中。

（2）加入 40 ml 甲醇，振荡充分混合溶解之后定容 50 ml，可以涡旋。

（3）过滤灭菌后，小份分装（1~2 ml 每管）后，置于 -20℃保存。

配制时每毫升可加入几滴 10 mol/L NaOH 以助溶。若以 DMSO 做溶剂，可不滴加 NaOH 助溶。

注：也可以用 95% 的乙醇配置成 10 mg/ml 利福平溶液。

第二节　常用缓冲液的配制

一、甘氨酸 - 盐酸缓冲液（表 7-1）

Xml 0.2 mol/L 甘氨酸 ＋ Yml 0.2 mol/L HCl，再加水稀释至 200ml。

表 7-1　甘氨酸 - 盐酸缓冲液（0.05mol/L）

pH 值	X	Y
2.2	50	44.0
2.4	50	32.4
2.6	50	24.2

（续表）

pH 值	X	Y
2.8	50	16.8
3.0	50	11.4
3.2	50	8.2
3.4	50	6.4
3.6	50	5.0

甘氨酸分子量 =75.07，0.2 mol/L 甘氨酸溶液含 15.01 g/L。

二、邻苯二甲酸 – 盐酸缓冲液（表 7–2）

Xml 0.2 mol/L 邻苯二甲酸氢钾＋ Yml0.2 mol/L HCl，再加水稀释至 20ml。

表 7–2　邻苯二甲酸 – 盐酸缓冲液（0.05 mol/L）

pH 值（20℃）	X	Y
2.2	5	4.670
2.4	5	3.960
2.6	5	3.295
2.8	5	2.642
3.0	5	2.032
3.2	5	1.470
3.4	5	0.990
2.6	5	0.597
3.8	5	0.263

邻苯二甲酸氢钾分子量＝ 204.23，0.2 mol/L 邻苯二甲酸氢钾溶液含 40.85 g/L。

三、磷酸氢二钠 – 柠檬酸缓冲液（表 7–3）

表 7–3　磷酸氢二钠 – 柠檬酸缓冲液

pH 值	0.2mol/L Na_2HPO_4（ml）	0.1mol/L 柠檬酸（ml）
2.2	0.40	19.60
2.4	1.24	18.76
2.6	2.18	17.82
2.8	3.17	16.83
3.0	4.11	15.89
3.2	4.94	15.06

（续表）

pH 值	0.2mol/L Na_2HPO_4（ml）	0.1mol/L 柠檬酸（ml）
3.4	5.70	14.30
3.6	6.44	13.56
3.8	7.10	12.90
4.0	7.71	12.29
4.2	8.28	11.72
4.4	8.82	11.18
4.6	9.35	10.65
4.8	9.86	10.14
5.0	10.30	9.70
5.2	10.72	9.28
5.4	11.15	8.85
5.6	11.60	8.40
5.8	12.09	7.91
6.0	12.63	7.37
6.2	13.22	6.78
6.4	13.85	6.15
6.6	14.55	5.45
6.8	15.45	4.55
7.0	16.47	3.53
7.2	17.39	2.61
7.4	18.17	1.83
7.6	18.73	1.27
7.8	19.15	0.85
8.0	19.45	0.55

Na_2HPO_4 分子量= 141.98；0.2 mol/L 溶液为 28.40 g/L。

$Na_2HPO_4 \cdot 2H_2O$ 分子量= 178.05；0.2 mol/L 溶液为 35.61 g/L。

$Na_2HPO_4 \cdot 12H_2O$ 分子量= 358.22；0.2 mol/L 溶液为 71.64 g/L。

$C_6H_8O_7 \cdot H_2O$ 分子量= 210.14；0.1 mol/L 溶液为 21.01 g/L。

四、柠檬酸－氢氧化钠－盐酸缓冲液（表 7-4）

表 7-4　柠檬酸－氢氧化钠－盐酸缓冲液

pH 值	钠离子浓度（mol/L）	柠檬酸（g）	氢氧化钠（g）97%	盐酸（ml）	最终体积（L）①
2.2	0.20	210	84	160	10
3.1	0.20	210	83	116	10
3.3	0.20	210	83	106	10
4.3	0.20	210	83	45	10
5.3	0.35	245	144	68	10
5.8	0.45	285	186	105	10
6.5	0.38	266	156	126	10

注：使用时可以每升中加入 1g 酚，若最后 pH 值有变化，再用少量 50% 氢氧化钠溶液或浓盐酸调节，冰箱保存。

五、柠檬酸－柠檬酸钠缓冲液（表 7-5）

表 7-5　柠檬酸－柠檬酸钠缓冲液（0.1 mol/L）

pH 值	0.1mol/L 柠檬酸（ml）	0.1mol/L 柠檬酸钠（ml）
3.0	18.6	1.4
3.2	17.2	2.8
3.4	16.0	4.0
3.6	14.9	5.1
3.8	14.0	6.0
4.0	13.1	6.9
4.2	12.3	7.7
4.4	11.4	8.6
4.6	10.3	9.7
4.8	9.2	10.8
5.0	8.2	11.8
5.2	7.3	12.7
5.4	6.4	13.6
5.6	5.5	14.5
5.8	4.7	15.3
6.0	3.8	16.2
6.2	2.8	17.2
6.4	2.0	18.0
6.6	1.4	18.6

注：柠檬酸：$C_6H_8O_7 \cdot H_2O$ 分子量＝210.14；0.1 mol/L 溶液为 21.01 g/L。

柠檬酸钠：$Na_3C_6H5O_7 \cdot 2H_2O$ 分子量＝294.12；0.1 mol/L 溶液为 29.41 g/L。

六、醋酸－醋酸钠缓冲液（表 7–6）

表 7–6　醋酸－醋酸钠缓冲液（0.2 mol/L）

pH 值（18℃）	0.2mol/LNaAc（ml）	0.2mol/LHAc（ml）
3.6	0.75	9.35
3.8	1.20	8.80
4.0	1.80	8.20
4.2	2.65	7.35
4.4	3.70	6.30
4.6	4.90	5.10
4.8	5.90	4.10
5.0	7.00	3.00
5.2	7.90	2.10
5.4	8.60	1.40
5.6	9.10	0.90
5.8	6.40	0.60

醋酸钠（$CH_3COONa \cdot 3H_2O$）分子量＝136.09；0.2 mol/L 溶液为 27.22 g/L。冰乙酸（CH_3COOH）11.8 ml 稀释至 1 L（需标定）。

七、磷酸二氢钾－氢氧化钠缓冲液（表 7–7）

X ml 0.2 mol/L KH_2PO_4+Yml 0.2 mol/L NaOH 加水稀释至 20ml。

表 7–7　磷酸二氢钾－氢氧化钠缓冲液（0.05 mol/L）

pH 值（20℃）	X（ml）	Y（ml）
5.8	5	0.372
6.0	5	0.570
6.2	5	0.860
6.4	5	1.260
6.6	5	1.780
6.8	5	2.365
7.0	5	2.963
7.2	5	3.500
7.4	5	3.950
7.6	5	4.280
7.8	5	4.520
8.0	5	4.680

八、磷酸盐缓冲液　磷酸氢二钠－磷酸二氢钠缓冲液（表 7-8）

表 7-8　磷酸盐缓冲液　　磷酸氢二钠－磷酸二氢钠缓冲液（0.2 mol/L）

pH 值	0.2mol/LNa_2HPO_4（ml）	0.2mol/LNaH_2PO_4（ml）
5.8	8.0	92.0
5.9	10.0	90.0
6.0	12.3	87.7
6.1	15.0	85.0
6.2	18.5	81.5
6.3	22.5	77.5
6.4	26.5	73.5
6.5	31.5	68.5
6.6	37.5	62.5
6.7	43.5	56.5
6.8	49.0	51.0
6.9	55.0	45.0
7.0	61.0	39.0
7.1	67.0	33.0
7.2	72.0	28.0
7.3	77.0	23.0
7.4	81.0	19.0
7.5	84.0	16.0
7.6	87.0	13.0
7.7	89.5	10.5
7.8	91.5	8.5
7.9	93.0	7.0
8.0	94.7	5.3

$Na_2HPO_4 \cdot 2H_2O$ 分子量＝ 178.05；0.2 mol/L 溶液为 35.61 g/L。

$Na_2HPO_4 \cdot 12H_2O$ 分子量＝ 358.22；0.2 mol/L 溶液为 71.64 g/L。

$NaH_2PO_4 \cdot H_2O$ 分子量＝ 138.01；0.2 mol/L 溶液为 27.6 g/L。

$NaH_2PO_4 \cdot 2H_2O$ 分子量＝ 156.03；0.2 mol/L 溶液为 31.21 g/L。

九、巴比妥钠－盐酸缓冲液（表 7-9）

表 7-9　巴比妥钠－盐酸缓冲液

pH 值（18℃）	0.04mol/L 巴比妥钠（ml）	0.2mol/LHCl（ml）
6.8	100	18.4
7.0	100	17.8
7.2	100	16.7
7.4	100	15.3
7.6	100	13.4
7.8	100	11.47
8.0	100	9.39
8.2	100	7.21
8.4	100	5.21
8.6	100	3.82
8.8	100	2.52
9.0	100	1.65
9.2	100	1.13
9.4	100	0.70
9.6	100	0.35

巴比妥钠分子量＝206.18；0.04 mol/L 溶液为 8.25 g/L。

十、Tris-HCl 缓冲液（表 7-10）

50ml 0.1mol/L 三羟甲基氨基甲烷（Tris）溶液与 Xml 0.1mol/L 盐酸混匀并稀释至 100ml。

表 7-10　Tris-HCl 缓冲液（0.05 mol/L）

pH 值（25℃）	X（ml）
7.10	45.7
7.20	44.7
7.30	43.4
7.40	42.0
7.50	40.3
7.60	38.5
7.70	36.6
7.80	34.5
7.90	32.0
8.00	29.2

（续表）

pH 值（25℃）	X（ml）
8.10	26.2
8.20	22.9
8.30	19.9
8.40	17.2
8.50	14.7
8.60	12.4
8.70	10.3
8.80	8.5
8.90	7.0

Tris 分子量＝121.14；0.1 mol/L 溶液为 12.114 g/L。Tris 溶液可从空气中吸收二氧化碳，使用时注意将瓶盖严。

十一、硼酸－硼砂缓冲液（表 7-11）

表 7-11　硼酸－硼砂缓冲液（0.2 mol/L 硼酸根）

pH 值	0.05mol/L 硼砂（ml）	0.2mol/L 硼酸（ml）
7.4	1.0	9.0
7.6	1.5	8.5
7.8	2.0	8.0
8.0	3.0	7.0
8.2	3.5	6.5
8.4	4.5	5.5
8.7	6.0	4.0
9.0	8.0	2.0

硼砂：$Na_2B_4O_7 \cdot 10H_2O$ 分子量＝381.43；0.05 mol/L 溶液（等于 0.2 mol/L 硼酸根）含 19.07 g/L。

硼酸：H_3BO_3 分子量＝61.84；0.2 mol/L 的溶液为 12.37 g/L。

硼砂易失去结晶水，必须在带塞的瓶中保存。

十二、甘氨酸 – 氢氧化钠缓冲液（表 7–12）

X ml 0.2 mol/L 甘氨酸 +Y ml 0.2 mol/L NaOH 加水稀释至 200ml。

表 7–12　甘氨酸 – 氢氧化钠缓冲液（0.05 mol/L）

pH 值	X（ml）	Y（ml）
8.6	50	4.0
8.8	50	6.0
9.0	50	8.8
9.2	50	12.0
9.4	50	16.8
9.6	50	22.4
9.8	50	27.2
10	50	32.0
10.4	50	38.6
10.6	50	45.5

甘氨酸分子量= 75.07；0.2 mol/L 溶液含 15.01 g/L。

十三、硼砂 – 氢氧化纳缓冲液（表 7–13）

X ml 0.05 mol/L 硼砂 +Y ml 0.2 mol/L NaOH 加水稀释至 200ml。

表 7–13　硼砂 – 氢氧化纳缓冲液（0.05 mol/L 硼酸根）

pH 值	X（ml）	Y（ml）
9.3	50	6.0
9.4	50	11.0
9.6	50	23.0
9.8	50	34.0
10.0	50	43.0
10.1	50	46.0

硼砂 $Na_2B_4O_7 \cdot 10H_2O$ 分子量= 381.43；0.05 mol/L 硼砂溶液（等于 0.2 mol/L 硼酸根）为 19.07 g/L。

十四、碳酸钠－碳酸氢钠缓冲液（表 7-14）（此缓冲液在 Ca^{2+}、Mg^{2+} 存在时不得使用）

表 7-14　碳酸钠－碳酸氢钠缓冲液（0.1 mol/L）

pH 值		0.1mol/L Na_2CO_3（ml）	0.1mol/L $NaHCO_3$（ml）
20℃	37℃		
9.16	8.77	1	9
9.40	9.22	2	8
9.51	9.40	3	7
9.78	9.50	4	6
9.90	9.72	5	5
10.14	9.90	6	4
10.28	10.08	7	3
10.53	10.28	8	2
10.83	10.57	9	1

$Na_2CO_3 \cdot 10H_2O$ 分子量＝ 286.2；0.1 mol/L 溶液为 28.62 g/L。

$NaHCO_3$ 分子量＝ 84.0；0.1 mol/L 溶液为 8.40 g/L。

第三节　常用培养基的配制

一、细菌培养基

1. 配方一　牛肉膏琼脂培养基

牛肉膏　0.3g，蛋白胨　1.0g，氯化钠　0.5g，琼脂　1.5g，水　1 000ml。

在烧杯内加水 100ml，放入牛肉膏、蛋白胨和氯化钠，用蜡笔在烧杯外作上记号后，放在火上加热。待烧杯内各组分溶解后，加入琼脂，不断搅拌以免粘底。等琼脂完全溶解后补足失水，用 10% 盐酸或 10% 的氢氧化钠调整 pH 值到 7.2~7.6，分装在各个试管里，加棉花塞，用高压蒸汽灭菌 30min。

2. 配方二　马铃薯培养基

取新鲜牛心（除去脂肪和血管）250g，用刀细细剁成肉末后，加入 500ml 蒸馏水和 5g 蛋白胨。在烧杯上做好记号，煮沸，转用文火炖 2h。过滤，滤出的肉末干燥处理，滤液 pH 值调到 7.5 左右。每支试管内加入 10ml 肉汤和少量碎末状的干牛心，灭菌，备用。

3. 配方三　根瘤菌培养基

葡萄糖	10g	磷酸氢二钾	0.5g
碳酸钙	3g	硫酸镁	0.2g
酵母粉	0.4g	琼脂	20g
水	1 000ml	1% 结晶紫溶液	1ml

先把琼脂加水煮沸溶解，然后分别加入其他组分，搅拌使溶解后，分装，灭菌，备用。

二、放线菌培养基

1. 配方一　淀粉琼脂培养基（高氏培养基）

可溶性淀粉	2g	硝酸钾	0.1g
磷酸氢二钾	0.05g	氯化钠	0.05g
硫酸镁	0.05g	硫酸亚铁	0.001g
琼脂	2g	水	1 000ml

先把淀粉放在烧杯里，用 5ml 水调成糊状后，倒入 95ml 水，搅匀后加入其他药品，使它溶解。在烧杯外做好记号，加热到煮沸时加入琼脂，不停搅拌，待琼脂完全溶解后，补足失水。调整 pH 值到 7.2~7.4，分装后灭菌，备用。

2. 配方二　面粉琼脂培养基

面粉	60g	琼脂	20g
水	1 000ml		

把面粉用水调成糊状，加水到 500ml，放在文火上煮 30min。另取 500ml 水，放入琼脂，加热煮沸到溶解后，把两液调匀，补充水分，调整 pH 值到 7.4，分装，灭菌，备用。

三、真菌培养基

1. 配方一　萨市（Sabouraud’s）培养基

蛋白胨	10g	琼脂	20g
麦芽糖	40g	水	1 000ml

先把蛋白胨、琼脂加水后，加热，不断搅拌，待琼脂溶解后，加入 40g 麦芽糖（或葡萄糖），搅拌，使它溶解，然后分装，灭菌，备用。

本培养菌是培养许多种类真菌所常用的。

2. 配方二　马铃薯糖琼脂培养基

把马铃薯洗净去皮，取 200g 切成小块，加水 1 000ml，煮沸半小时后，补足水分。在滤液中加入 10g 琼脂，煮沸溶解后加糖 20g（用于培养霉菌的加入蔗糖，用于培养酵母菌的加入葡萄糖），补足水分，分装，灭菌，备用。

把这培养基的 pH 值调到 7.2~7.4，配方中的糖，如用葡萄糖还可用来培养放线菌和芽孢杆菌。

3. 配方三　黄豆芽汁培养基

黄豆芽	100g	琼脂	15g
葡萄糖	20g	水	1 000ml

洗净黄豆芽，加水煮沸 30min。用纱布过滤，滤液中加入琼脂，加热溶解后放入糖，搅拌使它溶解，补足水分到 1 000ml，分装，灭菌，备用。

把这培养基的 pH 值调到 7.2~7.4，可用来培养细菌和放线菌。

4. 配方四　豌豆琼脂培养基

豌豆	80 粒	琼脂	5g
水	200ml		

取 80 粒干豌豆加水，煮沸 1h，用纱布过滤后，在滤液中加入琼脂，煮沸到溶解，分装，灭菌，备用。

四、食用菌菌种培养基

1. 配方一　马铃薯—蔗糖—琼脂培养基

20% 马铃薯煮汁		1 000ml	
蔗糖	20g	琼脂	18g

把马铃薯洗净去皮后，切成小块。称取马铃薯小块 200g，加水 1 000ml，煮沸 20min 后，过滤。在滤汁中补足水分到 1 000ml，即成 20% 马铃薯煮汁。在马铃薯煮汁中加入琼脂和蔗糖，煮沸，使它溶解后，补足水分，分装，灭菌，备用。使用该培养基对 pH 值要求不严格，可以不测定。

2. 配方二　综合马铃薯培养基

20% 马铃薯煮汁		1 000ml	
磷酸二氢钾	3g	硫酸镁	1.5g
葡萄糖	20g	维生素	10mg
琼脂	18g		

先配制 20% 马铃薯煮汁，方法同上。在煮汁中加入上述各种组分，加热溶解后补足水分，调整 pH 值到 6。分装，灭菌，备用。 该培养基用于培养和保存灵芝、平菇、香菇等食用菌菌种。

五、选择性培养基

1. 配方一　酵母菌富集培养基

葡萄糖 5%　尿素 0.1%　硫化铵 0.1%　磷酸二氢钾 0.25%　磷酸氢二钠 0.05%　七水合硫酸镁 0.1%　七水合硫酸铁 0.01%　酵母膏 0.05%　孟加拉红 0.003% pH 值为 4.5。

2 . Ashby 无氮培养基

富集好养自生固氮菌

甘露醇 1%　磷酸二氢钾 0.02%　七水合硫酸镁 0.02%　氯化钠 0.02%　二水合硫酸钙 0.01%　碳酸钙 0.5%。

3. 配方二　鉴别培养基

EMB 培养基，常用于鉴别 *E.coli*。

蛋白胨 10g　乳糖 5g　蔗糖 5g　磷酸氢二钾 2g　伊红 Y 0.4g　美蓝 0.065g　蒸馏水 1 000g pH 值为 7.2。

参考文献

REFERENCES

李慎涛，等．2007．生命科学实验指南系列：精编蛋白质科学实验指南 [M]．北京：科学出版社．

魏群．2007．分子生物学实验指导 [M]．北京：高等教育出版社．

朱玉贤，等．2007．现代分子生物学技术（第三版）[M]．北京：高等教育出版社．

Arabidopsis Genome Initiative. 2000. Arabidopsis Genome Initiative. Analysis of the genome sequence of the flowering plant Arabidopsis thaliana[J]. Nature. 408:796–815.

Blattner FR et al. 1997. The complete genome sequence of Escherichia coli K–12. [J]. Science. 277:1 453–1 474.

Liolios K et al. 2006. The Genomes On Line Database (GOLD)v.2:a monitor of genome projects worldwide[J]. Nucleic Acids Res. 34:332–224.